Patrick Schnabel

Elektronik-Fibel

Elektronik
Bauelemente
Schaltungstechnik
Digitaltechnik

Patrick Schnabel

Elektronik-Fibel

Urheberrecht:
Patrick Schnabel
Im Hafer 6
D-71636 Ludwigsburg

Herstellung und Verlag: Books on Demand GmbH, Norderstedt

Erscheinungsjahr: 2007
4. Auflage

Erscheinungsort: Ludwigsburg, Deutschland

Bibliografische Information Der Deutsche Bibliothek:
Die Deutsche Bibliothek verzeichnet diese Publikation in der Deutschen Nationalbibliographie; detaillierte bibliografische Daten sind im Internet unter http://dnb.ddb.de abrufbar.

ISBN: 978-3-8311-4590-4

Vorwort

Sie kennen das: „Das große Buch...“, „....-Kompendium“, „Die ganze Welt des...“. Große, dicke und mächtige Bücher, von ebensolchen Autoren geschrieben, von ebensolchen Verlagen hervorgebracht. Doch, ist das die Art der Wissensvermittlung, die der Elektronik-Einsteiger von heute benötigt? Themen, allumfassend, strukturiert, bis ins kleinste Detail in Kapitel, Unterkapitel und Unterunterkapitel und mit unverständlichen Formeln überhäuft? Sie wollen doch nur das Wesentliche lesen. Sie wollen sich nicht mit unverständlichen und schwer nachvollziehbarer Symbolik, mit wenig Aussagekraft aufhalten und sich nicht von Kurzzusammenfassungen und wichtigen Infokästen ablenken lassen.

Meine Idee: Ein Thema, sinnvoll abgespeckt. Ein Buch, so dick wie nötig, so dünn wie möglich. Sie finden den Inhalt auch unter: http://www.elektronik-kompendium.de/. Kurz *das ELKO*.
Durch den Verkauf dieses Buches wird *das ELKO* betrieben und gepflegt.

Ich habe versucht ein möglichst breites Spektrum der Elektronik zusammenzuführen. Dabei habe ich bewusst auf die Vertiefung der einzelnen Themen verzichtet. Teilweise, weil ich selber in der Thematik nicht tief genug verankert bin. Teilweise, um vor allem dem Anfänger, an den das Buch vorzugsweise gerichtet ist, nicht unnötig zu verwirren. Deshalb habe ich mich auf die Grundlagen und das Wesentliche beschränkt. Dabei ist ein Buch in platzsparendem Format entstanden, das auch noch leicht verständlich geschrieben ist. Für Einsteiger genauso geeignet, wie für den Profi, der etwas Vergessenes auffrischen möchte oder das Buch als Nachschlagewerk benötigt.
Eines ist mir ein besonderes Anliegen: Wenn Ihnen das Buch gefällt und Ihnen genützt hat, sagen Sie es weiter. Wenn es Ihnen nicht gefallen oder nicht genützt hat, sagen Sie es mir: Patrick.Schnabel@das-ELKO.de
Ihr Feedback ist mir wichtig.

Eines wünsche ich Ihnen auf alle Fälle: viel Freude beim Lesen.

Patrick Schnabel

Inhaltsverzeichnis

Grundlagen

Elektrotechnische Physik

Stromkreisgesetze

Elektrotechnische Chemie

Wechselstrom und Wechselspannung

Signal- und Energiequellen

Messtechnik

Atome, Elektronen und Ionen

Um 500 vor Christus (v. Chr.) hat der griechische Naturphilosoph Leukipp den Begriff Atom eingeführt. Das Atom wird vom griechischen Atomos abgeleitet, was unteilbar bedeutet. Heute wissen wir, dass Atome nicht unteilbar sind und aus einer Anordnung von Neutronen, Protonen und Elektronen bestehen.

Atommodelle

Damals, zur Zeit Leukipps, wie auch heute, sind fast alle Definitionen und Erklärungen um Atome und Atommodelle eher theoretischer Natur. Nicht selten werden Atommodelle dazu benutzt unerklärbare Effekte oder Mechanismen eines Atoms plausibel zu erklären.
Beispielsweise hat 1911 Rutherford das Atommodell mit Kern und Hülle entwickelt. Seiner Annahme zufolge bestand der Atomkern aus der gesamten positiven Ladung und die negativ geladenen Elektronen umkreisen in einer Hülle den Kern. Die Fliehkraft der kreisenden Elektronen sollte die Anziehungskraft durch den Kern auflösen und so die Elektronen in ihrer Bahn halten.
1913 berechnete der dänische Physiker Niels Bohr die verschiedenen Energiestufen in einem Atom. Er entwickelte das Bohrsche Atommodell. Mit Rutherford stimmte er überein, dass Atome aus Kern und Hülle bestehen. Nur mit dem Unterschied, dass die Elektronen auf mehreren Bahnen, auch Schalen genannt, kreisen.
Im weiteren Text wird das Bohrsche Atommodell beschrieben.

Atom / Atome

Ein Atom ist der kleinste Baustein der chemischen Elemente. Es gibt über 100 verschiedene Atome, die ähnlich aufgebaut sind.
Atome setzen sich aus einem Atomkern und einer Atomhülle zusammen. Der Aufbau ist mit einem Planetensystem vergleichbar: Eine Sonne, das soll der Atomkern sein, um die sich die Planeten drehen (Atomhülle).
Der Atomkern befindet sich im Zentrum des Atoms. Er ist positiv geladen und enthält fast die gesamte Masse des Atoms. Er setzt sich aus Protonen und Neutronen zusammen.
Das hier dargestellte Atommodell (oben) ist das Bohr-Atommodell. Es ist eine Sicht, wie Elektronen, Protonen und Neutronen zueinander stehen.

Dabei geht man davon aus, dass sich Elektronen auf einer festen Bahn um den Atomkern drehen.
Neutronen sind elektrisch neutrale Teilchen. Sie kommen nur im Atomkern vor, weil sie in freiem Zustand nicht stabil sind. Die Anzahl der Protonen im Atomkern ist immer auch die gleiche Anzahl an Elektronen in der Atomhülle. Protonen existieren auch im freien Zustand.

Elektronen

Die Atomhülle ist aus Elektronen aufgebaut. Die Elektronen sind elektrisch negativ geladene Teilchen. Die Elektronen auf dem äußersten Ring (Schale) des Atoms werden Valenzelektronen genannt. Das Fließen des elektrischen Stroms in leitendem Material entspricht der Bewegung der Valenzelektronen.
Ein Atom ist nach außen hin elektrisch neutral. Der Atomkern und die Atomhülle haben die gleiche Anzahl elektrischer Ladungen (Protonen und Elektronen).

Ionen

Atome mit mehr Elektronen als Protonen oder mehr Protonen als Elektronen werden Ionen genannt. Das Wort Ion stammt aus dem griechischen und bedeutet der Wandernde.
Atome, die positiv oder negativ, also nicht elektrisch neutral, geladen sind, können sich gegenseitig anziehen oder abstoßen. Das heißt, sie können bewegt werden. Bei Atomen mit negativer Ladung spricht man von einem Elektronenüberschuss. Bei Atomen mit positiver Ladung spricht man von einem Elektronenmangel.
Wird einem neutralen Atom Elektronen entnommen, so besitzt das Atom mehr positive als negative Ladungen. Das Atom zieht negative Ladungen an, und stößt positive Ladungen ab.
Wird einem neutralen Atom Elektronen zugeführt, so besitzt das Atom mehr negative als positive Ladungen. Das Atom zieht positive Ladungen an, und stößt negative Ladungen ab.

Ladungsträger

Ladungsträger sind für den elektrischen Strom sehr wichtig. Ein elektrischer Strom kann nur fließen, wenn genug freie Ladungsträger vorhanden sind.

Ladungsträger können Elektronen (metallische Ladungsträger) und Ionen (flüssige Ladungsträger) sein.

Elektrische Ladung

Mit der elektrischen Ladung beschreibt man den Elektronenmangel oder den Elektronenüberschuss. Elektrische Ladung kann ganz einfach durch Reibung entstehen (Elektrisieren). Dabei werden entweder Elektronen weggenommen oder Elektronen angehäuft. Dabei entsteht Elektronenmangel (positive Ladung) oder Elektronenüberschuss (negative Ladung).
Ungleiche Ladungen erstreben einen Ausgleich. Durch dieses Ausgleichsbestreben resultiert der elektrische Strom. Die elektrische Spannung ist der Ladungsunterschied zwischen zwei Ladungen. Je höher der Unterschied, desto höher die Spannung.

- Gleiche Ladungen stoßen sich ab!
- Ungleiche Ladungen ziehen sich an!

Überschüssige Elektronen neigen dazu zu der Ladung mit der geringeren Anzahl an Elektronen überzugehen.

Elektroskop

Zum Nachweis der elektrischen Ladung dient das Elektroskop.
In einem geerdeten Gehäuse befindet sich eine vertikale Metallstange, an der ein beweglicher Zeiger befestigt ist. Dieser ist unten etwas schwerer, so dass er senkrecht stehen bleibt.
Wird die obere Platte mit einem negativen Pol in Verbindung gebracht, so verteilen sich die fließenden Elektronen auf dem Stab und Zeiger.
Da sich gleichartige Pole abstoßen, tritt der Zeigerausschlag ein. Je stärker die Ladung ist, desto stärker tritt der Zeigerausschlag auf.

Elektrischer Strom / Elektrische Stromstärke I

Der elektrische Strom ist die gezielte und gerichtete Bewegung freier Ladungsträger. Die Ladungsträger können Elektronen oder Ionen sein. Der elektrische Strom kann nur fließen, wenn zwischen zwei unterschiedlichen elektrischen Ladungen genügend freie und bewegliche Ladungsträger vorhanden sind. Zum Beispiel in einem leitfähigen Material (Metall, Flüssigkeit, etc.).

Stromfluss

Der Stromfluss wird gerne mit fließendem Wasser in einem Rohr verglichen. Je mehr Wasser im Rohr ist, desto mehr Wasser kommt am Ende des Rohres an. Genauso ist es auch beim elektrischen Strom. Je mehr freie Elektronen vorhanden sind, desto größer ist die elektrische Stromstärke durch den Leiter.

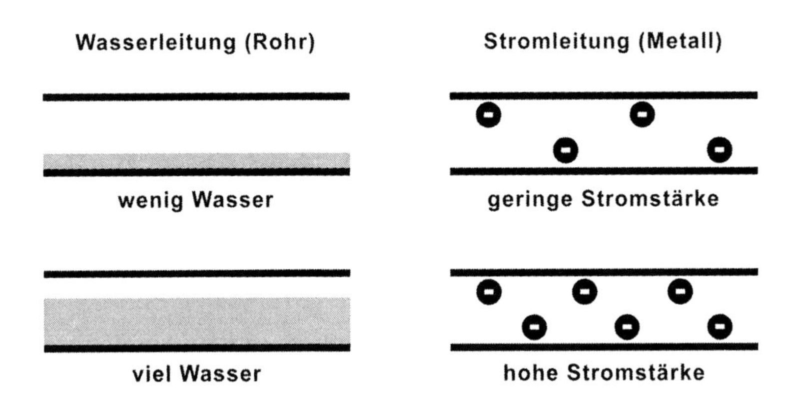

Zur zahlenmäßigen Beschreibung des elektrischen Stroms dient die elektrische Stromstärke. Je mehr Elektronen in einer Sekunde durch einen Leiter fließen, um so größer ist die Stromstärke.

Formelzeichen

Das Formelzeichen des elektrischen Stroms bzw. der elektrischen Stromstärke ist das große I.

Maßeinheit

Die gesetzliche Grundeinheit des elektrischen Stroms ist 1 Ampere (A). Normalerweise liegen die Stromwerte in der Elektronik zwischen einigen Mikroampere (µA) und mehreren Ampere (A). In der Starkstromtechnik kennt man auch Kiloampere (kA).

Kiloampere	1 kA	1 000 A	10^3 A
Ampere	1 A	1 A	10^0 A
Milliampere	1 mA	0,001 A	10^{-3} A
Mikroampere	1 µA	0,000 001 A	10^{-6} A

Formeln zur Berechnung

Zur Berechnung des elektrischen Stroms gibt es verschiedene Formeln.

$$Elektrischer\ Strom\ I = \frac{Elektrische\ Spannung\ U}{Elektrischer\ Widerstand\ R}$$

$$I = \frac{U}{R}$$

$$Elektrischer\ Strom\ I = \frac{Elektrische\ Leistung\ P}{Elektrische\ Spannung\ U}$$

$$I = \frac{P}{U}$$

$$Elektrischer\ Strom\ I = \frac{Elektrizitätsmenge\ Q}{Zeit\ t}$$

$$I = \frac{Q}{t}$$

Stromrichtung

Die Stromrichtung wird in Schaltungen mit einem Pfeil angezeigt. Aufgrund unterschiedlicher wissenschaftlicher Annahmen und Erkenntnisse sind zwei Stromrichtungen definiert.

Technische Stromrichtung (historische Stromrichtung)

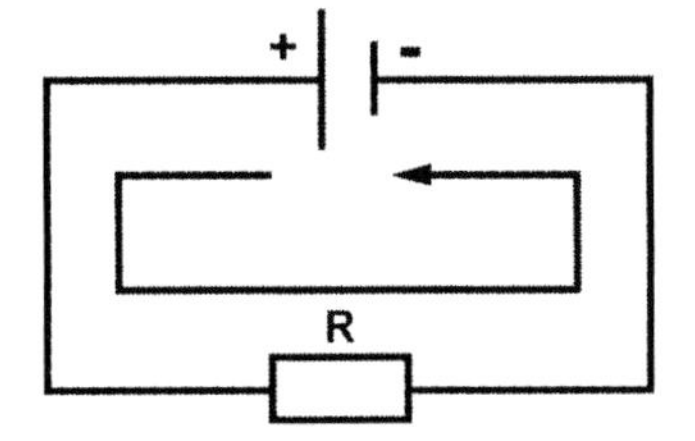

Bevor man die Vorgänge in Atomen und den Zusammenhang der Elektronen kannte, nahm man an, dass in Metallen positive Ladungsträger für den Stromfluss verantwortlich waren. Demnach sollte der Strom vom positiven Pol zum negativen Pol fließen. Die Verwendung eines Messgeräts zur Strommessung lässt auch diesen Schluss zu. Obwohl die damalige Annahme widerlegt wurde, hat man die ursprüngliche (historische) Stromrichtung aus praktischen Gründen beibehalten:
Deshalb wird die Stromrichtung innerhalb einer Schaltung auch heute noch von Plus nach Minus definiert.

Physikalische Stromrichtung (Elektronenstromrichtung)

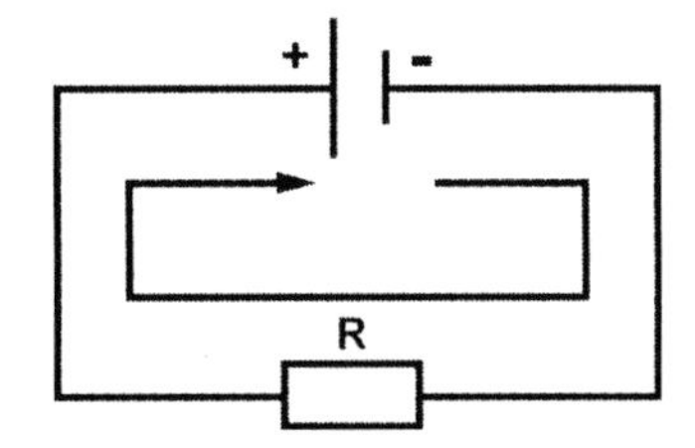

In einem geschlossenen Stromkreis werden freie Ladungsträger (Elektronen) vom negativen Pol abgestoßen und vom positiven Pol angezogen. Dadurch entsteht ein Elektronenstrom vom negativen Pol zum positiven Pol. Diese Stromrichtung ist die physikalische Stromrichtung, die auch Elektronenstromrichtung genannt wird.

Messen des elektrischen Stroms

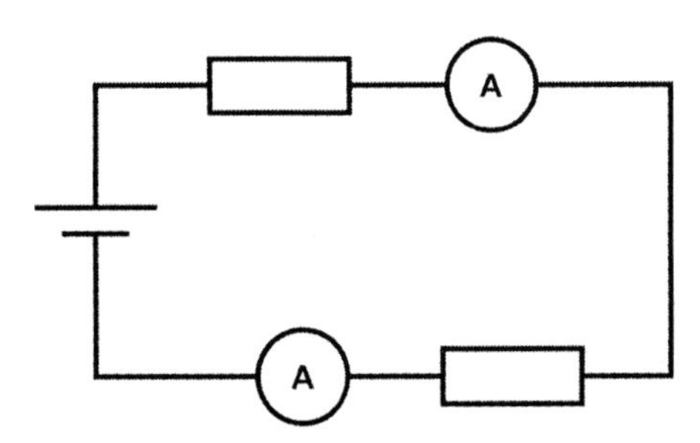

Das Strommessgerät wird immer in Reihe zum Verbraucher angeschlossen. Dazu muss die Leitung des Stromkreises aufgetrennt werden, um das Messgerät in den Stromkreis einfügen zu können. Während der Messung muss der Strom durch das

Messgerät fließen.
Der Innenwiderstand des Messgeräts sollte möglichst niederohmig sein, um den Stromkreis nicht zu beeinflussen.
Beim Messen mit einem Strommessgerät sind folgende Hinweise zu beachten: Auf die Stromart muss geachtet werden. Also, ob Wechsel- oder Gleichstrom (AC/DC) durch die Schaltung fließt. Bei Gleichstrom ist auf die Polarität zu achten. Der Messbereich sollte anfangs möglichst groß gewählt werden, um keine Zeigerwickelmaschine zu erzeugen. Das kann dann passieren, wenn der Ausschlag des Zeigers über die Skala hinaus geht. Der Zeiger wird sich nicht aufwickeln, aber er könnte sich durch die Wucht des Ausschlags verbiegen. Die nachfolgenden Messungen wären dann ungenau.

Praxis-Tipp:

$I = \frac{U}{R}$ Ist der Stromkreis nur schwer zugänglich oder darf nicht aufgetrennt werden, so ist die Spannung an einem bekannten Widerstand im Stromkreis zu messen. Danach kann mit Hilfe des Ohmschen Gesetzes der Strom berechnet werden.

Elektrische Spannung U

Die elektrische Spannung U gibt den Unterschied der Ladungen zwischen zwei Polen an. Spannungsquellen besitzen immer zwei Pole, mit unterschiedlichen Ladungen. Auf der einen Seite ist der Pluspol mit einem Mangel an Elektronen. Auf der anderen Seite ist der Minuspol mit einem Überschuss an Elektronen. Diesen Unterschied der Elektronenmenge nennt man elektrische Spannung. Entsteht eine Verbindung zwischen den Polen, kommt es zu einer Entladung. Bei diesem Vorgang fließt ein elektrischer Strom.

Über die elektrische Spannung können folgende Aussagen gemacht werden:

- Die elektrische Spannung ist der Druck oder die Kraft auf freie Elektronen.
- Die elektrische Spannung ist die Ursache des elektrischen Stroms.
- Die elektrische Spannung (Druck) entsteht durch den Ladungsunterschied zweier Punkte oder Pole.

Der Begriff der Spannung findet in einer Schaltung in verschiedenen Formen Anwendung. Bei den Spannungserzeugern (Spannungsquelle oder Netzspannung) in Form eines Generators oder Netzgeräts, welche die Spannung U_{ges} oder U_{Bat} bereitstellen. Man nennt diese Spannung auch Quellenspannung U_q oder Urspannung. Diese Spannung teilt sich an den Verbrauchern im Stromkreis auf (Reihenschaltung). Die Teilspannungen werden als Spannungsabfall bezeichnet, die aber nichts mit Müll oder Dreck zu tun haben. Man meint damit das Abfallen (Reduzieren) der Quellenspannung am Verbraucher.

Formelzeichen

Das Formelzeichen der elektrischen Spannung ist das große U.

Maßeinheit

Die gesetzliche Grundeinheit der elektrischen Spannung ist 1 Volt (V). Normalerweise liegen die Spannungswerte in der Elektronik zwischen einigen Millivolt und mehreren hundert Volt. In der Hochspannungstechnik wird mit mehreren Kilovolt (kV) bis mehrere Megavolt (MV) gearbeitet.

Megavolt	1 MV	1 000 000 V	10^6 V
Kilovolt	1 kV	1 000 V	10^3 V
Volt	1 V	1 V	10^0 V
Millivolt	1 mV	0,001 V	10^{-3} V
Mikrovolt	1 µV	0,000 001 V	10^{-6} V

Formeln zur Berechnung

Elektr. Spannung U = Elektr. Strom I • Elektr. Widerstand R

$U = I \cdot R$

$$Elektrische\ Spannung\ U = \frac{Elektrische\ Leistung\ P}{Elektrischer\ Strom\ I}$$

$$U = \frac{P}{I}$$

Potential und Spannungsrichtung

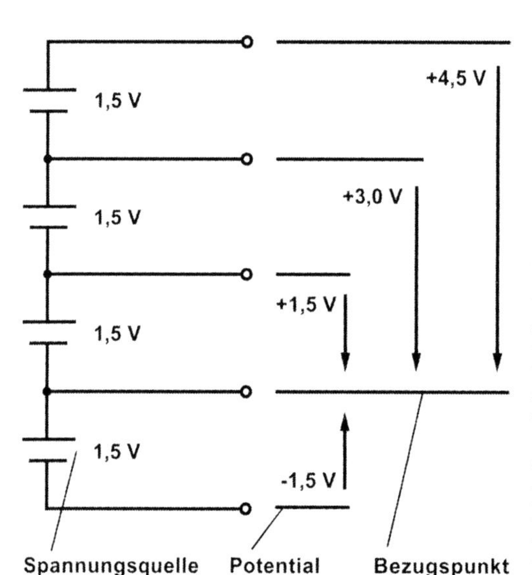

Das Potential phi eines Punktes ist gleich der Spannung dieses Punktes gegenüber dem Bezugspunkt 0 V. Der Bezugspunkt wird auch als Masse bezeichnet.
Die Angabe oder Messung eines Potentials bezieht sich immer auf einen Bezugspunkt. Dieser hat 0 V und wird im allgemeinen als Masse bezeichnet. Bei der Messung eines positiven Wertes, ist das Potential positiver als der Bezugspunkt. Das Vorzeichen ist Plus. Bei der Messung eines negativen Werts, ist das Potential negativer als der Bezugspunkt. Das Vorzeichen ist Minus. Die Spannung hat eine bestimmte Wirkrichtung.
In einer Schaltung wird diese Richtung durch einen Pfeil angezeigt. Grundsätzlich zeigt der Spannungspfeil von Plus nach Minus oder von einen höheren Spannungswert (Potential) zum niedrigeren Spannungswert (Potential). In einer Schaltung wird der Spannungspfeil einer Spannungsquelle vom Plus- zum Minuspol gerichtet. Der Spannungspfeil eines Spannungsabfalls (Teilspannung) an einem Verbraucher (z. B. Widerstand) zeigt in Richtung der technischen Stromrichtung, weil der Strom immer vom höheren Potential zum niedrigeren Potential fließt.

Messen der elektrischen Spannung

Ein Spannungsmessgerät wird immer parallel zum Verbraucher, Bauelement oder zur Spannungsquelle angeschlossen. Bei der Messung an der Spannungsquelle wird der momentane Spannungswert gemessen. Am Verbraucher wird der Spannungsabfall an diesem einen Bauelement gemessen. Das ist die Teilspannung von der Gesamtspannung der Spannungsquelle.

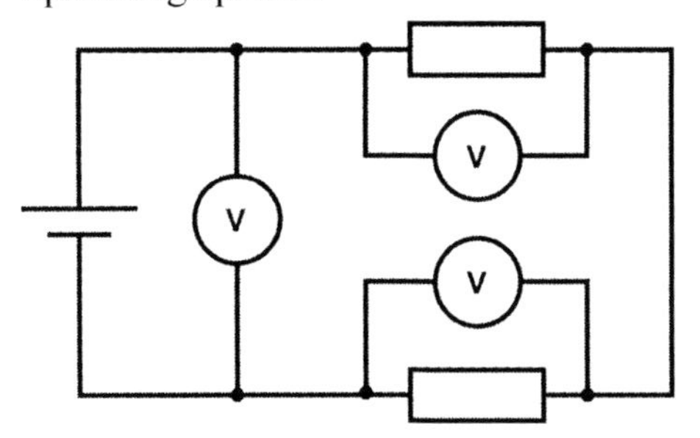

Um die zu messende Schaltung nicht zu beeinflussen, sollte der Innenwiderstand des Spannungsmessgeräts möglichst hochohmig sein.
Beim Messen mit dem Spannungsmessgerät sind die folgenden Hinweise zu beachten: Die Spannungsart, also Wechsel- oder Gleichspannung (AC/DC) müssen eingestellt werden. Bei Gleichspannungen ist auf die Polarität zu achten, sofern es sich um kein Digitalmultimeter handelt. Der Messbereich sollte anfangs größer gewählt werden, damit das analoge Messgerät nicht zur Zeigerwickelmaschine wird.

Elektrischer Widerstand R

Die Bewegung freier Ladungsträger im Inneren eines Leiters hat zur Folge, dass die freien Ladungsträger gegen Atome stoßen und in ihrem Fluss gestört werden. Diesen Effekt nennt man einen Widerstand! Durch diesen Effekt hat der Widerstand die Eigenschaft, den Strom in einer Schaltung zu begrenzen.
Der elektrische Widerstand wird auch als ohmscher Widerstand bezeichnet. In der Elektronik spielen Widerstände eine sehr große Rolle. Neben den klassischen Widerständen hat jedes andere Bauteil einen Widerstandswert, der Einfluss auf Spannungen und Ströme in Schaltungen nimmt.

Formelzeichen

Das Formelzeichen des elektrischen Widerstands ist das große R. Es steht für die englische Bezeichnung Resistor (= Widerstand).

Maßeinheit

Die Maßeinheit für den elektrischen Widerstand ist Ohm mit dem Kurzzeichen Ω (Omega) aus dem griechischen Alphabet.

Megaohm	1 MΩ	1 000 000 Ω	10^6 Ω
Kiloohm	1 kΩ	1 000 Ω	10^3 Ω
Ohm	1 Ω	1 Ω	10^0 Ω
Milliohm	1 mΩ	0,001 Ω	10^{-3} Ω

Formel zur Berechnung

$$Elektrischer\ Widerstand\ R = \frac{Elektrische\ Spannung\ U}{Elektrischer\ Strom\ I}$$

$$R = \frac{U}{I}$$

$$Elektr.\ Widerstand\ R = \frac{Spez.\ Widerstand\ \rho \bullet Leiterlänge\ l}{Leiterquerschnitt\ q}$$

$$R = \frac{\rho \bullet l}{q}$$

Messen des Ohmschen Widerstandes

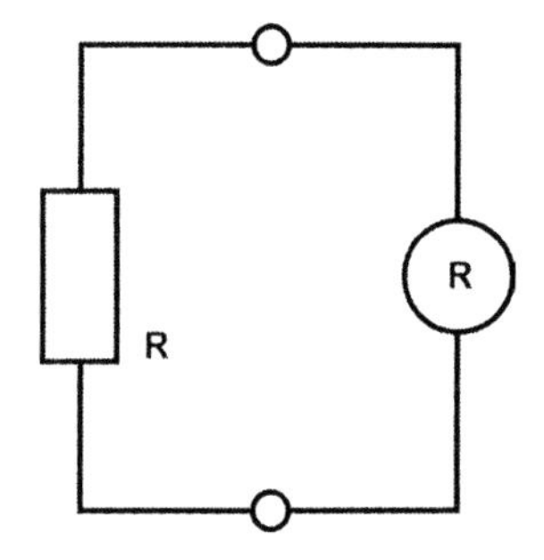

Der Wert des Ohmschen Widerstandes wird am besten mit einem digitalen Vielfachmessgerät (Multimeter) ermittelt, um Ablesefehler und Ungenauigkeiten zu verhindern.
Beim Messen mit einem Widerstandsmesser sind folgende Hinweise zu beachten:

- Das zu messende Bauteil darf während der Messung nicht an eine Spannungsquelle angeschlossen sein, weil das Messgerät über Spannung oder Strom den Widerstandswert ermittelt.
- Das zu messende Bauteil muss mindestens einseitig aus einer Schaltung ausgelötet werden. Ansonsten beeinflussen parallel liegende Bauteile das Messergebnis.
- Polarität spielt keine Rolle.

Magnetismus

Magnetismus ist die Eigenschaft eines Materials, magnetisch leitende Stoffe anzuziehen. Man bezeichnet diese Stoffe als Ferromagnetische Stoffe. Darunter fallen alle Arten von Metallen.
Das Material, das über diese geheimnisvolle Art der Anziehungskraft (Magnetismus) verfügt, wird Magnet genannt. Sie liegen als Dauermagnet (Permanentmagnet) in verschiedenen Formen vor:

- U-Form
- Stab-Form
- Block-Form

Zerbricht man einen Magnet in zwei Teile, so entstehen daraus zwei Magnete. Der natürliche Magnetismus lässt sich durch Erschütterung, Ausglühen (Curiepunkt liegt bei 721 °C) und durch Schwächen des magnetischen Wechselfeldes beseitigen.

Magnetisches Feld / Magnetfelder

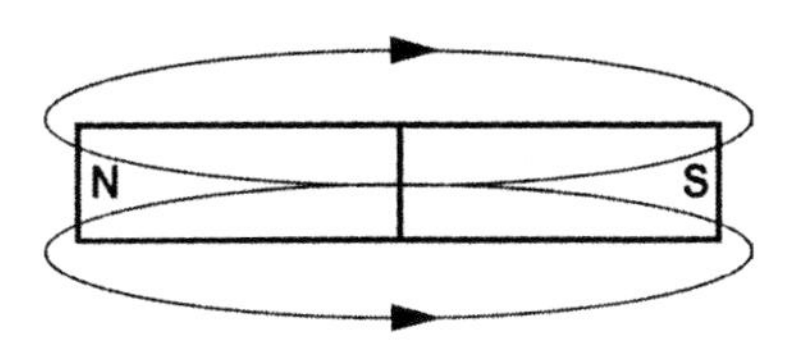

Der Raum um einen Magneten, in dem magnetische Kräfte feststellbar sind, heißt magnetisches Feld.
Richtung und Größe der magnetischen Kräfte werden durch Feldlinien angezeigt. Diese verlaufen außerhalb des Magneten vom Nordpol zum Südpol und innerhalb des Magneten vom Südpol zum Nordpol. Kommen sich zwei gleichartige Pole näher, so stoßen sie sich ab.

Stromdurchflossene Leiter im Magnetfeld

Stromdurchflossene Leiter werden im Magnetfeld abgelenkt. Durch die Überlagerung der Magnetfelder von Magnet und elektrischem Leiter kommt es auf der einen Seite des Leiters (rechts) zu einer Verstärkung des Magnetfeldes. Auf der anderen Seite (links) kommt es zu einer Schwächung des Magnetfeldes. Der Leiter wir auf die Seite des schwächeren Magnetfeldes (links) abgelenkt.
Stromdurchflossene Leiter werden in die Richtung der geringeren Feldliniendichte abgelenkt.

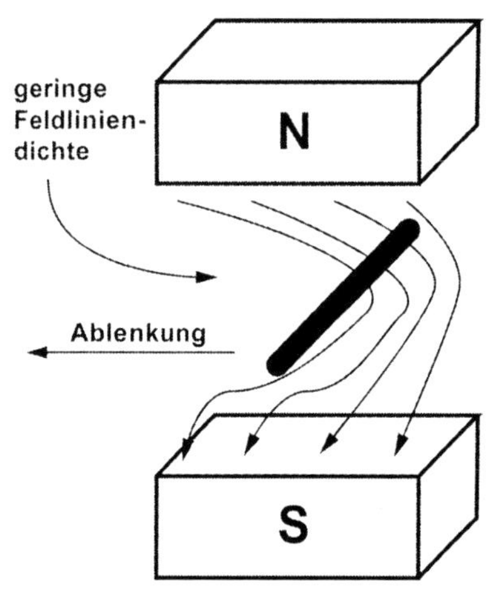

Mittels der 3-Fingerregel mit der rechten Hand kann die Ablenkrichtung des stromdurchflossenen Leiters im Magnetfeld ermittelt werden (Rechte-Hand-Regel oder Korkenzieherregel). Dazu muss der Daumen in Stromrichtung zeigen. Der Zeigefinger zeigt die Feldrichtung des Magnetfelds an. Der Mittelfinger zeigt in 90° von der Hand aus gesehen in Ablenkrichtung.

Anwendungen

Die magnetische Ablenkung von bewegten Ladungen (Elektronenbewegung) macht man sich in Röhrenbildschirmen und Oszilloskopen zu nutze. Weitere Anwendungen sind magnetische Linsen in Elektronenmikroskopen und dem Hall-Effekt.
Auch die Teilchenbeschleunigung in Kernreaktoren arbeitet nach dem selben Prinzip.

Elektromagnetismus

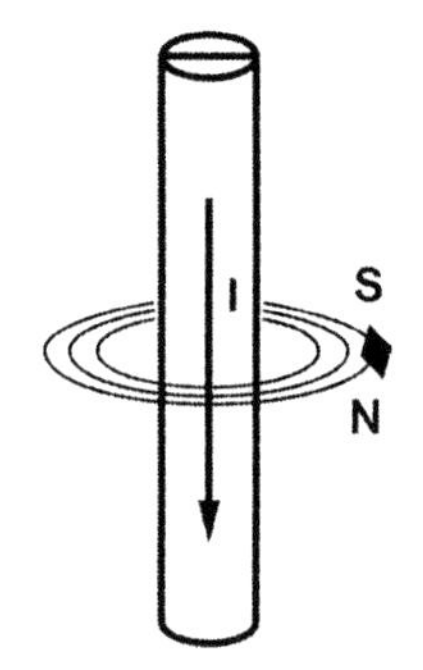

Um jeden stromdurchflossenen Leiter bildet sich ein Magnetfeld. Man nennt diesen Effekt Elektromagnetismus. Bewegte Ladungen (Strom) sind die Ursache des Elektromagnetismus.
Die Feldlinien des Magnetfeldes liegen wie Kreise um den Leiter. Die Richtung der Feldlinien werden von der Stromrichtung bestimmt (Schraubenregel). Wird die Stromrichtung geändert, richtet sich das Magnetfeld neu aus.

Magnetische Wirkung auf parallele Leitungen

Liegen zwei Leiter mit gleicher Stromrichtung nebeneinander, so ziehen sie sich an. Das Feldlinienbild zeigt, dass das Magnetfeld zwischen den Leitern abgeschwächt und außerhalb der Leiter gestärkt wird.
Liegen zwei Leiter mit unterschiedlicher Stromrichtung nebeneinander, so stoßen sie sich voneinander ab. Das Feldlinienbild zeigt, dass das Magnetfeld zwischen den Leitern gestärkt und außerhalb der Leiter geschwächt wird.

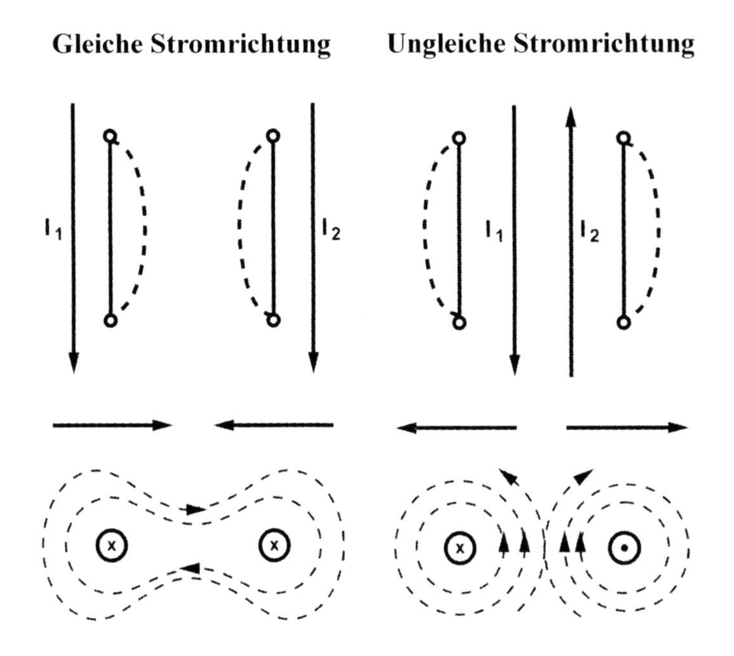

Induktion

Es gibt die Induktion der Bewegung und die Induktion der Ruhe. In diesem Zusammenhang gibt es auch den Effekt der Wirbelströme und die Selbstinduktion.
Die Vorgänge in elektrischen Leitern und Magnetfeldern wird hier im einzelnen erklärt.

Induktion der Bewegung (Generatorprinzip)

Die Induktion der Bewegung ist ein Vorgang, bei dem durch Bewegung eines Leiters in einem Magnetfeld eine Spannung erzeugt wird. Dieses Prinzip wird auch in einem Generator angewendet, bei dem durch das Drehen eines Rotors in einem Magnetfeld eine Wechselspannung erzeugt wird. Deshalb wird diese Art der Induktion auch Generatorprinzip genannt. Die Induktion der Bewegung beruht auf der Tatsache, dass in einem Magnetfeld auf bewegte Ladungen eine Kraft ausgeübt wird (stromdurchflossener Leiter). Wird dieser Leiter bewegt, egal ob durch das Magnetfeld oder durch Bewegung, dann werden die im Leiter befindlichen Elektronen bewegt. Diese Elektronen bauen dann ein Magnetfeld auf. Dieses Magnetfeld wird vom Magnetfeld des Magnets überlagert. Es kommt zur Ablenkung des Leiters durch Elektronenmangel und Elektronenüberschuss im Magnetfeld. Diese Unterschiedlichen Ladungen ergeben eine Spannung. Die Richtung dieser Spannung hängt von der Bewegungsrichtung und der Magnetfeldrichtung ab.

Induktion der Ruhe (Transformatorprinzip)

Die Induktion der Ruhe ist ein Vorgang, bei der Spule (Leiter) und Magnetfeld an ihren Positionen unverändert bleiben. Stattdessen wird im Magnetfeld der magnetische Fluss Φ (Phi) verändert. Diese Flussänderung erzeugt eine Spannung. Man spricht dann davon, dass sich in dieser Spule der magnetische Fluss ändert und dadurch eine Spannung in der Spule induziert (erzeugt, hinzugefügt) wird. Der magnetische Fluss wird in der Regel durch eine Änderung einer Wechselspannung verändert. Die Frequenz der Wechselspannung bleibt dafür gleich.
Das Prinzip der Induktion der Ruhe wird Transformatorprinzip genannt.

Wirbelstrom / Wirbelströme

Bei der Induktion der Bewegung entstehen Spannungen und damit auch Ströme, die scheinbar ungeordnet verlaufen. Diese Ströme erzeugen Magnetfelder, die der Bewegungsrichtung entgegen wirken und die Bewegung bremsen. Diese Ströme werden Wirbelströme genannt.
Dieser Effekt wird für die Wirbelstrombremse in Induktionszählern und zur Wirbelstromdämpfung in Messgeräten verwendet.
Bei der Induktion der Ruhe führt das wechselnde Magnetfeld (Wechselfeld)

zu Wirbelströmen im Eisenkern der Spule. Diese Ströme erwärmen das Innere des Eisenkerns. Die Kernoberfläche bleibt von der Erwärmung bei niedrigen Frequenzen unberührt. Aus diesem Grund werden in der Energietechnik keine Eisenkerne, sondern dünne isolierte Bleichteile gestapelt und zusätzlich zur Erhöhung des elektrischen Widerstandes mit Silizium legiert. Der hohe elektrische Widerstand setzt sich dem Wirbelstromfluss entgegen.
In der Hochfrequenztechnik werden Massekerne verwendet. Diese bestehen aus Eisenpulver, das sich in einem Isoliermaterial befindet. Gerne werden auch Ferritkerne verwendet, deren Widerstand so groß ist, dass keine Wirbelströme entstehen können.

Selbstinduktion

Der Begriff der Selbstinduktion kommt im Zusammenhang mit Spulen und Relais vor. Wird der durch eine Spule fließende Strom abgeschaltet, baut sich das Magnetfeld im Eisenkern ab. Wenn diese Energie in Form eines Stroms nicht abfließen kann, dann entsteht kurzzeitig eine viel höhere Spannung als vorher an der Spule angelegt war. Diese Spannung wird Selbstinduktionsspannung genannt. Der Effekt der kurzzeitigen Spannungserhöhung durch die Stromkreisunterbrechung nennt man Selbstinduktion. Die Selbstinduktionsspannung wirkt immer der Änderung des elektrischen Stroms entgegen.

Die Selbstinduktionsspannung ist abhängig von:

- Induktivität L der Spule
- Stromänderung $_{\Delta}$I
- Dauer/Zeit $_{\Delta}$t der Stromänderung

Es gilt die Formel:

$$U_q = -L \cdot \frac{\Delta I}{\Delta t}$$ in Henry H (Vs/A)

Die Selbstinduktionsspannung ist umso größer, je größer die Induktivität ist, je größer die Stromänderung ist und je kleiner die Zeit ist, in der sich der Strom ändert.
Die Induktivität der Spule wird unter anderem durch deren Windungsanzahl

beeinflusst. Bei Spulen mit großer Windungszahl und hohen Stromdurchfluss, der in kurzer Zeit abgeschaltet (reduziert) wird, wird eine sehr große Spannung induziert. Diese macht sich durch einen Lichtbogen an Schaltkontakten und Durchschlagen der Spulenisolierung bemerkbar. In der Regel geht dabei die Spule oder auch ein verwendetes Relais kaputt. Halbleiterbauelemente, die sich im gleichen Stromkreis befinden, können dabei auch in Mitleidenschaft gezogen werden.
Spannungs- und Stromänderungen in Wechselstromkreisen führen nicht zur Zerstörung von Bauteilen. Die Spannungsänderung erfolgt dort so langsam und gleichmäßig, dass die Selbstinduktionsspannung kleiner ausfällt, aber den Spannungsverlauf an der Spule beeinflusst.
Obwohl die Selbstinduktion Bauteile zerstören kann, macht man sich die extrem hohen Spannungen anderweitig zu nutze. Zum Beispiel in Drosselspulen (Starter) der Leuchtstofflampen zum Zünden des Gases. Oder zur Zündung im Auto oder ganz banal im Elektro-Feuerzeug.
Der so genannte Sperrwandler, der oft dazu eingesetzt wird, bei relativ kleinen Leistungen eine höhere Gleichspannung aus einer niedrigeren Gleichspannung zu erzeugen, ist ein praktisches Beispiel für die Anwendung von Selbstinduktion.

Elektrisches Feld (E-Feld)

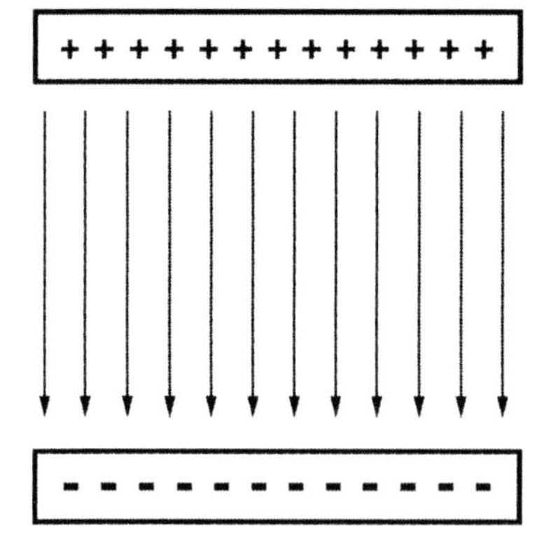

Der Raum zwischen zwei ungleich geladenen Objekten wird elektrisches Feld genannt. In dem Raum wird durch eine elektrische Ladung auf eine andere Ladung eine Kraft ausgeübt.
Die Stärke und Richtung des elektrischen Feldes wird durch Feldlinien (Pfeile) dargestellt. Die Richtung der Feldlinien verläuft von Plus nach Minus. Die Richtung der Feldlinien bestimmen die Kräfte, die im elektrischen Feld auf Objekte wirken. Auf diese Weise lassen sich auch Körper und Ladungen örtlich verändern.
Die elektrische Ladung, die das elektrische Feld erzeugt, wird z. B. von einer elektrischen Spannung erzeugt. Dieses Prinzip wird im Kondensator angewendet.

Elektrische Feldstärke E

In einem homogenen elektrischen Feld ist die elektrische Feldstärke überall gleichgroß. Die Höhe der elektrischen Feldstärke ist von der Größe des Ladungsunterschieds und dem Abstand der geladenen Teile abhängig.
Die elektrische Feldstärke E ist umso größer,

- je größer bzw. ungleicher die elektrischen Ladungen sind oder je größer die elektrische Spannung ist.
- je kleiner der Abstand zwischen den geladenen Körpern ist.

Formelzeichen

Das Formelzeichen für die elektrische Feldstärke ist das große E.

Maßeinheit

Die elektrische Feldstärke ist von Spannung und Abstand zwischen zwei Körpern abhängig. Daher lautet die Maßeinheit kV/mm, V/m oder V/cm.

Formel zur Berechnung

$$Elektrische\ Feldstärke\ E = \frac{Elektrische\ Spannung\ U}{Abstand\ l}$$

$$E = \frac{U}{l}$$

Durchschlagsfestigkeit

Ist die elektrische Ladung zu groß oder der Abstand zu klein, dann findet ein Ladungsaustausch statt. Die dabei frei werdende Energie, kann sehr groß sein. Der Ladungsaustausch macht sich durch einen Knall und einen Lichtbogen bemerkbar.
Zwischen zwei Ladungen können unterschiedliche Stoffe den Ladungsaustausch verhindern. Die Feldstärke, den diese Stoffe aushalten, bis sie durchschlagen, nennt man Durchschlagsfestigkeit.

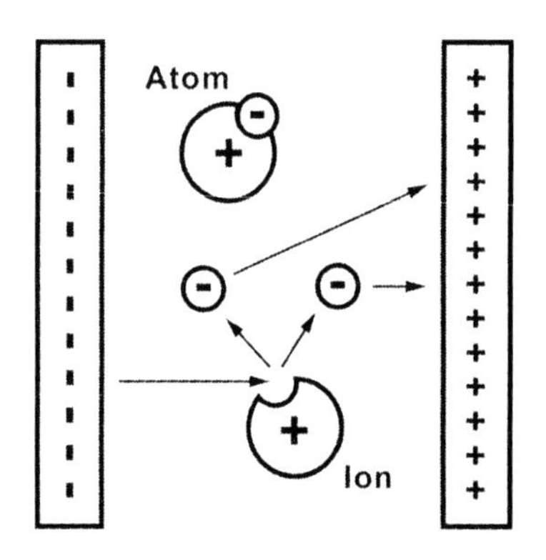

Wird die Durchschlagsfestigkeit überschritten, dann beschleunigen die Elektronen im elektrischen Feld so stark, dass beim Zusammenstoß mit neutralen Atomen, Ionen und Elektronen entstehen.
Bei der Durchschlagfestigkeit der Luft kommt es außerdem sehr auf die Elektrodenbeschaffenheit an. Wenn zwei spitzige Elektroden gegenüberstehen genügt schon 1 kV damit der Funke überschlägt. Das kommt davon, dass sich an den Spitzen das elektrische Feld stark verdichtet und so die Ionisation erleichtert. Es kommt knapp unterhalb der Durchschlagsspannung zu einer Glimmentladung (bläulich schwaches Licht im dunklen Raum) und man riecht Ozon. Das Ozon selbst ist geruchlos. Es kommt zum Geruch, weil dieses intensive Radikal sich leicht mit andern Stoffen in der Luft verbindet bzw. oxydiert.

Stoffe	**mittlere Durchschlagsfestigkeit**
Luft	3,3 kV/mm
Papier	10 kV/mm
Zellmembran einer menschlichen Nervenfaser	14 kV/mm
Porzellan	20 kV/mm
PVC	50 kV/mm
Glimmer	60 kV/mm
Polysterol	100 kV/mm

Influenz (Ladungstrennung)

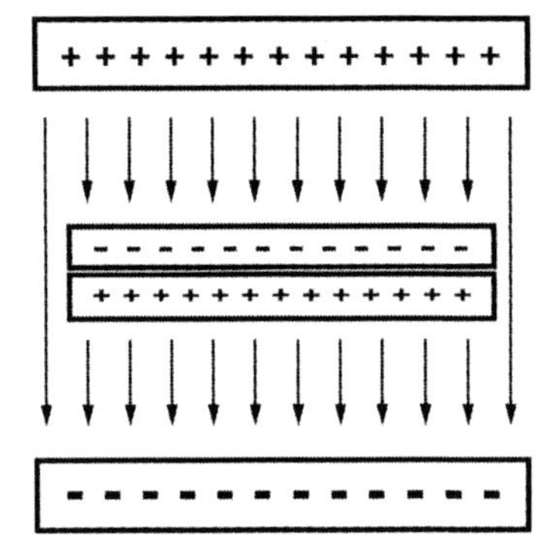

Bewegt man ein metallisches Objekt in ein elektrisches Feld, dann kommt es in diesem Objekt zu einer Ladungstrennung. Das heißt, es bildet sich darin eine elektrische Spannung. Diesen Vorgang nennt man Influenz oder Ladungstrennung. In der Mitte des Objekts entsteht dabei eine ladungsfreie Zone. Wird das Objekt in seiner Mitte aufgetrennt, dann entsteht ein feldfreier Raum. Auf diese Weise entsteht das Prinzip der Abschirmung gegen elektrische Felder (Faradayscher Käfig). Influenz ist nur in Leiterwerkstoffen möglich.

Abschirmung unerwünschter elektrischer Felder

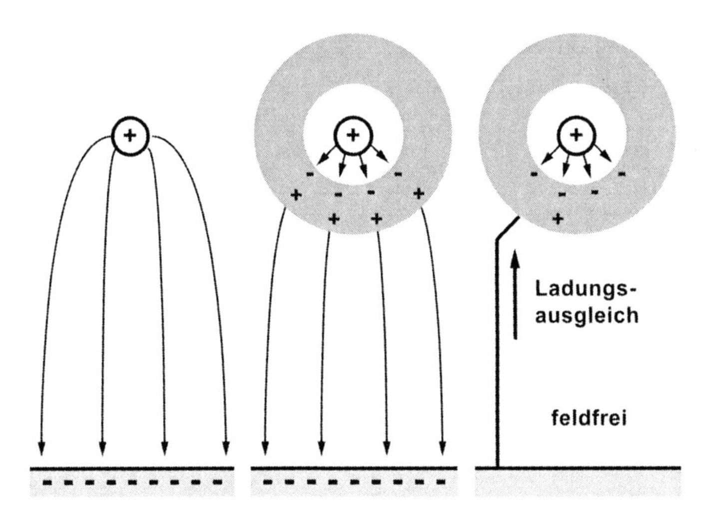

Elektrische Felder haben grundsätzlich den Nachteil der Beeinflussung der elektronischen Schaltung oder Schaltungsteile um sie herum. Zwischen zwei stromdurchflossenen Leitern mit unterschiedlicher Ladung kommt es durch die Kraftwirkung des elektrischen Feldes immer zur Ladungstrennung (Influenz). Die dabei entstehenden Spannungen können sich störend auswirken. Zum Beispiel durch Rauschen oder Brummen in Audio- und Video-Übertragungen. Um die Beeinflussung zu vermeiden oder zu

vermindern greift man in der Regel zur Abschirmung durch Masseverbindung. Durch eine metallische Ummantelung wird der elektrische Leiter abgeschirmt. Durch die Verbindung der Hülle mit der Erde oder Masse wird das elektrische Feld aufgehoben. Die Abschirmung wird meistens durch ein Metallgehäuse oder in Leitungen durch Geflecht oder Gitter realisiert.
Elektrische Felder werden hauptsächlich durch spannungsführende Teile und Leitungen erzeugt.

Elektrische Leitfähigkeit κ (kappa)

Die Eignung verschiedener Stoffe zum Leiten von Strom wird durch die Zahl und Beweglichkeit der freien Ladungsträger in ihnen bestimmt. Da die Leitfähigkeit von der Temperatur abhängig ist, wird sie bei einer Temperatur von 25°C angegeben.
Bei Festkörpern, insbesondere Metallen, gibt es einen engen Zusammenhang zwischen der elektrischen Leitfähigkeit und der Wärmeleitfähigkeit. Gute elektrische Leiter sind auch gute Wärmeleiter.
Die elektrische Leitfähigkeit fester Körper hat bei Raumtemperatur die Variationsbreite von 24 Zehnerpotenzen. Das führt zur Einteilung in drei elektrische Stoffklassen. Die Leitfähigkeit drückt sich in der Beweglichkeit freier Ladungsträger aus.

Leiter (Metalle)	Halbleiter	Nichtleiter (Isolatoren)
Silber	Germanium	Porzellan
Kupfer	Silizium	Glas
Aluminium	Selen	Kunststoffe

Leiter (Metalle)

Man unterscheidet zwischen Elektronenleiter und Ionenleiter.
Elektronenleiter bestehen aus Metallatomen, die untereinander eine feste Bindung eingehen. Deren Valenzelektronen werden dabei abgegeben. Die Valenzelektronen sind die Elektronen auf der äußersten Schale des Atoms. Die Atome werden dadurch zu positiven Ionen. Die Ionen nehmen einen gleichmäßigen Abstand zueinander ein und bilden ein Gitter in dem sich die

freien Elektronen wie eine Wolke bewegen (Elektronengas). Die negativ geladene Elektronenwolke hält die positiv geladenen Ionen zusammen. Setzt man den Leiter einem elektrischen Druck, der elektrischen Spannung, aus, dann bewegen sich die Elektronen in eine bestimmte Richtung. Es fließt ein Elektronenstrom vom Minuspol zum Pluspol. Die durchschnittliche Geschwindigkeit v der Elektronen beträgt 3 mm/s. In Metallen ist die Zahl der freien Ladungsträger sehr groß (je Atom ein freies Elektron). Ihre Beweglichkeit ist eingeschränkt, die elektrische Leitfähigkeit hoch. Die Leitfähigkeit guter Leiter liegt bei 10^6 Siemens/cm.

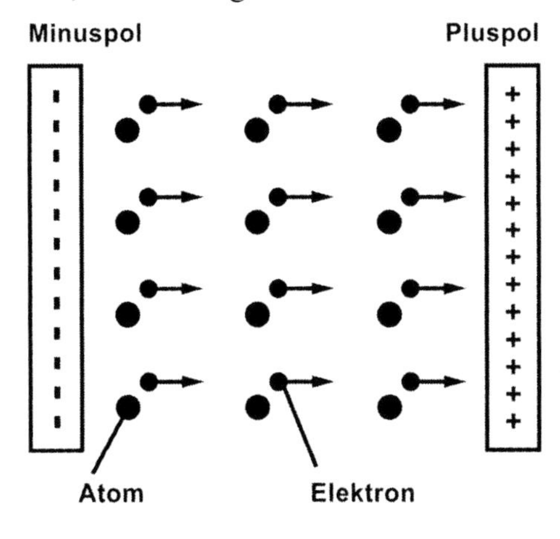

Der Strom, der beim Anlegen einer Spannung fließt, ist nichts anderes als die große Menge von Elementarladungen. Ein Elektron ist mit 10^{-19} Coulomb beteiligt. Wenn durch einen Leiter eine Sekunde lang 10^{19} Elektronen fließen, dann kann man eine Stromstärke von 1 Ampere messen. Zu beachten ist, dass der Elektronenstrom keine Veränderung im Metall hervorruft. Anders im Ionenleiter. Das sind leitende Flüssigkeiten (Elektrolyte), Schmelze und ionisierte Gase. Die Ladungsträger sind sowohl positive, wie auch negative Ionen. Durch den Ionenstrom entsteht eine Veränderung des Stoffes.

Nichtleiter (Isolatoren)

Zu den Nichtleitern zählen feste Stoffe, wie Kunststoff, Gummi, Glas, Porzellan, Papier, Flüssigkeiten, wie reines Wasser (H_2O), Öle und Fette, aber auch Vakuum und Gase unter bestimmten Bedingungen.
Üblicherweise verwendet man Isolatoren oder Isolierstoffe um elektrische Leiter voneinander elektrisch zu trennen (isolieren).
In Isolatoren ist die Zahl der freien Ladungsträger gleich Null. Die elektrische Leitfähigkeit ist deshalb auch verschwindend gering. Die Leitfähigkeit bei guten Isolatoren liegt bei 10^{-18} Siemens/cm.

Halbleiter

Die elektrische Leitfähigkeit der Halbleiter liegt zwischen der von Metallen und Isolatoren. Halbleiter unterscheiden sich von Leitern dadurch, dass die Valenzelektronen erst durch äußere Einflüsse, wie Druck, Temperatur, Belichtung oder Magnetismus frei werden und erst danach die Leitfähigkeit einsetzt.
Halbleiterstoffe sind zum Beispiel Silizium, Germanium und Selen.

Formelzeichen

Das Formelzeichen der elektrischen Leitfähigkeit ist κ (kappa), γ (gamma) oder σ (sigma).
Üblicherweise wird das kleine κ verwendet. Leider ist das nirgends genau definiert.

Maßeinheit

Die Maßeinheit der elektrischen Leitfähigkeit ist

$$\frac{m}{\Omega \bullet mm^2}$$

Formeln zur Berechnung

Die elektrische Leitfähigkeit ist der Kehrwert des spezifischen Widerstandes. Daher auch die Bezeichnung spezifische Leitfähigkeit.

$$Spezifische\ Leitfähigkeit\ \kappa = \frac{1}{Spezifischer\ Widerstand\ \rho}$$

$$\kappa = \frac{1}{\rho}$$

$$Spezifischer\ Widersand\ \rho = \frac{1}{Spezifische\ Leitfähigkeit\ \kappa}$$

$$\rho = \frac{1}{\kappa}$$

Beispiele für die spezifische Leitfähigkeit

Je nach Atomaufbau haben metallische Leiter eine unterschiedliche Leitfähigkeit. Die höchste Leitfähigkeit hat Silber, dicht gefolgt von Kupfer. Deshalb wird Kupfer auch als Material für metallische Leiter verwendet. Es ist günstig und lässt sich leicht herstellen. Silber dagegen ist viel zu teuer und lässt sich für Litzekabel nicht verwenden. Erst dann, wenn es auf eine sehr hohe Leitfähigkeit ankommt, insbesondere an der Außenhaut (Skineffekt), dann wird der Kupferdraht mit Silber überzogen.

Spezifischer Widerstand ρ (rho)

Jedes Material hat einen eigenen Widerstand, der von der Atomdichte und Anzahl der freien Elektronen abhängig ist. Der Widerstand wird deshalb spezifischer Widerstand genannt. Je kürzer die Leitungslänge und je größer der Leitungsquerschnitt des Materials, desto geringer der ohmsche/ elektrische Widerstand. Die Abhängigkeit von der Leitungslänge wird dadurch erklärt, dass die Elektronenbewegung auf einer größeren Strecke stärker gehemmt wird, als auf einer kürzeren Strecke. Durch eine Änderung der Leitungslänge und des Querschnitts ändert sich nur der ohmsche Widerstand. Der spezifischer Widerstand ist eine Materialkonstante und ist somit ein fest definierter Wert.

Definition: Der Widerstand eines Leiters von 1 m Länge und 1 mm^2 Querschnitt bei 20°C heißt spezifischer Widerstand. Den Kehrwert des spezifischen Widerstands nennt man Leitwert.

Formelzeichen

Das Formelzeichen des spezifischen Widerstands ist ρ (rho) aus dem griechischen Alphabet.

Maßeinheit

Der spezifische Widerstand wird auf der Basis von 1 m Länge, 1 mm^2 Querschnitt bei einer Temperatur von 20°C angegeben.

$$\frac{\Omega \cdot mm^2}{m}$$

Formel zur Berechnung

$$Spez.\ Widerstand\ \rho = \frac{Elektr.\ Widerstand\ R \bullet Leiterquerschnitt\ q}{Leiterlänge\ l}$$

$$\rho = \frac{R \bullet q}{l}$$

Halbleiterphysik / Halbleitertechnik

Der spezifische Widerstand eines Halbleiters liegt um mehrere Zehnerpotenzen höher, als bei metallischen Leitern. Die Leitfähigkeit ist als deutlich geringer, als bei Metallen oder Legierungen. Die elektrische Leitfähigkeit der Halbleiter liegt zwischen der von Metallen und Isolatoren. Sie ist jedoch stark abhängig von

- mechanische Kraft (beeinflusst die Beweglichkeit der Ladungsträger)
- Temperatur (Zahl und Beweglichkeit der Ladungsträger)
- Belichtung (Zahl der Ladungsträger)
- zugefügten Fremdstoffen (Zahl und Art der Ladungsträger)

Bei Raumtemperatur ist die Leitfähigkeit der Halbleiter gering. Führt man Energie in Form von Wärme, Licht, Spannung, oder magnetischer Energie hinzu, so ändert sich die Leitfähigkeit. Die Empfindlichkeit der Halbleiter auf Druck, Temperatur und Licht macht sie auch zu geeigneten Sensoren.

Halbleiterwerkstoffe

Halbleiterwerkstoffe haben eine Kristallstruktur. Die Atome befinden sich auf einer vorgegebenen Stelle. Sie sind nach einem bestimmten Schema angeordnet. Die Eigenschaft des Halbleiters ist von der Kristallstruktur abhängig. Diese Kristalle müssen einen sehr hohen Reinheitsgrad haben. Sie dürfen nur aus einem Element bestehen. Verunreinigungen in Form andere Atome verändert die Eigenschaft des Halbleiterwerkstoffs.
Das bekannteste Halbleitermaterial ist Silizium (Si). Es kommt in der Natur sehr häufig vor. Zum Beispiel in Sand, Quarz und Steinen. Germanium (Ge)

ist auch recht bekannt. Kommt aber nicht ganz so häufig vor und wird auch nicht so häufig verwendet.

Anwendungen von Halbleiterwerkstoffen

Anwendung/Bauelemente	Halbleiterwerkstoffe
Diode, Transistor, integrierter Schaltkreis	Ge, Si, GaAs
Dehnungsmessstreifen	Ge, Si
NTC-Widerstand	Si, Ge, GaAs
LED, Display	SiC, GaP, GaAs, InAs, InSb
Laserdiode	GaAs, InAs, InSb
Fotoelement, Solarzelle	Si, GaAs
Hallgenerator, Feldplatte	InSb, InAs

Eigenleitfähigkeit

Die elektrische Leitfähigkeit eines Materials ist von der Anzahl freier Elektronen auf der äußeren Schale eines Atoms (Bohrsches Atommodell) abhängig.
Die Elektronen in den Halbleitern sind in der Regel durch die Kristallbildung benutzt. Die Kristallbildung kann nicht einfach so aufgehoben werden. Ein Halbleiterkristall ist demnach ein Nichtleiter. Nur in Ausnahmefällen entstehen freie Ladungsträger (Elektronen):

- Durch Verunreinigung des Halbleiters.
- Durch Licht und Wärme geraten die Atome in Schwingung und setzen Ladungsträger frei.
- Die Atome an der Material-Oberfläche haben keine Nachbaratome und somit freie Elektronen.

Durch Wärmezufuhr oder Lichteinstrahlung können auch undotierte Halbleiter freie Ladungsträger erzeugen. Mit steigender Temperatur nimmt die Zahl der Elektronen-Loch-Paare im Quadrat zu. Dadurch ergeben sich Grenzen für die maximale Betriebstemperatur in elektronischen Geräten:

- Germanium (90...100 °C)
- Silizium (150...200 °C)
- Galliumarsenid (300..350 °C)

Die Eigenleitung in chemisch reinen Halbleiterkristallen ist wegen der starken Temperaturabhängigkeit nicht erwünscht und technisch nahezu unbrauchbar. Daher verunreinigt man Halbleiterkristalle gezielt mit Fremdatomen. Diesen Vorgang nennt man Dotieren. Es entsteht wahlweise ein Elektronenüberschuss oder Elektronenmangel. Der Halbleiter wird dadurch besser nutzbar. Durch das Zusammenführen verschiedener Halbleiterschichten entstehen Halbleiterbauelemente. Zum Beispiel die Diode oder der Transistor.

Innerer fotoelektrischer Effekt

Halbleiterwerkstoffe haben eine Eigenleitfähigkeit, die durch Erwärmung und Lichteinstrahlung erhöht wird. Energie in Form von Wärme und Licht vergrößert die Leitfähigkeit. Es werden die Elektronen aus ihren Bindungen herausgerissen. Der Stromfluss wird größer. Bei der Lichteinstrahlung treffen die Lichtteilchen, Photonen genannt, auf den Halbleiterwerkstoff und zerschlagen die Kristallbindungen. Die Elektronen werden regelrecht herausgesprengt. Dadurch erhöht sich die Anzahl der Elektronen und Löcher, also die Anzahl der freien Ladungsträger. Dieser Vorgang wird innerer fotoelektrischer Effekt genannt. Da die elektrischen Eigenschaften aller Halbleiterbauelemente durch Licht beeinflusst werden, verwendet man lichtundurchlässige Gehäuse. Außer bei Fotoelementen, wie Fotowiderstand, Fotodiode, Fototransistor und Solarzelle. Dort wird das Licht gezielt zur Veränderung der elektrischen Eigenschaften genutzt. Bei der Solarzelle wird Licht sogar zur Stromerzeugung verwendet.

Dotieren / Dotierung

Unter Dotierung versteht man das gezielte Verändern der Leitfähigkeit von Halbleitern, in dem man in den reinen Halbleiterwerkstoff Fremdatome einbaut. Man spricht auch von verunreinigen.

Donator / Donatoratom

Der Donator ist das Atom mit dem der Halbleiterwerkstoff verunreinigt wird.
Donator kommt von donare. Das ist Lateinisch und bedeutet schenken. Jedes Donatoratom schenkt dem Werkstoff ein zusätzliches freies Atom. Dieses Atom kann zur Entstehung eines Stroms beitragen. Jedes Elektron, das durch Dotieren eines Atoms dem Kristall hinzugefügt wird erhöht die Leitfähigkeit des Halbleiters.
Da jedes Elektron im dazugehörigen Atomkern ein Proton gegenüber steht, bleibt der Halbleiterwerkstoff trotz Dotierung elektrisch neutral.
Donatoren bzw. Donatorenatome sind zum Beispiel:

- Phosphor (P)
- Arsen (As)
- Antimon (Sb)

Akzeptor / Akzeptoratom

Der Akzeptor ist das Atom, mit dem der Halbleiterwerkstoff verunreinigt wird. Akzeptor kommt von accipere. Das ist Lateinisch und bedeutet annehmen. Den Akzeptoren fehlt ein Elektron. Das führt im Halbleiter zu einem Loch. Im Kristall befindet sich eine offene Kristallbindung. Kommt ein Elektron aufgrund der thermischen Bewegung in die Nähe einer offenen Kristallbindung, dann wird es in diese offene Bindung gezogen. An der Stelle verschwindet das Loch, und die Bindung ist vollständig. An einer anderen Stelle ist wiederum ein Loch bzw. eine offene Bindung entstanden. Im spannungslosen Zustand wandern die Löcher ungeordnet. Ständig wird ein Elektron in ein Loch gezogen und an einer anderen Stelle entsteht ein neues. Trotz der entstehenden freien Ladungsträger (Löcher) bleibt die Ladung des Halbleiterwerkstoffs durch diese Dotierung elektrisch neutral. Akzeptoren sind zum Beispiel:

- Aluminium (Al)
- Gallium (Ga)
- Indium (In)

n-Dotierung

Wenn in reines Silizium Phosphor (P) eingebaut wird, stehen pro Phosphoratom (Donator) ein freies Elektron zur Verfügung. Da es sich bei den freien Elektronen um negativ geladenen Ladungsträger handelt, spricht man von einem n-Leiter.
Schließt man eine Stromquelle an den n-Leiter an, so entzieht der Plus-Pol dem n-Leiter die Elektronen, und es entsteht ein Elektronenstrom von Minus nach Plus.

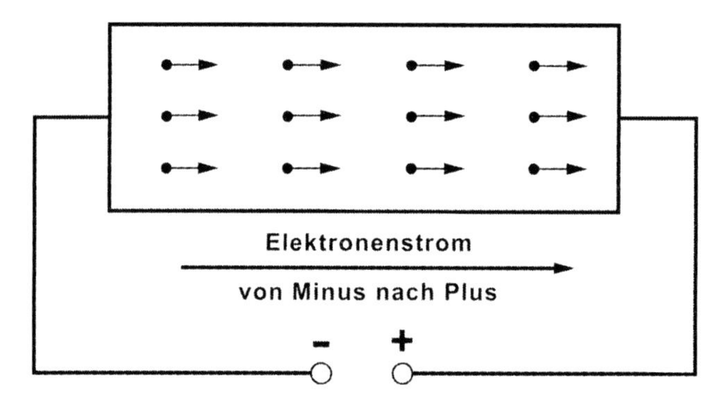

p-Dotierung

Wenn in reines Silizium Aluminium (Al) eingebaut wird, fehlt pro Aluminiumatom (Akzeptor) ein Elektron. Es entstehen Defektelektronen oder auch Löcher genannt. Da es sich bei den Löchern um positive Ladungsträger handelt, spricht man von einem p-Leiter.

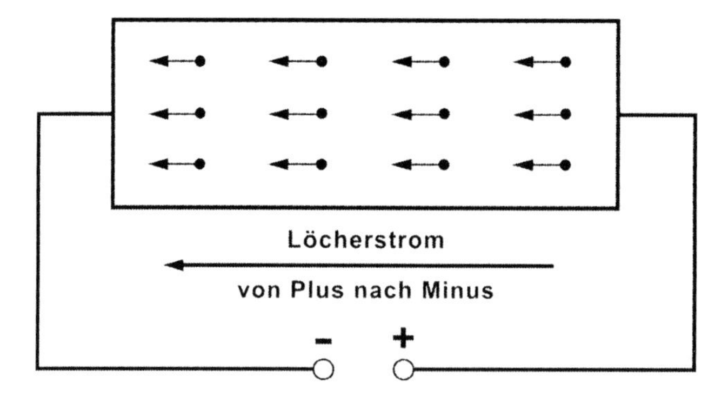

Schließt man eine Stromquelle an den p-Leiter an, so fließen Elektronen vom Minus-Pol in den p-Leiter und rekombinieren mit den Löchern. Der Plus-Pol entzieht nun dem p-Leiter wieder die Elektronen, und es fließt ein Löcherstrom von Plus nach Minus.

pn-Übergang (Halbleiterdiode)

Fügt man p-leitendes Material und n-leitendes Material zusammen, so entsteht ein Grenzbereich zwischen den Materialien, der pn-Übergang genannt wird. Dieser Bereich wird auch als Grenzschicht bezeichnet. Das so entstandene Bauelement wird als Halbleiterdiode, kurz Diode, bezeichnet.

pn-Übergang ohne äußere Spannung

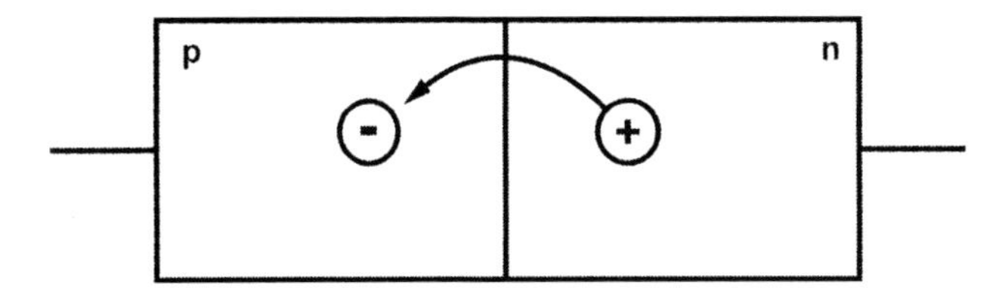

Ohne äußere Einwirkung durch Spannung oder Strom, sondern nur durch den Einfluss der Wärmeschwingungen, wandern die Elektronen (freie Ladungsträger) nahe des Grenzbereichs von der n-leitenden Schicht in die p-leitende Schicht. In der Detailbetrachtung wandert (Ladungsträger-diffusion). das freie Elektron des Phosphoratoms über die Grenze in die p-Schicht und geht dort mit dem Aluminiumatom eine Bindung ein. Das Phosphoratom hat ein Elektron verloren und ist zum positiv geladenen Ion geworden. Das Aluminiumatom hat ein Elektron mehr und ist zu einem negativ geladenen Ion geworden. Im Grenzbereich wandern viele Elektronen aus der n-Schicht in die p-Schicht. Die Elektronen aus der n-Schicht rekombinieren mit den Löchern aus der p-Schicht.

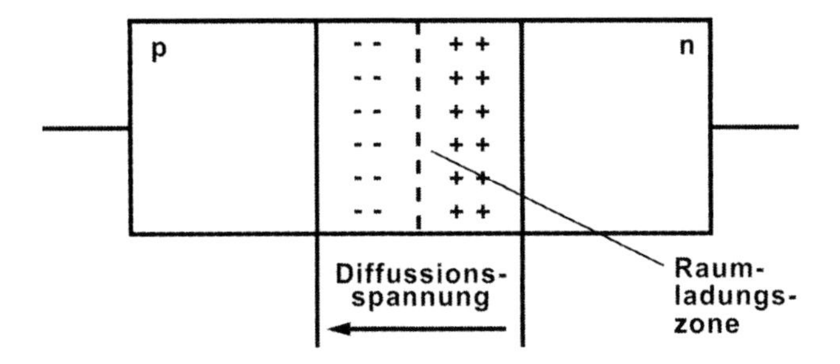

Durch die Ladungsträgerdiffusion ist ein Ionengitter entstanden. Es ist eine an freien Ladungsträgern verarmte Sperrschicht und wird auch Raumladungszone genannt. In dieser Schicht herrscht ein starkes elektrisches Feld, das weitere Elektronenwanderungen verhindert. Die Ladungsträgerdiffusion ist dann beendet, wenn das elektrische Feld groß genug ist, um der Kraftwirkung der Wärmeschwingungen entgegen zu wirken. Je höher die Temperatur, desto breiter ist die Raumladungszone, desto höher wird das elektrische Feld. Zwischen den Raumladungen entsteht eine elektrische Spannung. Sie wird Diffusionsspannung U_{Dif} genannt. Sie hat bei 20°C etwa folgende Höhe:
Silizium $U_{Dif} = 0,6 \dots 0,7$ V
Germanium $U_{Dif} = 0,3$ V

pn-Übergang an äußerer Spannung

Im folgenden wird das Funktionsprinzip einer Halbleiterdiode erklärt, die aus einer p- und aus einer n-leitenden Schicht besteht. Betrachtet man diesen pn-Übergang bildhaft mit seiner Wirkungsweise in Durchlassrichtung und in Sperrrichtung, so kann man von einer Einbahnstrasse für Elektronen sprechen.

Diode in Sperrrichtung

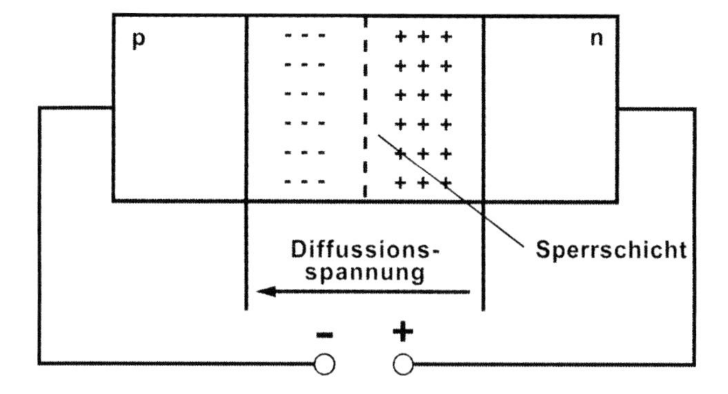

Wird die Diode in Sperrrichtung betrieben, so liegt die p-Schicht am Minus-Pol und die n-Schicht am Plus-Pol.
Die Löcher der p-Schicht werden vom Minus-Pol angezogen, die Elektronen der n-Schicht werden vom Plus-Pol angezogen. Dadurch vergrößert sich die Sperrschicht, die auch Grenzschicht genannt wird. Es

können keine Ladungsträger durch die Sperrschicht hindurch gelangen. Es kann nur ein sehr kleiner Strom durch die Sperrschicht fließen.

Diode in Durchlassrichtung

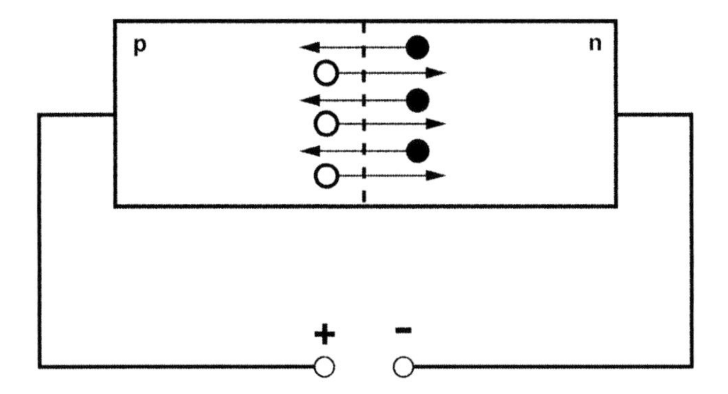

Wird die Diode in Durchlassrichtung betrieben, so liegt die p-Schicht am Plus-Pol und die n-Schicht am Minus-Pol.
Die Löcher der p-Schicht werden vom Plus-Pol abgestoßen und die Elektronen der n-Schicht werden vom Minus-Pol abgestoßen. Die Grenzschicht wird nun mit freien Ladungsträgern überschwemmt. Über den pn-Übergang hinweg, fließt ein Strom durch die Diode. Und die durch Ladungsdiffusion aufgebaute Diffusionsspannung wird abgebaut.

Temperaturverhalten von Halbleitern

Halbleiterbauelemente wie z. B. Dioden oder Transistoren ändern ihren Innenwiderstand bei Temperaturänderung. Somit nimmt die Temperaturänderung Einfluss auf das Strom-Spannungsverhalten von Halbleitern.
Die Ladungsträgerbeweglichkeit in einem Halbleitermaterial wird durch die Temperatur beeinflusst. Bei einer höheren Temperatur stoßen die Ladungsträger öfter zusammen und werden somit unbeweglicher. Doch gerade durch die höhere Temperatur werden weitere Ladungsträger aus dem Halbleitermaterial frei, was zur Erhöhung der Leitfähigkeit führt. Die Eigenleitung des Halbleiters steigt. Das führt zu einem größeren Sperrstrom (R = Reverse).
Bei steigender Temperatur nimmt der Durchlasswiderstand (F = Forward) eines Halbleiters ab. Die Schwellspannung (Diffusionsspannung) wird

dadurch etwas herabgesetzt.
Das Temperaturverhalten einer Diode beeinflusst ihr Sperrverhalten. Mit steigender Temperatur nimmt der Sperrstrom zu. Das Durchlassverhalten bleibt davon nahezu unberührt. Mit steigender Temperatur wird der Durchlasswiderstand und somit die Schwellspannung etwas geringer. Die Durchlassspannung einer Diode ändert sich linear mit etwa -2 mV pro Grad Celsius (°C). Je höher die Temperatur, umso niedriger die Durchlassspannung. Durch das Verstärken dieser Spannungsänderung lässt sich ein einfaches Temperaturmessgerät realisieren.

Stromkreis

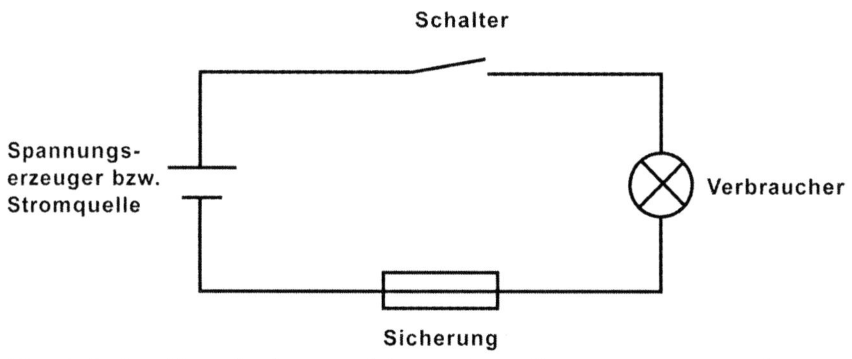

Ein einfacher Stromkreis setzt sich aus einem Spannungserzeuger bzw. einer Stromquelle und einem Verbraucher, die über Leitungen miteinander verbunden sind, zusammen. Durch einen Schalter kann der Stromkreis geschlossen und unterbrochen werden. Somit kann der Strom im Stromkreis fließen oder er kann unterbrochen werden.
Um die Darstellung des Stromkreises zu vereinfachen, verwendet man genormte Symbole (Schaltzeichen), die miteinander verbunden werden und das Wirken der Bauelemente in der Schaltung verdeutlichen.
Üblicherweise wird jeder Stromkreis durch eine Sicherung geschützt. Die Sicherung reagiert ab einem bestimmten Strom und unterbricht diesen Stromkreis. Damit werden alle Teile des Stromkreises vor Überlastung und gegen Kurzschluss geschützt.
Einen Kurzschluss nennt man den Zustand, wenn der Plus-Pol und der Minus-Pol einer Spannungsquelle eine direkte Verbindung (0 Ω) haben.
Ist die Spannung der Spannungsquelle zu hoch (Wechselspannung = 50V, Gleichspannung = 120V) besteht Gefahr für den Menschen, wenn er diesen Kurzschluss verursacht (bei einem Körperwiderstand von ca. 1 bis 1,5 kΩ).

Spannungsarten und Stromarten

Eine Spannungsquelle unterscheidet sich nach Wechselspannung/Wechselstrom und Gleichspannung/Gleichstrom. Wenn von einer Energiequelle gesprochen wird, dann spielt es keine Rolle ob es sich um eine Gleichspannungsquelle oder Gleichstromquelle handelt. Es ist das Selbe gemeint: Es liegt eine Gleichspannung an und es fließt ein Gleichstrom. Bei Wechselspannung und Wechselstrom ist es genauso. Es liegt eine Wechselspannung an und es fließt ein Wechselstrom.

Gleichstrom / Gleichspannung

Definition: Gleichstrom ist ein Strom der ständig mit der gleichen Stärke in die gleiche Richtung (Polung) fließt.

Anwendung: Verstärker, Kleinspannungsschaltungen mit Halbleiterbauelementen, Relais und integrierten Schaltkreisen.

Diagramm:

Wechselstrom / Wechselspannung

Definition: Wechselstrom ist ein Strom, der ständig seine Größe und Richtung ändert.

Anwendung: Übertragung von Energie über weite Strecken (Hochspannung).

Diagramm:

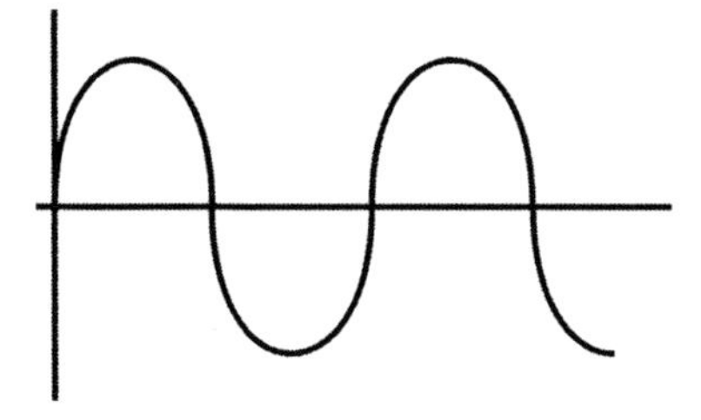

Mischstrom / Mischspannung

Definition: Mischstrom ist ein Strom, der einen Gleichstrom- und einen Wechselstromanteil hat.
Mischspannungen setzen sich aus einer Gleich- und einer Wechselspannung zusammen.

Anwendung: Modulation, Wechselstromverstärkung

Diagramm:

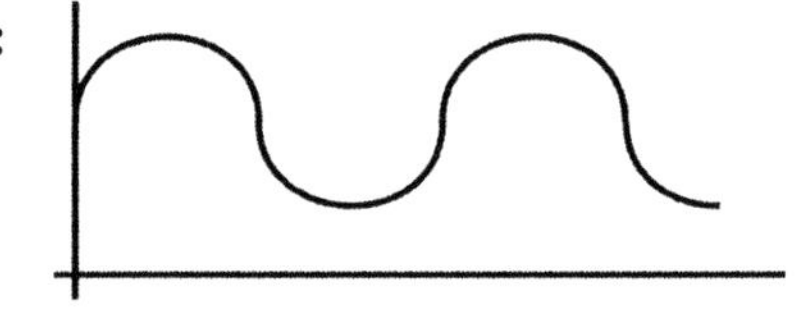

Ohmsches Gesetz

Der Physiker Georg Simon Ohm hat den Zusammenhang zwischen Spannung, Strom und Widerstand festgestellt und nachgewiesen. Nach ihm wurde das Ohmsche Gesetz benannt.
Mit Hilfe des ohmschen Gesetzes lassen sich die drei Grundgrößen eines Stromkreises berechnen, wenn mindestens zwei davon bekannt sind. Die drei Grundgrößen sind Spannung, Strom und der Widerstand.
Legt man einen Widerstand R an eine Spannung U und bildet einen geschlossenen Stromkreis, so fließt durch den Widerstand R ein bestimmter Strom I.
Zum Nachweis des Ohmschen Gesetzes gibt es zwei Messungen.

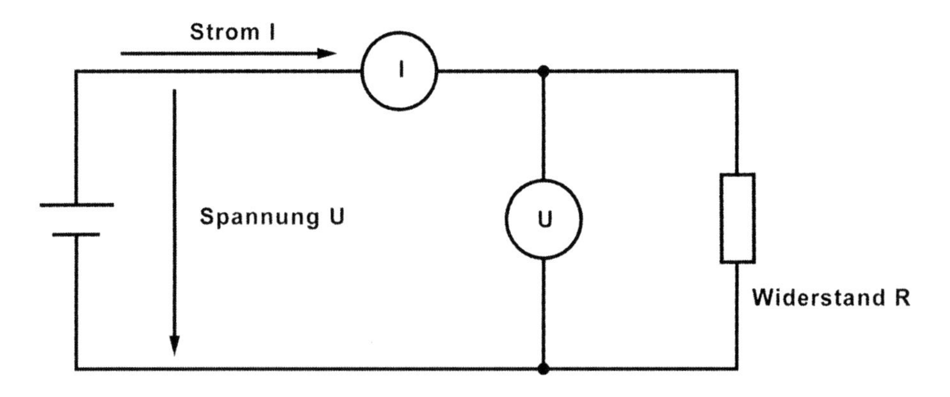

Messung 1

In einer Messschaltung wird bei gleichbleibendem Widerstand (100 Ω) die Spannung erhöht. Wie verhält sich der Strom?

R in Ω	100	100	100
U in V	5	10	15
I in mA	50	100	150

Bei gleichbleibendem Widerstand R und bei gleichmäßiger Erhöhung der Spannung U, steigt der Strom I mit der Spannung U.

Messung 2

In einer Schaltung wird bei gleichbleibender Spannung (5 Volt) der Widerstand erhöht. Wie verhält sich der Strom?

R in Ω	50	100	150
U in V	5	5	5
I in mA	100	50	30

Bei gleichbleibender Spannung U und bei gleichmäßiger Erhöhung des Widerstandes R, verringert sich der Strom I um 1/R.

Strom-Spannungs-Kennlinie (Widerstandskennlinie)

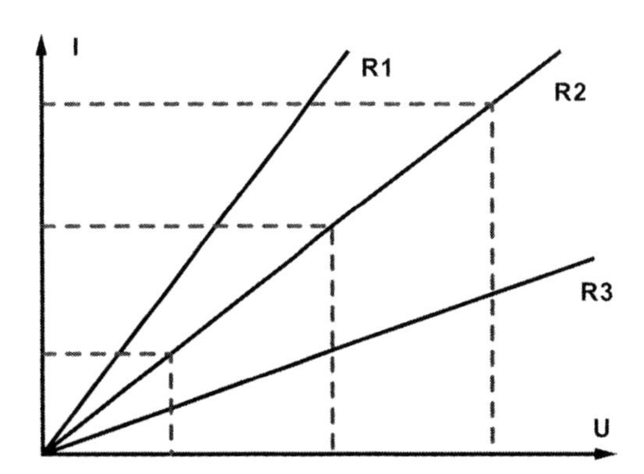

Trägt man Spannungen und Ströme eines dazugehörigen Widerstandes in ein Diagramm ein und verbindet die Punkte miteinander, dann bildet sich eine gerade Linie (Gerade). Je steiler die Gerade, desto kleiner ist der Widerstand

Formeln des Ohmschen Gesetzes

Das Ohmsche Gesetz kennt drei Formeln zur Berechnung von Strom, Widerstand und Spannung. Voraussetzung ist, das jeweils zwei der Grundgrößen bekannt sind.

$I = \frac{U}{R}$ Liegt an einem Widerstand R die Spannung U, so fließt durch den Widerstand R ein Strom I.

$R = \frac{U}{I}$ Fließt durch einen Widerstand R ein Strom I, so liegt an ihm eine Spannung U an.

$U = R \bullet I$ Soll durch einen Widerstand R der Strom I fließen, so muss die Spannung U berechnet werden.

Praxis-Tipp: Das Magische Dreieck

$\frac{U}{R \bullet I}$ Das magische Dreieck kann als Hilfestellung verwendet werden um die verschiedenen Formeln des Ohmschen Gesetzes zu ermitteln. Den Wert, der berechnet werden soll, wird herausgestrichen. Mit den beiden übrigen Werten wird das Ergebnis ausgerechnet.
Damit man sich die Reihenfolge der Werte merken kann, prägt man sich das Wort URI ein.

Elektrische Leistung P

Die elektrische Leistung ist ein Wert, den wir in der Elektronik und Elektrotechnik in den unterschiedlichsten Definitionsausprägungen vorfinden. Die Gemeinsamkeit aller Leistungen (bei Gleichspannungen), ist die Maßeinheit und das Formelzeichen.

Formelzeichen

Das Formelzeichen der elektrischen Leistung ist das große P.

Maßeinheit

Die Grundeinheit der elektrischen Leistung ist das Watt (W) oder auch Voltampere (VA). Letzteres ergibt sich aus der Berechnung durch Spannung und Strom. Die Angabe der Maßeinheit VA findet man häufig auf Transformatoren und Elektromotoren.

Megawatt	1 MW	1 000 000 W	10^6 W
Kilowatt	1 kW	1 000 W	10^3 W
Watt	1 W	1 W	10^0 W
Milliwatt	1 mW	0,001 W	10^{-3} W
Mikrowatt	1 µW	0,000 001 W	10^{-6} W

Bei Kraftfahrzeugen, Lokomotiven und Elektromotoren wurde bis zum 31.12.1977 die Leistung in Pferdestärke (PS) angegeben. Heute benutzt man die Leistungsangabe in kW.
Umrechnung: 1 PS = 736 Watt

Formeln zur Berechnung

Die elektrische Leistung ist rechnerisch ein Produkt aus elektrischer Spannung und elektrischem Strom. Je größer die Spannung oder der Strom ist, desto größer ist die Leistung. Ähnlich, wie die Größe Fläche durch Längen- und Breitenangaben beeinflusst wird.

$$\textit{Elektr. Leistung } P = \textit{Elektr. Spannung } U \bullet \textit{Elektr. Strom } I$$

$$P = U \bullet I$$

Die Leistung P wächst proportional zum Quadrat des Stromes I.
Das bedeutet: Wird der Strom verdoppelt, vervierfacht sich die Leistung.

$$\textit{Elektr. Leistung } P = \textit{Elektr. Widerstand } R \bullet \textit{Elektr. Strom } I^2$$

$$P = R \bullet I^2$$

Die Leistung P wächst proportional zum Quadrat der Spannung U.
Das bedeutet: Wird die Spannung verdoppelt, vervierfacht sich die Leistung.

$$Elektrische\ Leistung\ P = \frac{Elektrische\ Spannung\ U^2}{Elektrischer\ Widerstand\ R}$$

$$P = \frac{U^2}{R}$$

$$Elektrische\ Leistung\ P = \frac{Elektrische\ Arbeit\ W}{Zeit\ t}$$

$$P = \frac{W}{t}$$

Verfügbare Leistung

Die verfügbare Leistung ist die Leistung, die eine Strom- bzw. Spannungsquelle liefern kann. Ein Gleichspannungsnetzteil mit den Maximalwerten 30 V und 2 A hat eine Ausgangsleistung von maximal 60 W. Allerdings nur bei einer Ausgangsspannung von 30V.

Nutzleistung

Die Nutzleistung ist die Leistung, die ein Verbraucher im Normalbetrieb (!) benötigt bzw. verbraucht.
Durch eine Glühbirne mit 60 W, die in einer Lampe an 230 V betrieben wird, fließt ein Wechselstrom von 0,261 A.

Leistung P_{tot}

Elektronische Bauelemente haben Maximalwerte innerhalb denen sie betrieben werden dürfen. Werden diese Werte nicht berücksichtigt, so führt das zur Zerstörung des Bauelementes.
Die Leistung P_{tot} gibt an, ab welcher Leistung das Bauelement zerstört wird. Fallen an einem Widerstand eine Spannung von 10 V ab und fließt ein Strom von 0,5 A durch ihn hindurch, dann muss er eine Leistung von 5 W vertragen können (eher mehr).

Bei der Dimensionierung von Schaltungen und Bauelementen ist auf eine ausreichende Reserve bis zur Leistung P_{tot} zu sorgen.

Verlustleistung

Die Verlustleistung ist die in einem Bauelement in Wärme umgesetzt Leistung. Die Verlustleistung spielt hauptsächlich in Halbleiterbauelementen, wie z.B. dem Transistor eine Rolle. Es ist deshalb bei einer großen Wärmeentwicklung für ausreichende Kühlung durch Kühlbleche oder Kühlkörper zu sorgen. Bei Prozessoren wird aktiv, mit Lüfter, gekühlt.

Blindleistung X_L / X_C

Bei Voltampere, kurz VA, handelt es sich um eine Angabe zur Leistungsaufnahme eines elektrischen Geräts. Im Prinzip ist es Leistung, wie sie üblicherweise in Watt (W) angegeben wird. Voltampere soll nun zum Ausdruck bringen, dass darin Blindleistung enthalten ist.
Ein ohmscher Widerstand setzt seine aufgenommene Leistung vollständig in Wärme um. Man nennt das Wirkleistung. Die Einheit ist dann Watt (W). Hat ein Verbraucher neben dem ohmschen Widerstand auch induktive und kapazitive Anteile, dann entsteht zwischen Strom und Spannung eine zeitliche Verschiebung, auch Phasenverschiebung genannt. Neben der Wirkleistung ist deshalb auch eine Blindleistung vorhanden, die nicht in Wärme umgewandelt wird. Stattdessen wird die Blindleistung mit der Frequenz der Wechselspannung hin- und hergeschoben. Die Blindleistung wird nicht verbraucht, also auch nicht als Stromverbrauch berechnet. Sie muss trotzdem vom Stromlieferanten bereitgestellt werden.
Ist bei der Leistungsaufnahme eines Geräts Blindleistung dabei, dann wird die Leistungsaufnahme in Voltampere (VA) angegeben. Auf vielen elektrischen Verbrauchern ist sie auf dem Typenschild angegeben. Häufig wegen dem eingebauten Transformator.

Messen der elektrischen Leistung

Durch separates Messen des Stromes und der Spannung kann indirekt die elektrische Leistung eines Bauelementes innerhalb einer Schaltung bestimmt (berechnet) werden.

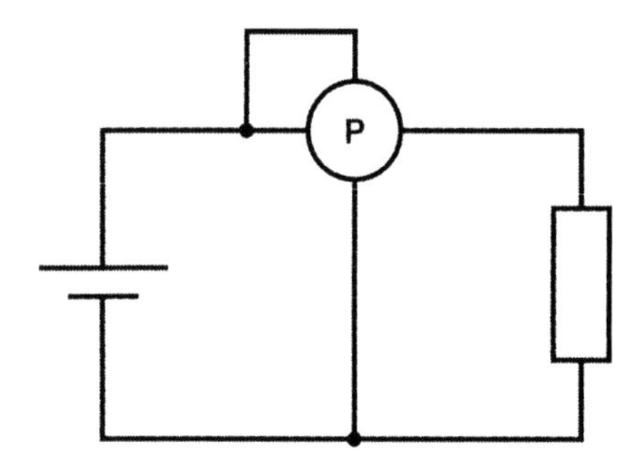

Es gibt aber auch reine Leistungsmessgeräte, also Leistungsmesser, die über 4 Anschlüsse verfügen. Der Leistungsmesser hat ein elektrodynamisches Messwerk. Zur Messung muss der Stromkreis aufgetrennt werden, um den Strommesskreis einzubauen.
Vorsicht ist bei dieser Art der Leistungsmessung geboten: Spannungs- bzw. Strompfad könne schon während der Messung überlastet sein, ohne das der Endausschlag des Messgerätes erreicht ist. Deshalb muss vor der Leistungsmessung Strom- und Spannung separat gemessen werden und die Messbereiche vor der Leistungsmessung eingestellt werden.

Elektrische Arbeit W

Werden unter dem Druck der elektrischen Spannung U Ladungsträger mit der Elektrizitätsmenge Q bewegt, so wird dabei eine Arbeit verrichtet. Es handelt sich dabei um die elektrische Arbeit, die sich die Energieversorgungsunternehmen bezahlen lassen.

Formelzeichen

Das Formelzeichen der elektrische Arbeit ist das große W.

Maßeinheit

Die elektrische Arbeit wird in Wattsekunden (Ws) oder häufig auch in Kilowattstunden (kWh) angegeben.

$$1\ kWh = 1000\ Wh = 1000\ W \cdot 3600\ s = 3{,}6\ MWs = 3{,}6\ E6\ Ws$$

Formeln zur Berechnung

$$Elektr.\ Arbeit\ W = Elektrizitätsmenge\ Q \bullet Elektr.\ Spannung\ U$$

$$W = Q \bullet U$$

Die Elektrizitätsmenge Q besteht aus dem elektrischen Strom I und der Zeit in Sekunden, in der dieser Strom fließt. Die Elektrizitätsmenge Q wird in der Einheit Coulomb (C) oder Amperesekunde (As) angegeben.

$$Elektrizitätsmenge\ Q = Elektrischer\ Strom\ I \bullet Zeit\ t$$

$$Q = I \bullet t$$

$$Elektr.\ Arbeit\ W = Elektr.\ Spannung\ U \bullet Elektr.\ Strom\ I \bullet Zeit\ t$$

$$W = U \bullet I \bullet t$$

Zur Vereinfachung wird aus der Spannung U und der Strom I die Leistung P berechnet. Die elektrische Arbeit wird dann in Ws oder kWh angegeben.

$$Elektrische\ Arbeit\ W = Elektrische\ Leistung\ P \bullet Zeit\ t$$

$$W = P \bullet t$$

Kombiniert man die elektrische Arbeit mit dem Ohmschen Gesetz, dann kann man auch mit dem elektrischen Widerstand rechnen.

$$W = I^2 \bullet R \bullet t$$

$$W = \frac{U^2 \bullet t}{R}$$

Energie E

Energie ist eine physikalische Zustandsgröße. Üblicherweise wird für die Energie das Formelzeichen E verwendet. Die Energie E eines Systems lässt sich selbst nicht messen. Sie wird berechnet.

Maßeinheit

Die Maßeinheit für Energie ist gesetzlich auf Joule (J) festgelegt. Da Arbeit und Energie als gleichwertig gelten ist Joule (J) auch für die Arbeit die Maßeinheit. Häufig wird für die elektrische Arbeit die Maßeinheit Wattsekunde (Ws) verwendet.

$$1\ Ws = 1\ J$$

In der Energietechnik ist Wattsekunde (Ws) zu klein. Daher wird die Einheit Kilowattstunde (kWh) angewendet.

$$1\ kWh = 3{,}6 \bullet 10^{6}\ Ws$$

Für die mechanische Arbeit wird Newtonmeter (Nm) verwendet. Sie setzt sich aus den Einheiten Newton (N) für die Kraft und die Einheit Meter (m) für die Länge zusammen.

$$1\ Nm = 1\ J$$

Für Wärmeenergie wird normalerweise auch Joule (J) angegeben. Hin und wieder werden die Maßeinheiten Kalorie (cal) oder Kilokalorie (kcal) für die Wärmeenergie angegeben.

Energie	**J / Ws / Nm**	**kWh**	**kcal**
1 J = 1 Ws = 1 Nm	1	$0{,}278 * 10^{-6}$	$0{,}239 * 10^{-3}$
1 kWh	$3{,}6 * 10^{6}$	1	860
1 kcal	4186	$1{,}16 * 10^{-3}$	1

Energieformen

- Mechanische Energie
    - Kinetische Energie
    - Potentielle Energie
    - Schwingung

    - Elastische Energie
    - Schall
    - Wellen

- Thermische und innere Energie
    - Thermodynamik (umgangssprachlich Wärmeenergie)

- Elektrische und magnetische Energie
    - Elektrische Energie
    - Magnetismus
    - Elektromagnetische Schwingungen

- Bindungsenergie
    - Chemische Energie
    - Kernenergie

Energieumwandlung

Die einzelnen Energieformen können ineinander umgewandelt werden, ohne dass sich die Energiemenge ändert. Man muss dann aber bei der Umwandlung von einem Wirkungsgrad von 100% ausgehen.
Energie kann nicht erzeugt, sondern nur umgewandelt werden.

Beispiele:

- Motor = elektrische/chemische Energie in Bewegungsenergie
- Generator = Bewegungsenergie in elektrische Energie
- Batterie = chemische Energie in elektrische Energie
- Tauchsieder = elektrische Energie in Wärmeenergie
- Thermoelement = Wärmeenergie in elektrische Energie
- Bremse = Bewegungsenergie in Wärme

Stromdichte J

Die Stromdichte gibt an, wie dicht die Elektronen in einem Leiter zusammengedrängt sind. Je dichter und je mehr Elektronen zusammenkommen, desto häufiger und heftiger stoßen die Elektronen gegen die Atome. Die Zusammenstöße setzen Wärmeenergie frei. Die

Erwärmung des Leiters steigt. Die Erwärmung eines Leiters ist nicht nur vom Strom I, sondern auch vom Leiterquerschnitt abhängig. Aus beiden Faktoren wird die Stromdicht J bestimmt. Je dichter der Strom in einem Leiter zusammengedrückt wird, umso stärker ist die Erwärmung. Die Erwärmung geht soweit, dass Brandgefahr besteht.

Formelzeichen

Das Formelzeichen der Stromdichte ist das große J.

Maßeinheit

Die Stromdichte setzt sich aus Strom in Ampere (A) und dem Leiterquerschnitt in Quadratmeter (mm^2) zusammen. Daher ist die Maßeinheit der Stromdichte A/mm^2.

Formel zur Berechnung

$$Stromdichte\ J = \frac{Elektrischer\ Strom\ I}{Leiterquerschnitt\ q}$$

$$J = \frac{I}{q}$$

Auszug aus der VDE 0100-Vorschrift

Bei der Bemessung von metallischen Leitern muss die Stromdichte als Konstruktionsgröße wegen der zulässigen Erwärmung beachtet werden. Der Leiterquerschnitt von Elektroleitungen wird nach dem maximal durchfließenden Strom bestimmt. In der Praxis werden grobe Eckwerte bei der Auswahl der Elektroleitung und deren Querschnitt verwendet. Trotzdem gehört zu der Planung einer Elektroinstallation die Berücksichtigung der VDE 0100-Vorschrift.
Wichtig ist: Der gewählte Leiterquerschnitt (Aderquerschnitt) sollte immer größer sein, als der berechnete Leiterquerschnitt. 1,5 mm^2 gilt als Standard in Stromkreisen, die mit einer 16-Ampere-Sicherung abgesichert sind.

Leiterquerschnitt	maximal zulässiger Strom
0,75 mm^2	13 A
1,0 mm^2	16 A
1,5 mm^2	20 A
2,5 mm^2	27 A
4,0 mm^2	36 A

Widerstand R und Leitwert G

In einem Versuch wurde ein Kupfer- und ein Kohlestab dazu verwendet um den Unterschied zwischen dem elektrischen Widerstand R und dem elektrischen Leitwert G zu ermitteln.

Versuch	Kupferstab	Kohlestab
Stromstärke	groß	sehr klein
freie Elektronen	viel	wenig
Leitereigenschaften	gut (Leiterwerkstoff)	schlecht (Widerstandswerkstoff)
Widerstandswert	klein	groß
Leitwert	groß	klein

Ein Verbraucher mit einem kleinen Widerstand leitet den Strom gut und hat deshalb einen großen Leitwert. Ein Verbraucher mit einem großen Widerstand leitet den Strom schlecht und hat deshalb einen kleinen Leitwert.
Je größer der Widerstand R, desto kleiner der Leitwert G. Je höher der Leitwert G, desto größer die Stromstärke I.

Formelzeichen

Das Formelzeichen des Leitwerts ist das große G.

Maßeinheit

Die Maßeinheit des Leitwerts ist Siemens (S). Meistens werden die Werte in Millisiemens (mS) oder Mikrosiemens (µS) angegeben.

Siemens	1 S	1 S	10^{0} S
Millisiemens	1 mS	0,001 S	10^{-3} S
Mikrosiemens	1 µS	0,000 001 S	10^{-6} S

Formeln zur Berechnung

Der Leitwert ist der Kehrwert des elektrischen Widerstandes R.

$$Leitwert\ G = \frac{1}{Elektrischer\ Widerstand\ R}$$

$$G = \frac{1}{R}$$

$$Elektrischer\ Widerstand\ R = \frac{1}{Leitwert\ G}$$

$$R = \frac{1}{G}$$

Kirchhoffsche Regeln

Die Kirchhoffschen Regeln und Formeln werden in der Praxis eher nicht angewendet. Sie basieren hauptsächlich auf theoretischen Überlegungen. Stattdessen wird zur Berechnung von Strömen und Spannungen das Ohmsche Gesetz verwendet.

Erste Kirchhoffsche Regel (Knotenregel)

Bei der Parallelschaltung von Widerständen ergeben sich Verzweigungspunkte, sogenannte Knotenpunkte, des elektrischen Stroms. Betrachtet man die Ströme um den Knotenpunkt herum, so stellt man fest,

dass die Summe der zufließenden Ströme gleich groß ist, wie die Summe der abfließenden Ströme.
Mit Hilfe der Knotenregel können unbekannte Ströme in einem Knotenpunkt berechnet werden.

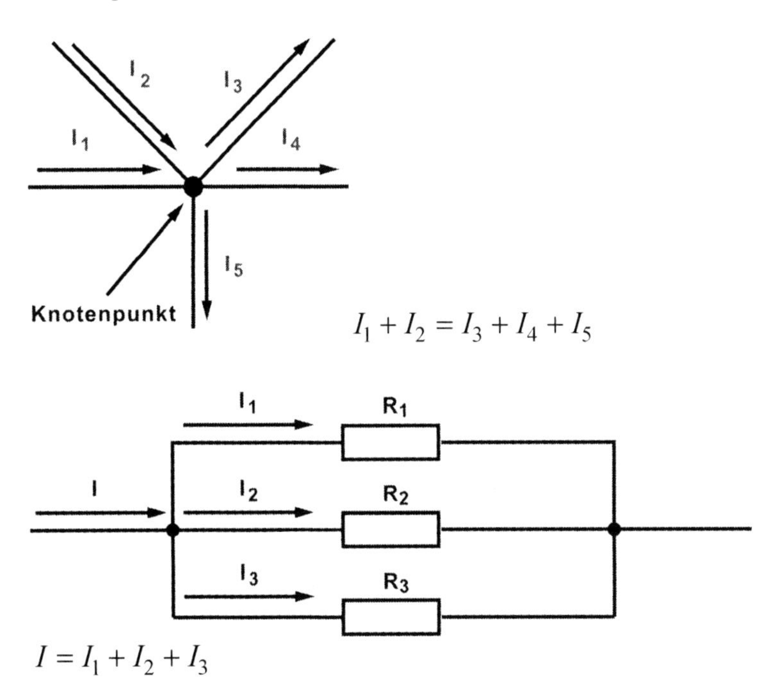

$$I_1 + I_2 = I_3 + I_4 + I_5$$

$$I = I_1 + I_2 + I_3$$

Knotenregel: *In jedem Knotenpunkt ist die Summe der zufließenden Ströme gleich der Summe der abfließenden Ströme oder die Summe aller Ströme ist Null.*

Zweite Kirchhoffsche Regel (Maschenregel)

In einem geschlossenem Stromkreis (Masche) stellt sich eine bestimmte Spannungsverteilung ein. Die Teilspannungen addieren sich in ihrer Gesamtwirkung. Betrachtet man die Spannungen in der Schaltung, so teilt sich die Summe der Quellenspannungen U_{q1} und U_{q2} in die Teilspannungen U_1 und U_2 an den Widerständen R_1 und R_2 auf. Der Strom I ist für die Spannungsabfälle an R_1 und R_2 verantwortlich.
Die Maschenregel ermöglicht die Berechnung einer unbekannten Quellenspannung.

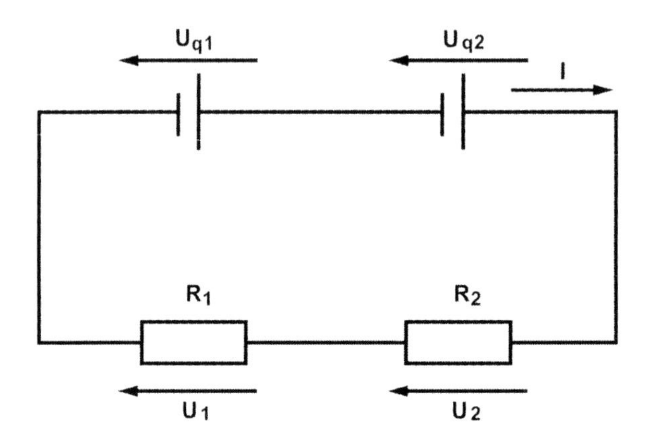

$$U_{q1} + U_{q2} = U_1 + U_2$$

$$U_{q1} + U_{q2} = R_1 \cdot I_1 + R_2 \cdot I_2$$

Maschenregel: *In jedem geschlossenem Stromkreis ist die Summe der Quellenspannungen gleich der Summe aller Spannungsabfälle oder die Summe aller Spannungen ist Null.*

Kondensator im Gleichstromkreis

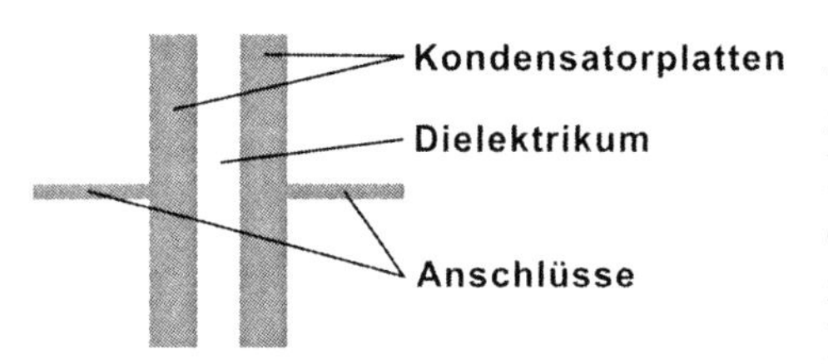

Jeder Kondensator besteht aus zwei metallischen Flächen. Dazwischen liegt ein Isolierstoff, das Dielektrikum. Zwischen den metallischen Flächen kann der Kondensator eine elektrische Ladung speichern.

Ladevorgang des Kondensators

Im Einschaltaugenblick springt der Strom von Null auf den Maximalwert. Ab diesem Augenblick wird der Strom nach einer e-Funktion immer kleiner. Die Spannungsquelle zieht die Elektronen der oberen Kondensatorfläche an und drückt sie auf die untere Kondensatorfläche. Bei diesem Vorgang wird der Kondensator aufgeladen. Die Verschiebung der

Elektronen erzeugt einen Stromfluss, den Ladestrom, der sehr hoch ist. Je länger der Ladevorgang dauert, desto weniger Strom fließt. Die Elektronen auf der oberen Fläche werden weniger. Während der Strom in Richtung Null sinkt, steigt die Spannung von Null auf den Maximalwert. Je größer die Spannung wird, umso größer wird der Widerstand des Kondensators. Ein Kondensator kann nur bis zu einer bestimmten maximalen Spannung aufgeladen werden. Eine höhere Spannung zerstört den Kondensator.

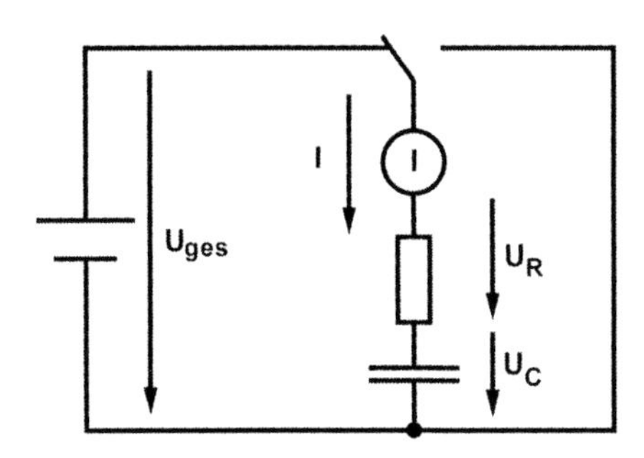

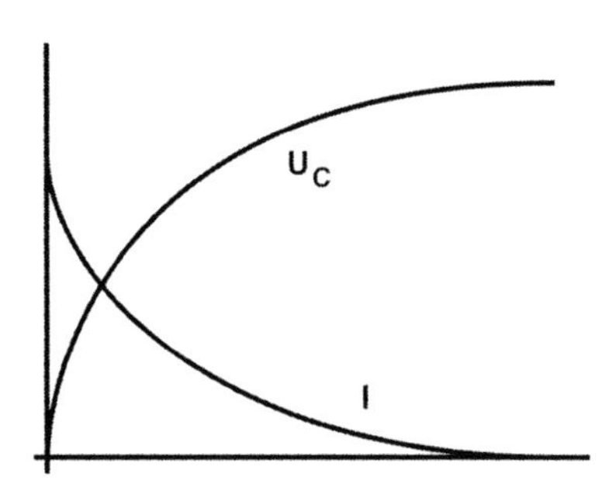

Hat die Kondensatorspannung U_C die Ladespannung U_{ges} erreicht, fließt kein Strom mehr und der Kondensatorwiderstand ist unendlich groß. Der Kondensator wirkt wie eine Sperre für den Gleichstrom.
Wenn man das Strommessgerät während des Ladevorgangs beobachtet, so hat es einen kurzzeitigen Ausschlag gegeben, bei dem der Zeiger langsam wieder auf Null zurück gegangen ist. Die Ladung bleibt auch dann erhalten, wenn die Ladespannung U_{ges} entfernt wird. Allerdings entlädt sich der Kondensator trotzdem.

Entladevorgang des Kondensators

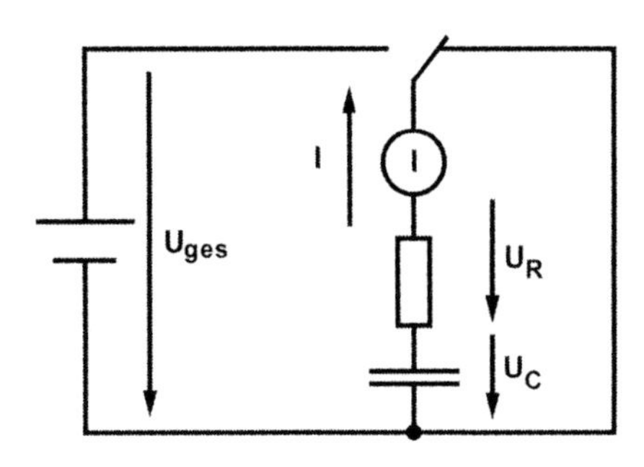

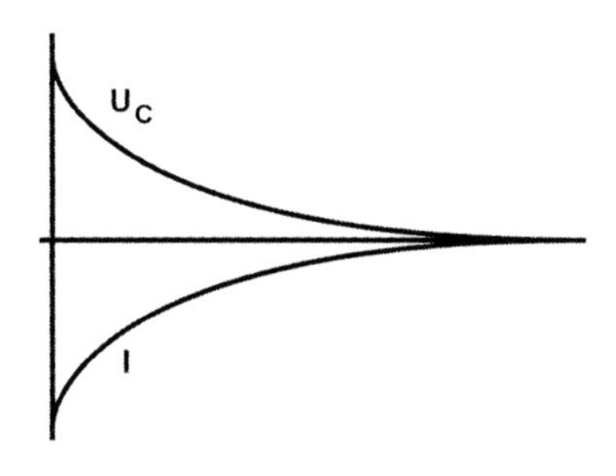

Der Kondensator wirkt wie eine Spannungsquelle mit einem geringen Innenwiderstand. Ab dem Entladezeitpunkt sinkt die Spannung vom Maximalwert auf Null ab. Der Strom wechselt seine Flussrichtung (Polarität) und sinkt vom Maximalwert auf Null ab. Er fließt also in entgegengesetzter Richtung zum Ladestrom.
Die Spannung U_C verhält sich wie der Strom. Sie sinkt vom Maximalwert auf Null. Die Polarität bleibt erhalten. An dem Punkt, wo keine Strom mehr fließt, ist der Kondensator entladen (5 Zeitkonstanten).
Man sollte es vermeiden einen Kondensator zu schnell zu entladen. Zum Beispiel durch einen Kurzschluss. Durch den kurzzeitig sehr hohen Strom können vor allem Kondensatoren mit hoher Kapazität zerstört werden. Kondensatoren sollten immer über einen Widerstand entladen und auch geladen werden.
Wenn man das Strommessgerät während des Entladevorgangs beobachtet, dann kann man einen kurzen Ausschlag des Zeigers erkennen, der allerdings in die gegengesetzte Stromrichtung wirkt und schnell gegen Null zurück geht. Vorsicht bei der Falschpolung von analogen Zeigermessgeräten.

Lade- und Entladezeit des Kondensators

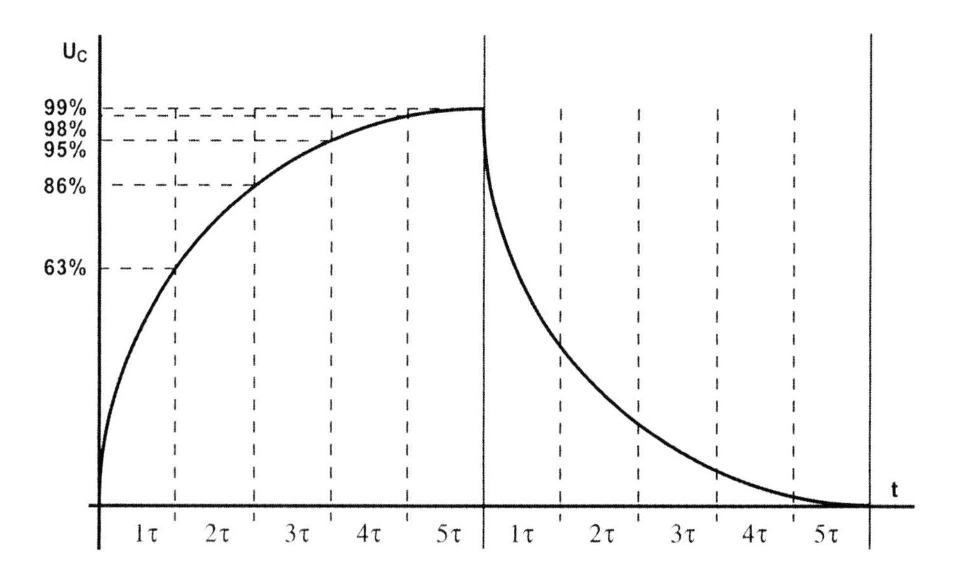

Zur Berechnung der Lade- bzw. Entladezeit wird der Wert des Widerstands, der den Kondensator auflädt, und der Wert des Kondensators benötigt. Die angelegte Spannung hat dabei keinen Einfluss auf die Ladezeit!

Die Aufladung erfolgt umso schneller, je kleiner die Kapazität des Kondensators C und je kleiner der Widerstand R ist.

$$\tau = R \bullet C$$

Die Ladezeit ist nur von den Größen des Kondensators C und des Widerstandes R abhängig. Daher wird das Produkt aus Kondensator C und Widerstand R als Zeitkonstante τ (tau) festgelegt.

Innerhalb jeder Zeitkonstante τ (tau) lädt oder entlädt sich ein Kondensator um 63% der angelegten bzw. geladenen Spannung.
Nach nur 0,69 τ hat ein Kondensator 50% seiner endgültigen bzw. ursprünglichen Spannung erreicht.
Nach 5 Zeitkonstanten ist ein Kondensator fast aufgeladen bzw. fast entladen.
Die Lade- bzw. Entladezeit beträgt 5 τ (tau) bzw. 5 mal Widerstand mal Kapazität.

$$t_L = 5 \bullet \tau = 5 \bullet R \bullet C$$

Möchte man die Höhe der Spannung des Kondensators zu einem bestimmten Lade- bzw. Entladezeitpunktes wissen, dann errechnet man aus der Ladespannung U_{ges} den Prozentwert der Zeitkonstante.

$$1\ \tau = U_{C1\tau} = 0{,}63 \bullet U_{ges}\ (63\%)$$

$$2\ \tau = U_{C2\tau} = 0{,}86 \bullet U_{ges}\ (86\%)$$

$$3\ \tau = U_{C3\tau} = 0{,}95 \bullet U_{ges}\ (95\%)$$

$$4\ \tau = U_{C4\tau} = 0{,}98 \bullet U_{ges}\ (98\%)$$

$$5\ \tau = U_{C5\tau} = 0{,}99 \bullet U_{ges}\ (99\% \sim 100\%)$$

Elektrolyse

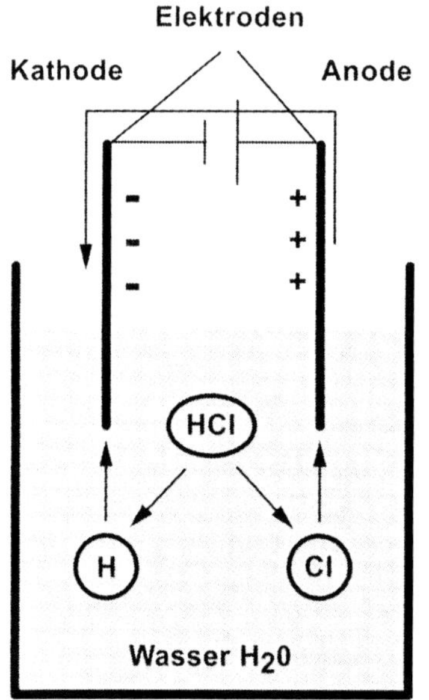

Elektrolyse ist das Zersetzen einer stromleitenden Flüssigkeit (Elektrolyt), zum Beispiel Wasser (H_2O), beim Anlegen einer Spannung. Die Moleküle der Salze, Säuren oder Laugen zerfallen im Wasser in elektrisch geladene Teilchen (Ionen). In den Elektrolyten sind die Ionen die Träger der elektrischen Ladung.

Bei dem dargestellten Versuch spielen sich folgende Vorgänge ab:
Das Chlorwasserstoff (HCl) wird durch das Wasser (H_2O) in elektrisch geladene Teilchen zerlegt. Die sogenannten Ionen. Das Chlor-Teilchen ist negativ geladen, das Wasserstoff-Teilchen ist positiv geladen.

Generell gilt: Das Metallteilchen ist positiv geladen, das Säureteilchen ist negativ geladen. Es fließt ein Ionenstrom. Durch die Spannung an den Elektroden (Anode und Kathode) wandern die Ionen an die entgegengesetzt geladene Elektrode. Es kommt dabei zu einem Stromfluss, dem Ionenstrom.

Elektrolyt

Der Elektrolyt ist eine stromleitende Flüssigkeit, die meist aus Wasser (H_2O) besteht, das in der reinen Form nicht leitend ist. Erst durch Hinzufügen von Verunreinigungen wird das Wasser leitend. Das normale Wasser, das aus der Leitung kommt ist als verunreinigt anzusehen. Verunreinigt man das Wasser gezielt mit Säuren, Laugen oder Salzen, entsteht ein Elektrolyt, das für die Elektrolyse verwendet werden kann.

Anwendungen

- Galvanostegie (Galvanisierung)
- Galvanoplastik
- Elektrolytkupferherstellung (Elektronikkupfer)

- elektrolytisches Polieren
- elektrolytisches Formentgraten
- Elektrolytkondensator
- Eloxieren (Oxidschicht auf Aluminium)

Galvanische Elemente

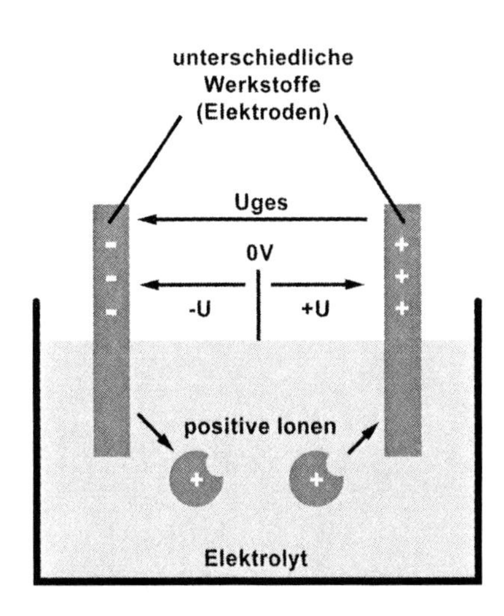

Galvanische Elemente sind Energieumwandler, die auf elektrochemischem Weg eine Spannung erzeugen. Die Höhe der Spannung ist abhängig von der Art der Werkstoffe und von der Art und Menge des Elektrolyten.
Die Spannung entsteht dadurch, dass zwei Werkstoffe (Elektroden) in ein Elektrolyt getaucht werden. Das ist dann das galvanische Element. Metalle neigen dazu, sich im Elektrolyten aufzulösen. Dabei werden positive Ionen erzeugt. Die Elektronen bleiben auf dem metallischen Werkstoff zurück. Das Metall wird gegenüber dem Elektrolyten negativ. Es entsteht ein Ladungs- und damit ein Spannungsunterschied zwischen Werkstoff und Elektrolyt.

Gleichzeitig gibt es Stoffe, die sich nicht zersetzen, sondern positive Ionen anziehen. Damit wird dieser Werkstoff gegenüber dem Elektrolyten positiv. Es entsteht ein Ladungs- und damit ein Spannungsunterschied zwischen Werkstoff und Elektrolyt. Schließlich entsteht ein Spannungsunterschied zwischen den beiden Werkstoffen (Elektroden).

Elektrochemische Spannungsreihe (Normalpotentiale)

Metalle, die sich im Elektrolyten auflösen, sind hervorragend als Elektroden-Werkstoff geeignet. Jedes geeignete Metall hat eine andere galvanische Spannung, die bei der Elektrolyse entsteht. Diese Spannung ist in der elektrochemischen Spannungsreihe festgehalten. Dort sind sie in der Reihenfolge ihrer galvanischen Spannung und Polarität aufgereiht.
Metalle, die gegenüber dem Wasserstoff eine positive Spannung haben,

werden edle, alle mit einer negativen Spannung werden als unedle Metalle bezeichnet.

Metall	**Nichtmetalle**	**Potential**
Fluor (F)		+ 2,85 V
Gold (Au)		+ 1,50 V
Platin (Pt)		+ 1,2 V
Silber (Ag)		+ 0,80 V
Kohlenstoff (C)		+ 0,75 V
	Kohle	+ 0,74 V
Kupfer (Cu)		+ 0,35 V
Wasserstoff (H)		**0 V**
Blei (Pb)		- 0,13 V
Zinn (Sn)		- 0,14 V
Nickel (Ni)		- 0,25 V
Cadmium (Cd)		- 0,40 V
Eisen (Fe)		- 0,44 V
Chrom (Cr)		- 0,56 V
Zink (Zn)		- 0,76 V
Mangan (Mn)		- 1,07 V
Aluminium (Al)		- 1,67 V
Magnesium (Mg)		- 2,34 V
Lithium (Li)		- 3,04 V

Galvanische Primärelemente

Galvanische Primärelemente geben sofort nach dem Schließen des Stromkreises eine Spannung ab. Ein Strom fließt dann so lange, bis die Ladungsmenge verbraucht ist.

Batterie-Prinzip

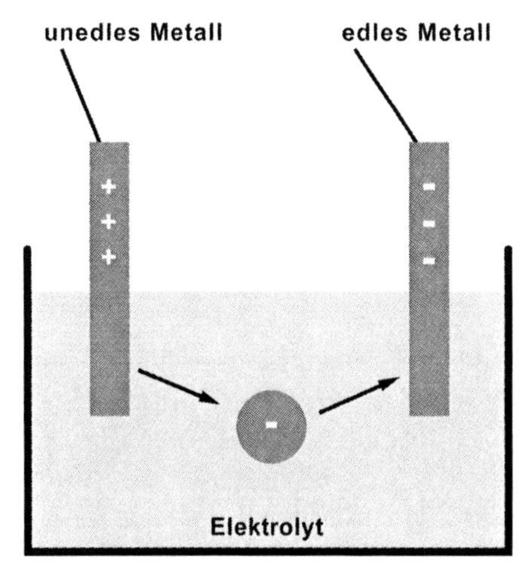

Beim Eintauchen eines Metalls in eine Säure findet ein Ionisierungsprozess statt. Je nach Säurekonzentration und Art des Metalls geht das Metall unterschiedlich stark in Lösung. Dabei werden Elektronen freigesetzt. Gleichzeitig entsteht eine elektrische Spannung, die je nach Metall variiert. Beim Stromfluss zersetzt sich das unedle Metall. Das edle Metall nimmt dabei Elektronen auf und wird negativ. Das unedle Metall gibt Elektronen ab und wird positiv. Der Stromfluss bleibt so lange bestehen, bis sich das unedle Metall vollständig zersetzt hat. Ein Primärelement wird auch als Batterie bezeichnet. Die dabei ablaufenden elektrochemischen Vorgänge lassen sich nicht mehr umkehren.

Zink-Kohle-Element

Das Zink-Kohle-Element ist auch unter der Bezeichnung Zink-Braunstein-Element bekannt. Es besteht aus einem Zink-Becher als Minus-Pol und einem Kohlestab als Plus-Pol. Der Kohlestab ist von Braunstein umgeben. Zusammen sind sie im Zink-Becher befindlichen Elektrolyten aus Salmiaksalzlösung getaucht. Die Nennspannung beträgt 1,5 V. Bei einer Spannung von 1,0 V gilt die Zelle als Entladen. Da das Zink das unedle Metall ist, wird es beim Entladen abgebaut. Das führt dazu, dass Zink-Kohle-Elemente in verbrauchtem Zustand auslaufen können. Leer oder verbrauchte Batterien sollten möglichst schnell entsorgt werden. Auch alle unbenutzte Zink-Kohle-Elemente können auslaufen. Sie entladen sich selber.

Alkali-Mangan-Element (Alkali-Braunstein-Zink-Element)

Das Alkali-Braunstein-Zink-Element ist allgemein unter der Bezeichnung Alkali-Mangan-Element bekannt. Es besteht aus einem Stahlbecher, in dessen Inneren sich ein Hohlzylinder aus Braunstein (Mangandioxid) als Pluspol befindet. Als Minuspol befindet sich in der Mitte eine Zink-

Elektrode. Dazwischen ist Kalilauge als Elektrolyt. Die Nennspannung beträgt 1,5 V. Da das sich lösende unedle Metall Zink nicht als Becher, sondern als Elektrode dient, ist das Alkali-Mangan-Element weitgehendst vor dem Auslaufen sicher. Des weiteren weisen die Zellen eine größere Kapazität, Strombelastbarkeit, Lagerfähigkeit und geringer Selbstentladung im Vergleich zum Zink-Kohle-Element auf. Auch Alkali-Mangan-Elemente gibt es in verschiedenen Größen und Kapazitäten.

Quecksilberoxid-Element

Quecksilberoxid-Elemente bestehen aus einem Stahlbecher in sich im Inneren Zink als Minuspol, Kalilauge als Elektrolyt und Quecksilberoxid als Plus-Pol in Schichten übereinander angeordnet sind. Wegen dem Quecksilberanteil sind diese Elemente nicht besonders umweltfreundlich und müssen gesondert entsorgt werden.
Die Nennspannung beträgt 1,35 V und gibt es ausschließlich als Knopfzellen. Sie haben über den gesamten Entladezeitraum einen konstanten Innenwiderstand und eine konstante Spannung, auch bei großer Dauerbelastung. Deshalb eignen sich Quecksilberoxid-Elemente besonders in Armbanduhren, Hörgeräte, analogen Fotoapparaten und Messgeräten. Wegen der geringen Selbstentladung lassen sie sich lange lagern.

Galvanische Sekundärelemente

Galvanische Sekundärelemente geben sofort nach dem Schließen des Stromkreises eine Spannung ab. Ein Strom fließt dann so lange, bis die Ladungsmenge verbraucht ist. Im Gegensatz zum Primärelemente sind die elektrochemischen Vorgänge innerhalb eines Sekundärelements umkehrbar. Sie können durch Zuführen von elektrischer Energie wieder aufgeladen werden. Sekundärelemente lassen sich deshalb wiederholt verwenden. Sie werden Akkumulator (Akku) oder Sammler genannt.
Wird einem Akku elektrische Energie zugeführt (Laden) wird diese in chemische Energie umgewandelt. Wird einem Akku elektrische Energie entzogen (Entladen) wird diese aus der chemischen Energie umgewandelt.

Definition

Das galvanische Sekundärelement besteht aus zwei Materialien, die als Elektrode dienen und in ein Elektrolyt getaucht sind. In diesem Zustand ist das Sekundärelement als Spannungsquelle unbrauchbar. Es muss zuerst aufgeladen werden, bevor es nach dem Ladevorgang Spannung abgeben kann. Daher die Bezeichnung Sekundärelement.

Ladevorgang / Ladeverfahren

Jeder Akku hat eine besondere Art und Weise wie er geladen werden muss. Da hier nicht jeder Akku-Typ berücksichtigt werden kann, beziehen sich die folgenden Ausführungen auf den Blei- und den Nickel-Cadmium-Akkumulator (NiCd).

- Konstantstrom-Ladeverfahren (I-Kennlinie)
- Konstantspannungs-Ladeverfahren (U-Kennlinie)
- Kombiniertes Ladeverfahren (W-/UI-Kennlinie)

W-Kennlinie

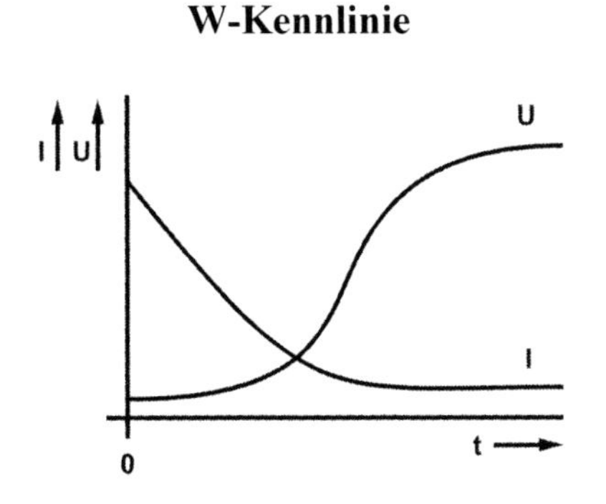

Das Normalladen (12 bis 17 Stunden) erfolgt meist nach der W-Kennlinie. Anfangs ist der Ladestrom sehr groß. Mit steigender Ladespannung sinkt der Ladestrom immer mehr ab und geht in einen kleinen konstanten Ladestrom über, bis die Ladeschlussspannung erreicht ist.

UI-Kennline

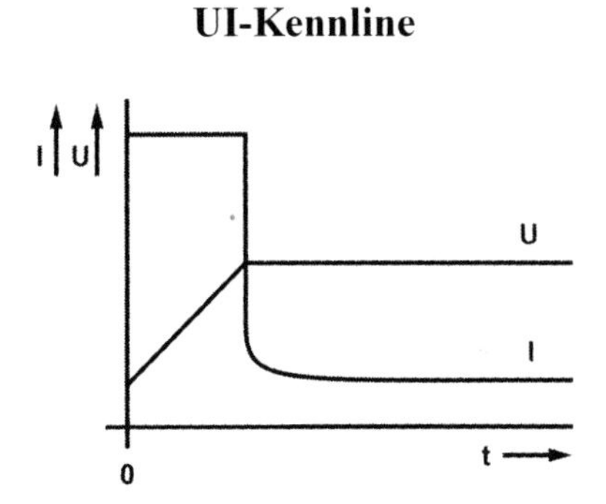

Das Schnellladen (1 bis 2 Stunden) erfolgt nach der UI-Kennlinie. Anfangs wird der Akku mit einem konstanten Ladestrom geladen. Währenddessen steigt die Ladespannung an. Ab der Gasungsspannung bleibt die Ladespannung konstant und der Ladestrom geht auf einen kleinen konstanten Ladestrom zurück.

Wechselstrom und Wechselspannung

Bei Wechselstrom und Wechselspannung spricht man von elektrischen Größen, deren Werte sich im Verlauf der Zeit regelmäßig wiederholen. Der Wechselstrom ist ein elektrischer Strom, der periodisch seine Polarität (Richtung) und seinen Wert (Stromstärke) ändert. Das selbe gilt für die Wechselspannung. Es gibt verschiedene Arten von Wechselstrom. Reine Wechselgrößen sind die Rechteckspannung, die Sägezahnspannung, die Dreieckspannung und die Sinusspannung (Welle) oder eine Mischung aus allen diesen Varianten. In der Elektrotechnik werden hauptsächlich Wechselspannungen mit sinusförmigem Verlauf verwendet. Beim sinusförmigen Kurvenverlauf treten die geringsten Verluste und Verzerrungen auf. Deshalb werden die folgenden Beschreibungen des Wechselstromes und der Wechselspannung anhand des sinusförmigen Kurvenverlaufs erklärt. Wechselspannung wird durch Generatoren in Kraftwerken erzeugt. Dabei dreht sich ein Roter im Generator um 360 Grad. Dadurch entsteht eine Spannung mit wechselnder Polarität, also ein sinusförmiger Verlauf. Die wichtigste Wechselspannung ist unser 230 Volt-Netz. Es hat eine Frequenz von 50 Hz. Das sind 50 Umdrehungen in der Sekunde eines Rotors im Generator.

Kennwerte der Sinusspannung

Augenblickswert und Amplitude

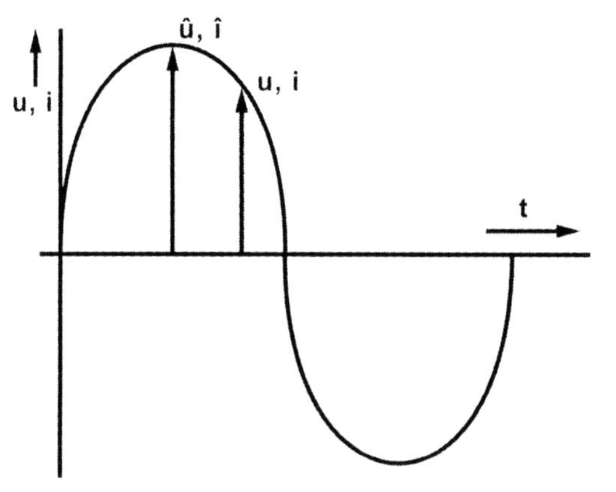

Da eine Wechselspannung nie einen konstanten Spannungswert hat, spricht man bei elektrischen Wechselgrößen, deren Zeitabhängigkeit gezeigt werden soll, von Augenblickswerten (Momentanwerte). Diese Augenblickswerte werden durch einen Kleinbuchstaben (Formelzeichen) angegeben. Maximal- bzw. Scheitelwerte der Amplitude von sinusförmigen zeitabhängigen Wechselgrößen werden durch ein Dach über dem

Formelzeichen gekennzeichnet. Beispiele dazu wären die Spannung û (sprich: u-Dach) und der Strom î (sprich: i-Dach).
Bei bekanntem Scheitelwert lässt sich bei jedem beliebigen Drehwinkel λ (= 0° ... 360°) der Augenblickswert berechnen.

$$u = \hat{u} \sin \lambda$$

$$i = \hat{i} \sin \lambda$$

Periode und Frequenz

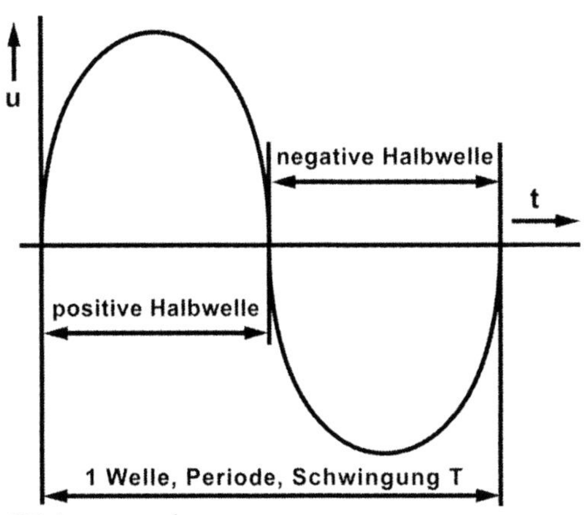

Die positive und die negative Halbwelle einer Schwingung bezeichnet man als Periode. Die Zeit die zum Durchlaufen der Periode benötigt wird ist die Periodendauer T. Die Periodendauer T wird in Sekunden angegeben.
Die Frequenz gibt die Zahl der Perioden an, die in einer Sekunde durchlaufen werden. Die Frequenz wird in Hertz (Hz) angegeben.
Die Frequenz ist der Kehrwert der Periodendauer und ist umso größer, je kleiner die Periodendauer ist.

$$Frequenz\ f = \frac{1}{Periodendauer\ T}$$

$$f = \frac{1}{T}$$

$$Periodendauer\ T = \frac{1}{Frequenz\ f}$$

$$T = \frac{1}{f}$$

Kennwerte einer Sinuskurve

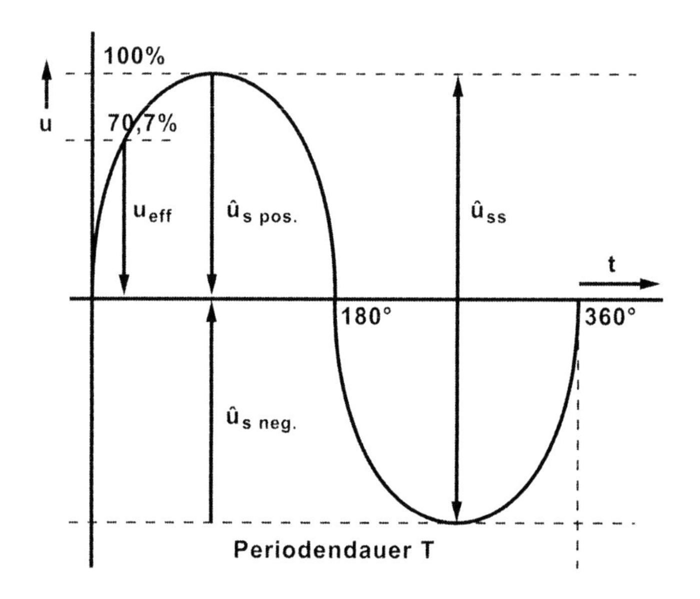

Formelzeichen	Beschreibung	Formel
$\hat{u}_{ss}$	Die Spitze-Spitze-Spannung $\hat{u}_{ss}$ liegt zwischen dem positiven und negativen Spitzenwert einer Periodendauer.	$\hat{u}_{ss} = 2 \bullet \hat{u}_s$ $\hat{u}_{ss} = 2 \bullet u_{eff} \bullet \sqrt{2}$ $\sqrt{2} = 1,414$
$\hat{u}_s$	Die Spitze-Spannung $\hat{u}_s$ ist das positive oder das negative Maximum einer Halbwelle.	$\hat{u}_s = u_{eff} \bullet \sqrt{2}$ $\sqrt{2} = 1,414$
u_{eff}	Der Effektivwert u_{eff} ist ca. 70,7% der Spitze-Spannung $\hat{u}_s$. Wechselspannungswerte werden in der Regel als Effektivwert angegeben. Der Effektivwert gibt an, welcher Gleichstrom die selbe Leistung hat.	$u_{eff} = \hat{u}_s \bullet \frac{1}{\sqrt{2}}$ $\frac{1}{\sqrt{2}} = 0,707$

T	Die Periodendauer T ist die Dauer eines periodischen Schwingungsverlaufs. $Periodendauer\ T = \frac{1}{Frequenz\ f}$
f	Die Frequenz f gibt die Anzahl der Schwingungen pro Sekunde an. $Frequenz\ f = \frac{1}{Periodendauer\ T}$

Kreisfrequenz ω

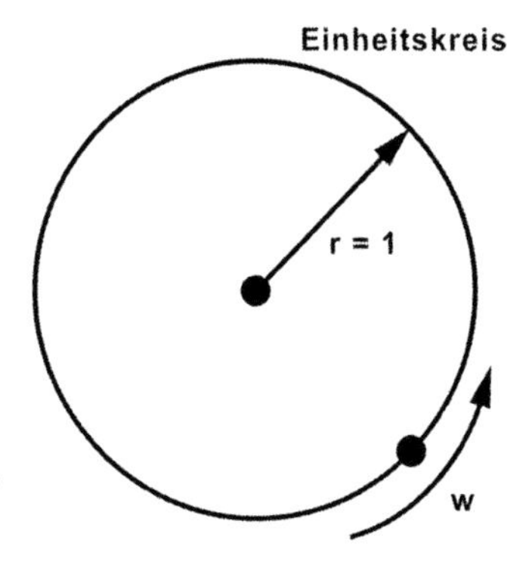

Die sogenannte Leiterschleife wird zur Erzeugung einer sinusförmigen Wechselspannung verwendet. Wenn sich diese Leiterschleife im Magnetfeld einmal im Winkel von 360° gedreht hat, entsteht eine Periode der Wechselspannung. Dieser Winkel wird im Bogenmaß angegeben. Das Bogenmaß ist die Länge des Kreisbogens mit einem Radius r = 1 im Einheitskreis.

Formelzeichen

Das Formelzeichen der Kreisfrequenz ist ω, das kleine Omega aus dem griechischen Alphabet.

Maßeinheit

Die Maßeinheit ist die Frequenz in Hertz (Hz) oder 1/s.

Formeln zur Berechnung

$$\omega = 2 \cdot \pi \cdot f$$

$$\omega = 6{,}28 \cdot f$$

Die Kreisfrequenz ist für die Berechnung passiver und aktiver Tiefpass-, Bandpass-, Bandsperr-, Hoch- und Allpassfilter unverzichtbar und sie steht in direktem Zusammenhang mit der Berechnung der Filtergrenzfrequenz.

$$f_g = \frac{1}{2 \cdot \pi \cdot R \cdot C} \approx \frac{1}{6{,}28 \cdot R \cdot C}$$

Gleichrichtwert

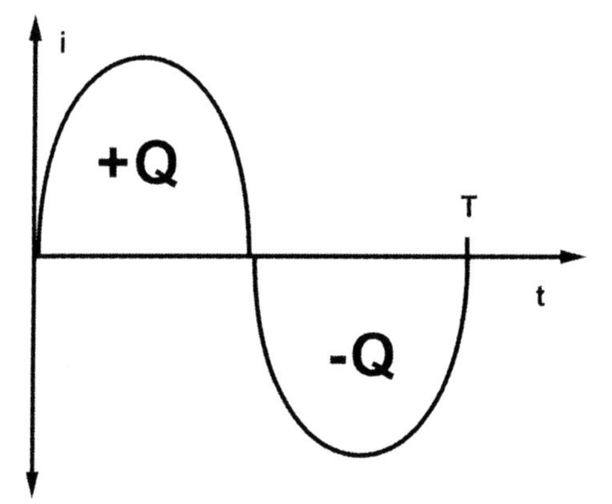

Wechselstrom hat den Nachteil, dass die positive und negative Ladungsmenge (+Q / -Q) sich bei elektrolytischen Vorgängen und Drehspulmesswerken aufhebt. Die Ladungsmengen wirken gegeneinander und ergeben Null.

$$(+Q) + (-Q) = 0$$

Aus diesem Grund wird die negative Ladungsmenge mit einem Gleichrichter oder einer Gleichrichterschaltung umgeklappt. Da es sich dabei um einen pulsierenden Strom handelt, ist der Stromwert nicht immer gleich. Stattdessen wird mit dem Gleichrichtwert gerechnet. Es handelt sich dabei um den Strom oder die Spannung, die wirksam ist.

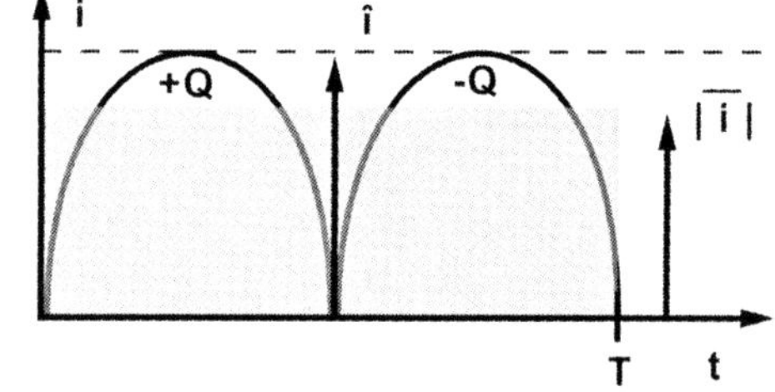

Die Fläche der Ladungsmengen entspricht dann der Rechteckfläche. Es handelt sich um den arithmetischen Mittelwert des gleichgerichteten Wechselstroms über die Periode T.

Formelzeichen

Der Gleichrichtwert gilt für den Wechselstrom, als auch für die Wechselspannung. Die Zeichen sind | i | und | u |.

Maßeinheit

Für den Strom gilt die Maßeinheit Ampere (A) und für die Spannung die Maßeinheit Volt (V).

Formel zur Berechnung

Diese Formel gilt ausschließlich für den sinusförmigen Wechselstrom.

$|\bar{i}| = 0,637 \cdot \hat{i}$

Wirkwiderstand

Ohmscher Widerstand an Wechselspannung

Ein Wirkwiderstand ist ein ohmscher Widerstand an Wechselspannung. Er wirkt auf die elektrische Energie und wandelt sie in Wärme, Licht oder mechanische Energie um.
Der Wirkwiderstand hat im Wechselstromkreis die gleiche Wirkung wie im Gleichstromkreis.

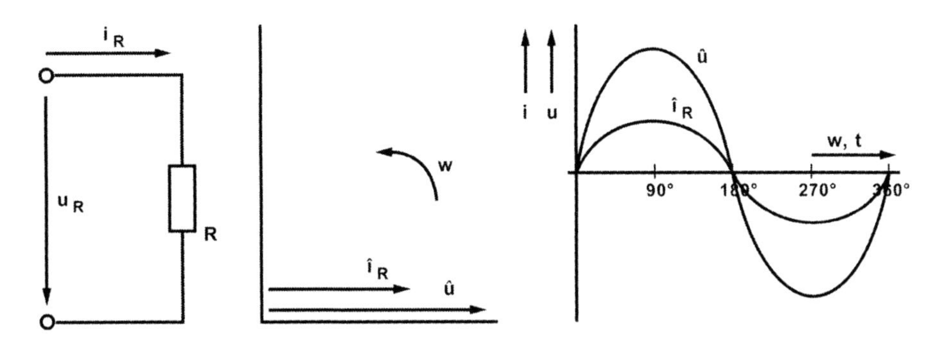

Die Phasenverschiebung φ zwischen Spannung und Strom beträgt 0°. Das heißt, Spannung und Strom verlaufen zur gleichen Zeit durch die Nulllinie (Nulldurchgang).

$R = \frac{U_R}{I_R}$ Für den Wirkwiderstand im Wechselstromkreis gilt dann das ohmsche Gesetz.

Der Wirkwiderstand lässt sich mit Hilfe des ohmschen Gesetzes und den Effektivwerten von Spannung und Strom berechnen.

Frequenzabhängigkeit

Bei Frequenzen zwischen 0 und 1000 Hz haben Wirkwiderstände einen gleichbleibenden Wert. Über 1000 Hz steigt der Widerstand an. Es kommt der sogenannte Skin-Effekt zur Wirkung. Durch die Wirbelströme im Innern des Widerstands kommt es zu einer Stromveränderung des Wechselstroms am Rand des Widerstands. Durch die Querschnittsabnahme steigt der Widerstand an. Das heißt, der Widerstand steigt durch die Stromabnahme am Rand des Widerstands.

Kapazitiver Blindwiderstand

Grundsätzlich sind zwei oder mehr leitende Oberflächen, die voneinander isoliert sind, als Kapazität bzw. Kondensator anzusehen. Darunter fallen alle Kabel, Leiterbahnen und Stecker. Zwei parallelverlaufende Kabel oder Leiterbahnen verursachen einen kapazitiven Blindwiderstand, wenn dieser bei niedrigen Frequenzen auch sehr hochohmig, da die Kapazität sehr niedrig ist. Vor allem in der Hochfrequenztechnik können die dadurch entstehenden Kapazitäten die Funktion einer Schaltung beeinflussen. Allerdings wird in der Hochfrequenztechnik mit viel komplexeren Modellen und Formeln gearbeitet als es hier beschrieben ist

Kondensator an Wechselspannung

Ein kapazitiver Blindwiderstand ist ein Kondensator an Wechselspannung. Im Gleichstromkreis wirkt der Kondensator wie ein unendlich großer Widerstand. Vergleichbar mit einer Unterbrechung des Stromkreises, mit Ausnahme des kurzen Ladestroms. Im Wechselstromkreis lässt der Kondensator den Strom durch. Er wirkt wie ein Widerstand. Durch die ständig wechselnde Stromrichtung, wird der Kondensator geladen und entladen. Er wird praktisch ständig von einem Strom durchflossen (kein Durchfluss). Der Kondensator nimmt bei der Ladung Energie auf, speichert sie und gibt sie bei der Entladung wieder ab. Die Energie wird ohne Wirkung hin und her geschoben. Deshalb wird sie auch Blindenergie genannt und der Widerstand Blindwiderstand. In diesem Fall handelt es sich um den kapazitiven Blindwiderstand.

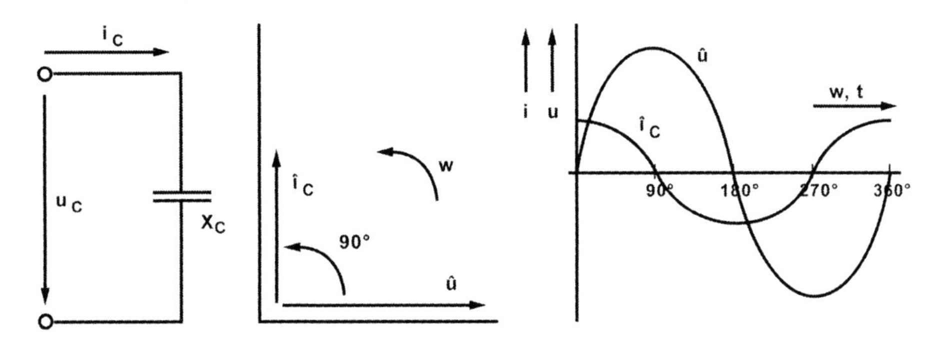

Strom und Spannung sind zueinander phasenverschoben. Die Spannung eilt dem Strom um 90° nach. Man spricht auch davon, dass der Strom der Spannung um 90° vorauseilt. Die Kurvenform wird durch den Kondensator nicht verändert. Der Grund ist das Lade- und Entladeverhalten des Kondensators. Immer dann, wenn sich die Spannung ändert, fließt ein Strom. Bei der Wechselspannung ändert sich die Spannung ständig. Der Strom hat immer dann seinen Scheitelwert bzw. den höchsten Punkt erreicht, wenn sich die Wechselspannung am stärksten ändert. Das ist im Nulldurchgang. Der Stromfluss ist dann zuende, wenn die angelegte Spannung ihren höchsten Punkt, als den Scheitelwert erreicht hat.

$$X_C = \frac{U_C}{I_C}$$

Der kapazitive Blindwiderstand lässt sich mit Hilfe des ohmschen Gesetz und den Effektivwerten von Spannung und Strom berechnen.

Frequenzabhängigkeit

$$X_C = \frac{1}{2 \cdot \pi \cdot f \cdot C}$$

Der kapazitive Blindwiderstand wird von seiner Kapazität und der Frequenz der anliegenden Wechselspannung beeinflusst. Der kapazitive Blindwiderstand des Kondensators ist umso größer, je kleiner die Kapazität des Kondensators und je kleiner die Frequenz der anliegenden Spannung ist. Je kleiner die Kapazität ist, desto schneller ist der Kondensator aufgeladen. Der Strom ist kleiner und somit der Widerstand größer. Das Diagramm zeigt den Verlauf des kapazitiven

$$X_C = \frac{1}{\omega \cdot C}$$

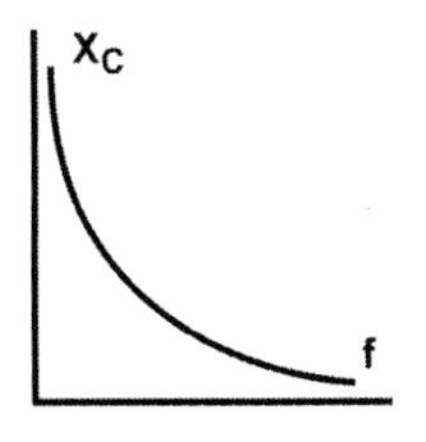

Blindwiderstands X_C in Abhängigkeit der Frequenz. Mit steigender Frequenz sinkt der Widerstandswert.

Induktiver Blindwiderstand

Spule an Wechselspannung

Geht man von einer idealen Spule aus, also mit einem Drahtwiderstand von 0 Ω, dann spricht man von einem induktiven Blindwiderstand. Wie von Spulen bekannt, entwickeln sie eine Induktionsspannung, wenn sich die angelegte Spannung, z. B. bei einer Wechselspannung, ändert. Der induktive Blindwiderstand entsteht durch die Selbstinduktion der Spule. Der Wechselstrom baut in der Spule ein magnetisches Feld auf und ab. Dabei nimmt die Spule Energie auf, speichert sie im Magnetfeld und gibt sie wieder ab. Die Energie wird ohne Wirkung hin und her geschoben. Deshalb wird sie auch Blindenergie genannt und der Widerstand induktiver Blindwiderstand.

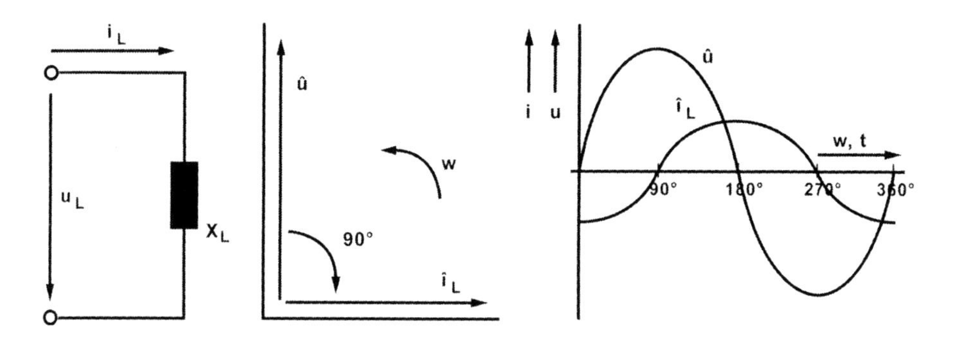

Strom und Spannung sind zueinander phasenverschoben. Der Strom eilt der Spannung um 90° nach. Man spricht auch davon, dass die Spannung dem Strom um 90° vorauseilt. Die Kurvenform wird durch die Spule nicht verändert. Der Grund für die Phasenverschiebung ist die Selbstinduktion der Spule. Der Grund ist, dass die Selbstinduktionsspannung der angelegten Spannung entgegenwirkt und der Stromfluss verzögert wird. Der induktive Blindwiderstand lässt sich mit Hilfe des ohmschen Gesetz und den Effektivwerten aus Spannung und Strom berechnen.

$$X_L = \frac{U_L}{I_L}$$

Frequenzabhängigkeit

$X_L = 2 \cdot \pi \cdot f \cdot L$ Der induktive Blindwiderstand wird von der Frequenz der Wechselspannung und seiner Induktivität beeinflusst. Der induktive Blindwiderstand ist umso größer, je größer die Induktivität der Spule und je höher die Frequenz der anliegenden Wechselspannung ist.

Durch eine größere Induktivität wird eine größere Selbstinduktionsspannung induziert. Sie wirkt der anliegenden Spannung entgegen und verringert den Strom und damit den Widerstand. Eine höhere Frequenz bedeutet eine schnellere Änderung der Spannung bzw. des Stroms und führt wiederum zu einer größeren Selbstinduktionsspannung.

$$X_L = \omega \cdot L$$

X_L

f

Das Diagramm zeigt den Verlauf des induktiven Blindwiderstands X_L in Abhängigkeit der Frequenz. Mit steigender Frequenz steigt auch der Widerstandswert.

Die Spule hat einen kleinen Gleichstromwiderstand und einen frequenzabhängigen Wechselstromwiderstand.

Scheinwiderstand Z

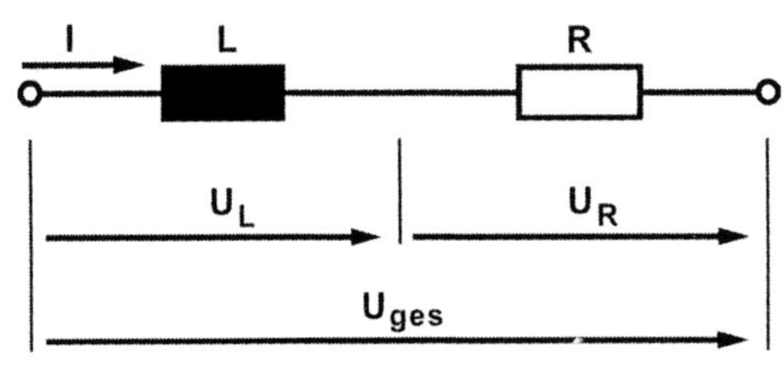

Der gesamte Widerstand einer Spule (bei Wechselstrom) setzt sich aus dem Wirkwiderstand und dem induktiven Blindwiderstand zusammen. Man nennt ihn Scheinwiderstand Z, Impedanz oder Gesamtwiderstand Z.

$$Z = \frac{U_{ges}}{I}$$

Der Scheinwiderstand Z lässt sich mit Hilfe des ohmschen Gesetzes und den Effektivwerten von Spannung und Strom berechnen.

$$Z^2 = R^2 + X_L^2$$

Der Scheinwiderstand Z ist auch die geometrische Summe aus Wirkwiderstand und induktivem Blindwiderstand. Wichtig: Wechselgrößen müssen geometrisch addiert werden.

Drehstrom - Dreiphasenwechselstrom

Tesla ist der Erfinder von Wechselstrom und Drehstrom der bald seinen Siegeszug antrat und weltweit Anwendung fand. Ohne diese Erfindung von Tesla, die es erst möglich machte, elektrischen Strom über viele Hunderte von Kilometern zu übertragen, gäbe es die heutige Selbstverständlichkeit der Elektrizität mit ihrer enorm vielseitigen Anwendung nicht.
Der Drehstrom ist ein Wechselstrom mit drei Phasen (stromführende Leitungen). Der Begriff Drehstrom ist aus der Erzeugung abgeleitet. Dabei werden drei Spulen im 120°-Abstand rund um ein sich drehendes Magnetfeld angeordnet. Dadurch entstehen drei um 120° phasenverschobene sinusförmige Wechselspannungen.

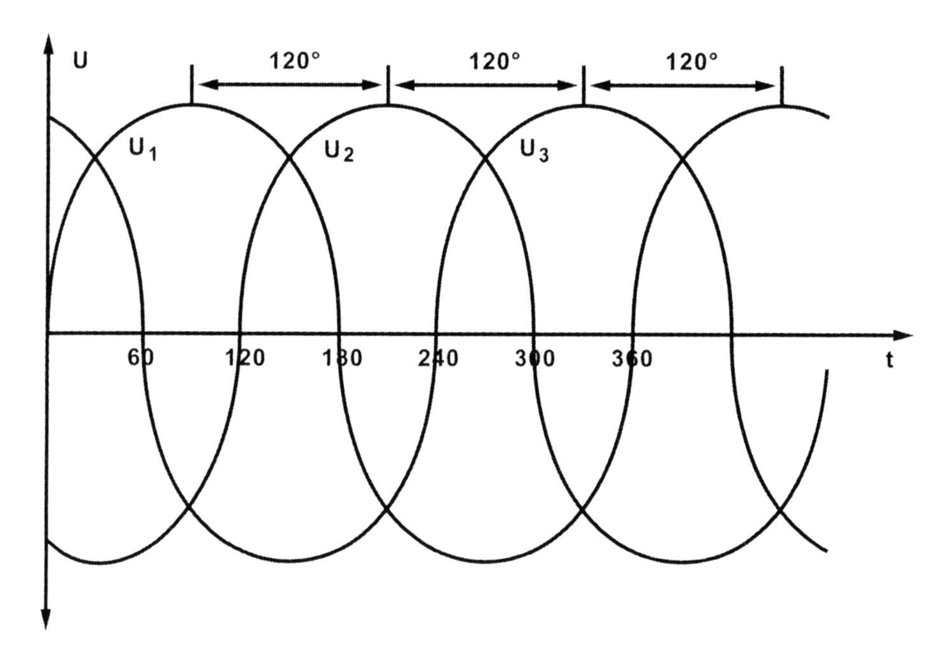

Betrachtet man im Diagramm die drei Phasen auf der Zeitachse zu einem bestimmten Zeitpunkt, so stellt man fest, dass die Summe der drei Wechselspannungen an jeder Stelle Null ist (im Diagramm sind die Sinusschwingungen nicht optimal gezeichnet).

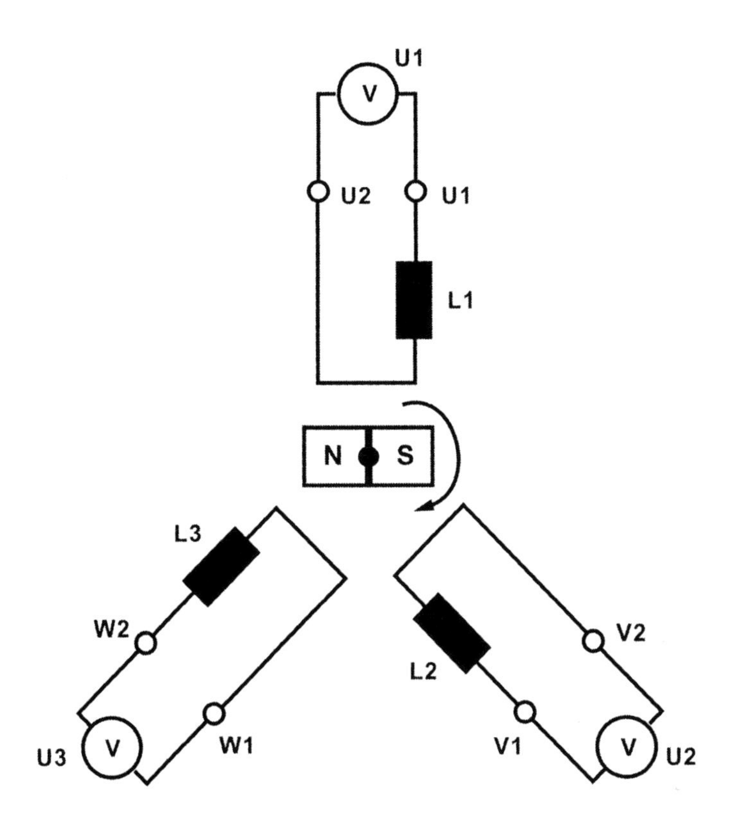

Die Spulen L1, L2 und L3 werden als Stränge bezeichnet. Die erzeugte Spannung wird als Strangspannung U_{St} bezeichnet. Die Klemmenbezeichnung der Stränge sind am Anfang mit U_1, V_1 und W_1, sowie am Ende mit U_2, V_2 und W_2 festgelegt.
Da die Spannungen bei gleicher Belastung immer Null ergeben, kann man die Spulen zusammenschalten. Man spricht auch von verketten. Unterschieden wird zwischen der Sternschaltung und der Dreieckschaltung.

Verkettungsschaltungen

Es wird zwischen der Sternschaltung und der Dreieckschaltung unterschieden.

Sternschaltung

In der Sternschaltung sind die Strangenden U_2, V_2 und W_2 im Sternpunkt N zusammengeschaltet. Jeweils vom Stranganfang U_1, V_1 und W_1 verlaufen die Außenleiter L1, L2 und L3, sowie vom Sternpunkt N der Neutralleiter N zum Verbraucher.

$$U_{ST} = \frac{U}{\sqrt{3}} \qquad I_{ST} = I$$

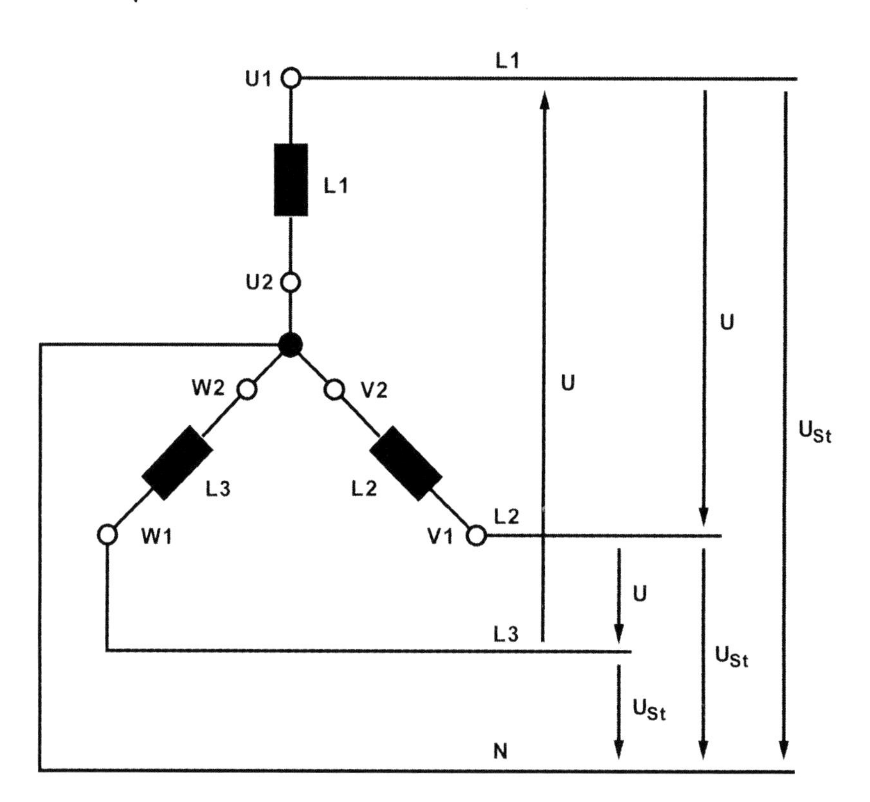

Dreieckschaltung

In der Dreieckschaltung ist der Stranganfang einer Spule mit dem Strangende einer anderen Spule verbunden. Im Prinzip sind alle Spulen hintereinandergeschaltet. Es entsteht die Dreieckschaltung. Von den

Verbindungsstellen verlaufen die Außenleiter L1, L2 und L3 zum Verbraucher.

$$I_{ST} = \frac{I}{\sqrt{3}} \qquad U_{ST} = U$$

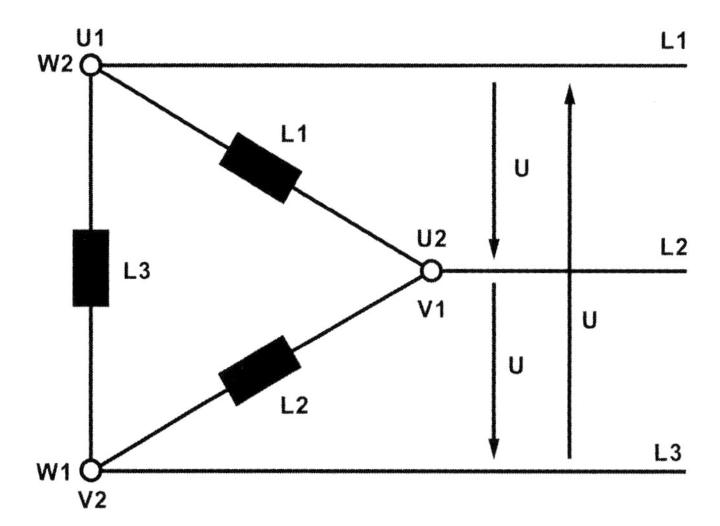

Vorteile von Drehstrom

- Durch die Verkettung der Spulen wird bei der Verkabelung der 3 Phasen L1, L2 und L3 nur 3 oder 4 Leitungen benötigt. Wechselstrom mit 3 Strängen benötigt mindestens 6 Leitungen.
- Mit der Sternschaltung (Vierleitersystem) stehen 3 verschiedene Spannungswerte zu Verfügung.
- Das Drehfeld ermöglicht einen einfachen Bau von Drehstrommotoren.

Spannungsquelle

Ein Spannungserzeuger besteht immer aus der Spannungsquelle und einem in Reihe geschalteten Widerstand. Die Spannungsquelle wird als Quellenspannung bezeichnet. Der Widerstand wird als Innenwiderstand bezeichnet.

Die Schaltung aus Spannungsquelle und Innenwiderstand ist die Ersatzschaltung eines Spannungserzeugers.

Leerlaufspannung / Quellenspannung

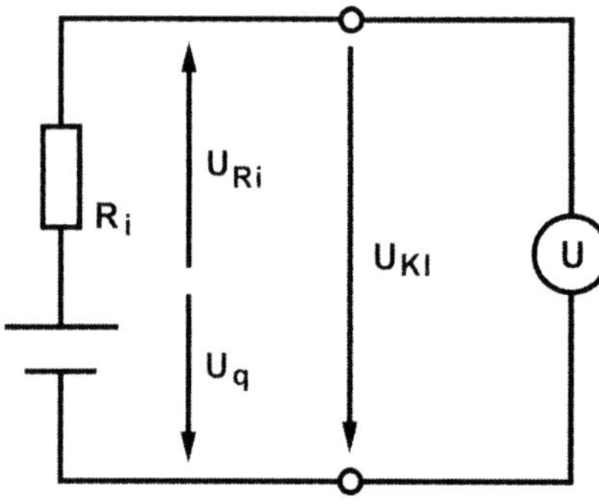

Die Leerlaufspannung U_0 oder Quellenspannung U_q genannt ist die Ausgangsspannung einer Spannungsquelle im unbelasteten Zustand.
Die Messung der Leerlaufspannung U_0 kann nur durch ein extrem hochohmiges Spannungsmessgerät erfolgen, dessen Messstrom einen vernachlässigbaren Spannungsabfall am Innenwiderstand R_i erzeugt.

$$U = U_q$$

Wenn kein Strom zwischen den Klemmen fließt, dann ist die gemessene Klemmenspannung gleich U_q.
Allerdings hat jede Spannungsquelle einen physikalischen oder chemischen Innenwiderstand R_i. Er beeinflusst den Spannungswert, welcher der Spannungsquelle wirklich entnehmbar ist. Bei Primärelementen wird er im wesentlichen aus dem Widerstand gebildet, der durch den Elektrolyten der Bewegung der positiven Ionen entgegensetzt. Damit ist der Innenwiderstand hauptsächlich vom Zustand des Elektrolyten abhängig. Nimmt die Konzentration im Laufe der Betriebsdauer ab (bei zunehmender Entladung), so wird der Innenwiderstand größer.

Berechnung des Innenwiderstands

$$R_i = \frac{U_q}{I_K}$$ Quellenspannung U_q und Kurzschlussstrom I_K

$$R_i = \frac{\Delta U}{\Delta I}$$ Strom- und Spannungsdifferenz

Klemmenspannung

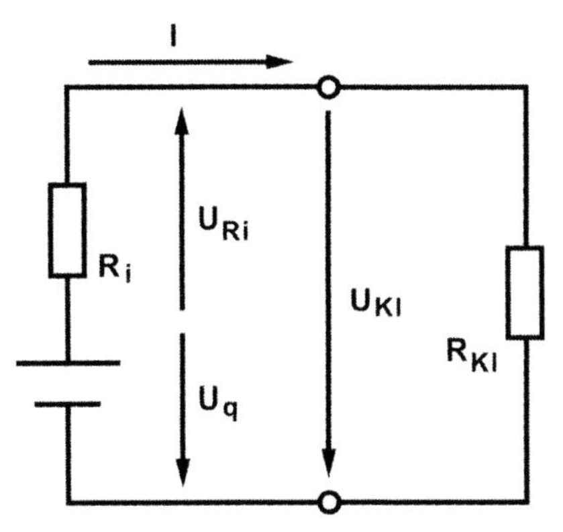

Bei Belastung einer Spannungsquelle mit einem Verbraucher R_{Kl}, stellt sich eine kleinere Ausgangsspannung U_{KL} ein als die Leerlaufspannung U_0/Quellenspannung U_q.
Das liegt daran, dass der Verbraucher R_{Kl} mit dem Innenwiderstand R_i in Reihe geschaltet ist (siehe Schaltung).
Der Strom I erzeugt am Innenwiderstand einen Spannungsabfall U_{Ri}.
Die Quellenspannung U_q reduziert sich durch die Belastung des Widerstandes R_{Kl} auf die Klemmenspannung U_{KL}.

$$U_{Kl} = U_q - U_{Ri}$$

Die Leerlaufspannung teilt sich an den beiden Widerständen auf. Soll die Klemmenspannung der Leerlaufspannung entsprechen, so muss der Innenwiderstand der Spannungsquelle möglichst gering sein.

$$I = \frac{U_q}{R_i + R_{Kl}}$$

Der Strom, durch die Quellenspannung U_q verursacht, fließt durch den Innenwiderstand R_i und äußeren Widerstand R_{Kl}.

Warum zeigt der Spannungspfeil am Innenwiderstand in die andere Richtung, als der Pfeil an der Quellenspannung?

Sieht man sich die Schaltung genau an, dann ist der Innenwiderstand in dieser Schaltung nicht in Reihe mit der Quellenspannung, sondern in Reihe mit dem Klemmenwiderstand/Lastwiderstand. Die Quellenspannung teilt sich am Innenwiderstand und am Klemmenwiderstand auf. Dadurch zeigt der Spannungspfeil vom Pluspol ausgehend zum Minuspol.

Kurzschlussstrom

$$I_K = \frac{U_q}{R_i}$$

Durch den, in der Regel, sehr kleinen Innenwiderstand einer Spannungsquelle entwickelt sich ein sehr großer Kurzschlussstrom I_K, der die Spannungsquelle zerstören kann.

Konstantspannungsquelle

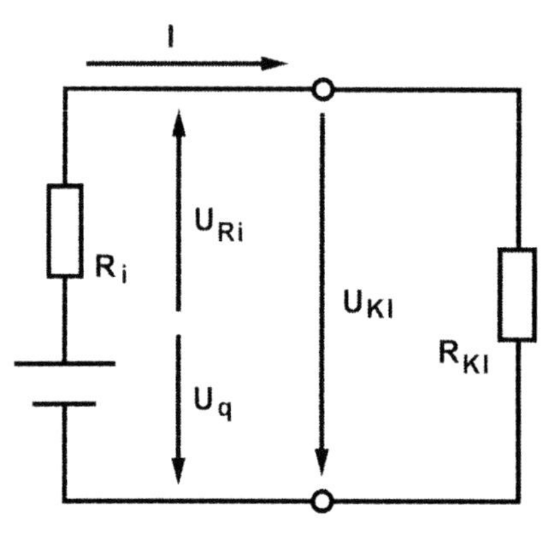

Die Schaltung links stellt das Ersatzschaltbild der Konstantspannungsquelle mit einem Klemmenwiderstand R_{Kl} und die Spannungsverteilung innerhalb der Schaltung dar.
Um eine möglichst konstante Spannung an den Klemmen zu erhalten, muss der Innenwiderstand R_i der Spannungsquelle gering sein, weil sich sonst die Quellenspannung U_q an der Reihenschaltung des Innenwiderstandes und des Klemmenwiderstandes R_{Kl} aufteilt.

$$U_q = U_{Ri} + U_{Kl}$$

Die Klemmenspannung U_{Kl} eines Spannungserzeugers ist am stabilsten, wenn der Lastwiderstand R_{Kl} viel größer ist als der Innenwiderstand R_i der Spannungsquelle.
Die Klemmenspannung der Konstant-Spannungsquelle sinkt ab einer bestimmten Stromentnahme.
Der Klemmenwiderstand R_{Kl} wird dann kleiner oder gleich dem Innenwiderstand R_i der Spannungsquelle.

Spannungsanpassung

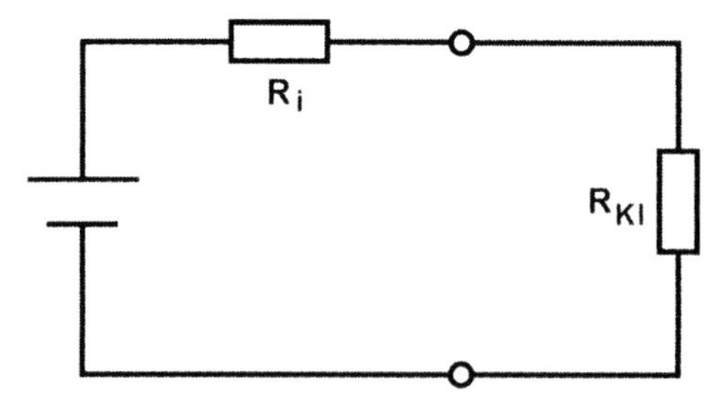

$R_i \ll R_{Kl}$

Spannungsanpassung herrscht dann, wenn der Innenwiderstand der Spannungsquelle kleiner ist als der Widerstand R_{Kl} auf der Empfängerseite.
Fehlanpassung herrscht, wenn der Widerstand R_{Kl} kleiner ist als der Innenwiderstand R_i der Spannungsquelle (Kurzschluss?). Dann bricht die Spannung an den Klemmen zusammen.

Ist der R_{Kl} gleich R_i dann teilen sich die Spannungsverhältnisse genau auf.

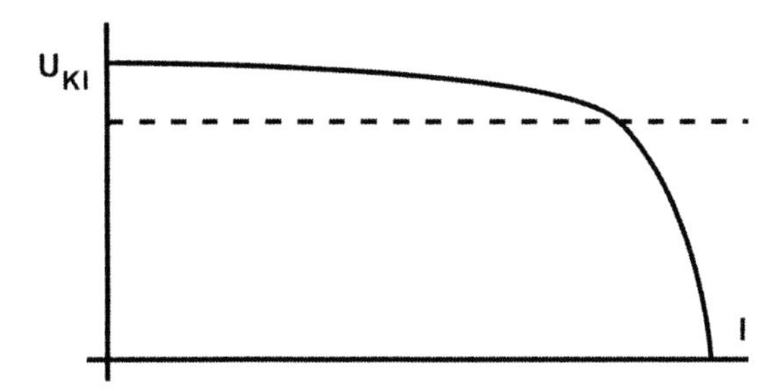

Konstantstromquelle

Unter einer Stromquelle versteht man eine Spannungsquelle mit einem sehr hohen Innenwiderstand ($R_i >> R_{Kl}$). Eine ideale Stromquelle hat einen unendlich großen Innenwiderstand.
Stromquellen werden verwendet, wenn die Änderung des Klemmenwiderstands R_{Kl} keine Stromänderung verursachen darf. Zum Beispiel beim Laden eines Akkus.
Die Konstantstromquelle wird durch eine sehr hohe Quellenspannung mit einer zusätzlichern elektronischen Schaltung realisiert.

Stromanpassung

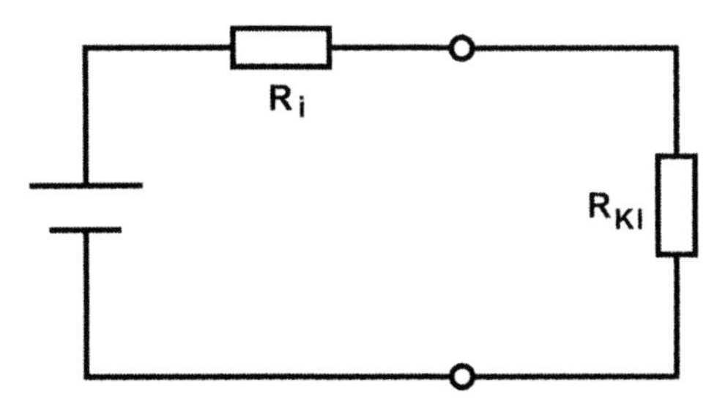

$R_i \gg R_{Kl}$

Stromanpassung herrscht dann, wenn der Innenwiderstand der Stromquelle größer ist als der Klemmenwiderstand R_{Kl} auf der Empfängerseite.
Die Stromanpassung hat einen sehr schlechten Wirkungsgrad.
Die Veränderung der Stromstärke ist dann am geringsten, wenn der Klemmenwiderstand R_{Kl} viel kleiner ist, als der Innenwiderstand R_i.

Dezibel / Phon / Sone

Im Zusammenhang mit der Geräuschentwicklung von Geräten fallen immer wieder die Begriffe Dezibel (dB), Phon und Sone. Was steckt dahinter?

Dezibel (dB)

Dezibel ist ein zehntel von einem Bel und ist das Verhältnis zweier Größen, das dimensionslos, also ohne Einheit angegeben wird.
In der Signaltechnik und Akustik gibt es für dB-Angaben Bezugswerte. Dazu gehört der Schalldruckpegel (SPL) mit 0 dB, der entweder als dB SPL oder dBA angegeben wird. A bedeutet Adjusted und bezeichnet einen Filter, der das menschliche Hörempfinden berücksichtigt.
Dezibel sagt nichts darüber aus, wie laut Schall empfunden wird.

Phon

Phon gibt die empfundene Lautstärke im Verhältnis zu 1000 Hz Sinus an. Bei dieser Frequenz (1000 Hz Sinus) ist Phon mit Dezibel gleich. Auch Phon sagt nichts darüber aus, wie laut Schall empfunden wird.

Sone

Die Lautstärke oder Lautheit eines Geräusches wird in Sone angegeben. Ein Sone entspricht 40 Phon oder 40 dB SPL bei 1000 Hz Sinus. Zwei Sone sind 50 Phon. Das bedeutet, die Lautstärke einer Unterhaltung wird doppelt so laut wahrgenommen, wie eine leise Unterhaltung.

Phon	Sone	Beschreibung
40	1	leise Unterhaltung
50	2	normale Unterhaltung, Zimmerlautstärke
100	64	Discomusik oder Rockkonzert

Messen elektrischer Größen

Messen Messen bedeutet eine unbekannte Größe mit einer bekannten Größe vergleichen.

Messgröße In der elektrischen Messtechnik werden Strom, Spannung und Widerstand als Messgröße bezeichnet. Die Messgröße ist die Einheit des Messwerts.

Messwert Bei der Messung wird ein Wert ermittelt. Er wird als Messwert bezeichnet. Dieser setzt sich aus dem Anzeigewert und der Messgröße zusammen. Die Messgröße ist die Einheit.

Anzeigewert Der Anzeigewert wird aus dem Zeigerausschlag eines analogen Messgeräts ermittelt oder vom Display eines digitalen Messgeräts abgelesen.

Messbereich Da der Messwert sehr groß oder sehr klein sein kann und aufgrund baulicher Größe ein Messgerät nur einen begrenzten Platz zur Anzeige des Messwerts hat, stellt man vor der Messung den Messbereich ein. Dazu muss man vorher ungefähr wissen, wie hoch der Messwert sein könnte. Im Regelfall beginnt man bei einem hohen Messbereich und schaltet bei Bedarf schrittweise den Messbereich herunter.

Nullstellung Bei der Nullstellung ohne angelegte Spannung oder Strom muss der Zeiger exakt über dem Nullstrich der Skala liegen. Wenn nicht, dann muss der Zeiger justiert werden. Sonst kommt es zu einem Messfehler.

Messgerät Mit dem Messgerät wird der Messwert, der Zahlenwert, einer elektrischen Größe (Messgröße) ermittelt.

Messfehler

Beim Ermitteln des Messwertes können verschiedene Fehler auftreten. Um diese Fehler auszuschließen sind folgende Punkte zu beachten:

- Gebrauchslage des Messgerätes beachten.
- Messinstrumente sind empfindlich und daher sorgfältig zu behandeln.
- Messinstrumente sollten keiner zu hohen Temperatur ausgesetzt werden.
- Bei analogen Messgeräten sollte das letzte Drittel der Messskala verwendet werden.
- Magnetische Felder nehmen Einfluss auf das Messwerk.
- Messgeräte sind trocken und staubfrei aufzubewahren.
- Beim Messen auf Messgröße und Messbereich achten.
- Bei Messgeräten vor der Messung die Nullstellung des Zeigers prüfen.

Messen von Wechselspannung und Wechselstrom

Bei Wechselstrom und Wechselspannung spricht man von elektrischen Größen, deren Werte sich im Verlauf der Zeit regelmäßig wiederholen. Analoge Messinstrumente sind nur bedingt in der Lage den Wert des realen Signalverlaufs zu messen. Stattdessen wird ein mathematischer Wert angezeigt. Die sogenannten Mittelwerte:

- Arithmetischer Mittelwert
- Quadratischer Mittelwert

Arithmetischer Mittelwert

Ein Drehspulinstrument summiert im DC-Bereich über jeden angelegten Impuls den arithmetischen Mittelwert. Drehspulinstrumente zeigen deshalb bei Mischspannungen den Gleichstromanteil an!
Der Arithmetische Mittelwert ergibt sich aus der Spannung $\hat{u}$, der Impulsdauer t_i und der Periodendauer T.

Realer Spannungsverlauf **Anzeige eines Drehspulmessgeräts**

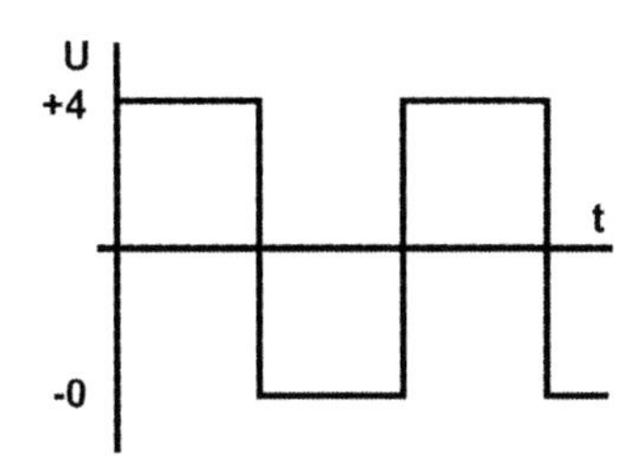

$$U_{DC} = 0\ V$$

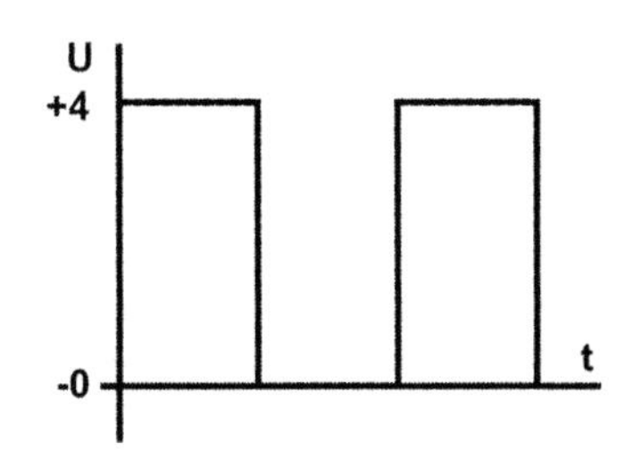

$$U_{DC} = 2\ V = \frac{U}{2}$$

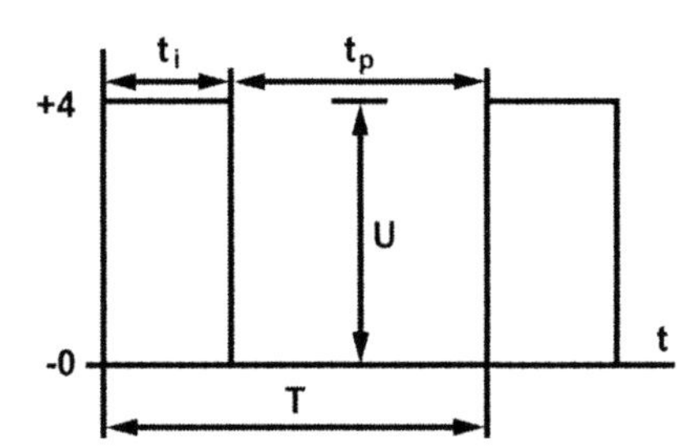

$$U_{Arith} = \hat{u} \bullet \frac{t_i}{T}$$

Effektivwert / Quadratischer Mittelwert

Der Effektivwert ist ein quadratischer Mittelwert!
Drehspulinstrumente ermitteln im AC-Bereich auch nur arithmetische Mittelwerte. Die Skala wird aber mit den Zahlen des quadratischen Mittelwertes versehen.

$$U_{eff} = \hat{u} \bullet \sqrt{\frac{t_i}{T}}$$

Elektrische Messgeräte

Aufbau

Messgerät	Ein Messgerät besteht aus dem Messwerk und den Zusatzeinrichtungen. Ein Messgerät ist ein Messinstrument mit außen angeschlossener Zusatzeinrichtung.
Messinstrument	Ein Messinstrument besteht aus dem Messwerk und den Zubehörteilen, die ein einem Gehäuse eingebaut sind.
Messwerk	Das Messwerk besteht aus der Skala und den Teilen, die eine Anzeige bewirken.
Zusatzeinrichtung	Die Zusatzeinrichtungen sind Vorwiderstände, Umschalter und Gleichrichter, die im Gehäuse eingebaut sind oder außen angeschlossen sind.

Analoge Messgeräte

Analoge Messgeräte wandeln den Messwert in einen Zeigerausschlag auf einer Skala um. Mit Hilfe der Skala kann der Messwert abgelesen werden. Die Messung ist analog, weil der Zeigerausschlag sich kontinuierlich zu der zu messenden Größe ändert.

Digitale Messgeräte

Digitale Messgeräte sind aus digitalen Schaltungen aufgebaut. Der Messwert wird dann durch eine Sieben-Segment-Anzeige oder ein LCD angezeigt. Ein Digitales Messgerät zeichnet sich durch einen hohen Eingangswiderstand aus. Ablesefehler sind weitgehendst ausgeschlossen. Auf den Messbereich und die Polarität muss nicht geachtet werden. Digitale Messgeräte wandeln den Messwert in einen Zahlenwert um und geben das Messergebnis als Ziffernfolge an (digital).

Messung	Analog	Digital
Vorteile	• Überwachung von kleinsten Messgrößenänderungen • Beurteilung von schwankenden Messgrößen • Feststellung eines Spannungszustandes • Messwertänderungen sind leichter abzulesen • pulsierende Spannungen lassen sich besser beobachten • aus der Ferne leichter und schneller ablesbar	• fehlerfreies Ablesen • weniger empfindlich • größere Genauigkeit • billiger
Nachteile	• Ablesefehler durch Parallaxe • manuelle Messbereichsänderung • Zuordnung von Messbereich und Skala • empfindliche Messwerke z.B. durch magnetische Felder	• Betriebsspannung für Display notwendig

Skalenbeschriftung

Aus der Skalenbeschriftung des analogen Messgeräts können folgende Informationen ermittelt werden:

- Einheit der Messgröße
- Messwerk
- Stromart
- Güteklasse

- Prüfspannung
- Gebrauchslage

Einheit der Messgröße

Die Einheit der Messgröße gibt an, um welches Messinstrument es sich handelt.
Dabei kann es sich z. B. um ein Spannungs- oder Strommessinstrument handeln.
Das Einheitszeichen ist gut erkennbar auf der Skala aufgetragen. Bei Vielfachmessgeräten ist auf die jeweilige eingestellte Einheit/Messbereich zu achten.

Messwerk

Das Messwerkssymbol kennzeichnet das Messwerk.

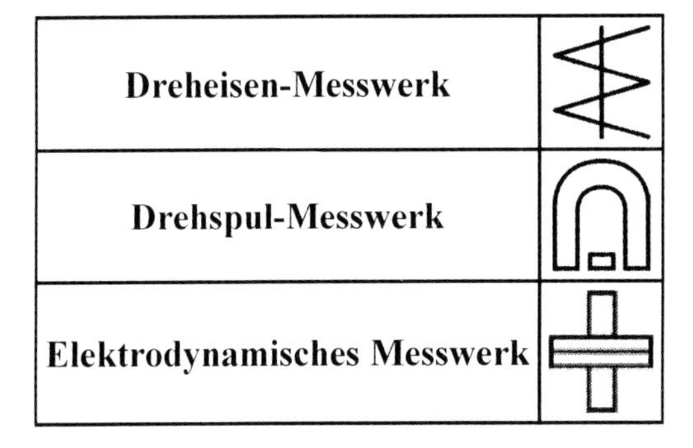

Dreheisen-Messwerk	
Drehspul-Messwerk	
Elektrodynamisches Messwerk	

Stromart

Das Stromartzeichen gibt an, für welche Stromart das Messinstrument geeignet ist.

Gleichstrom	−
Wechselstrom	~
Mischströme	≃

Güteklasse

Die Klassenangabe steht als Zahl auf der Skala und gibt den zulässigen Anzeigefehler in Prozent vom Messbereichsendwert an.

Messinstrument	**Klasse**	**Anzeigefehler**
Feinmessinstrument	0,1	± 0,1%
	0,2	± 0,2%
	0,5	± 0,5%
Betriebsmessinstrumente	1	± 1%
	1,5	±1,5%
	2,5	± 2,5%
	5	± 5%

Prüfspannung

Das Prüfspannungszeichen (Stern) gibt an, mit welcher Spannung die Isolation des Instruments geprüft wurde.

Prüfspannung	**Prüfspannung**	**Nennspannung**
Stern mit Zahl 0	keine Isolationsprüfung	
Stern ohne Zahl	500 V	bis 40 V
Stern mit Zahl 2	2.000 V	40 - 650 V
Stern mit Zahl 3	3.000 V	650 - 1.000 V
Stern mit Zahl 5	5.000 V	1.000 - 1.500 V

Gebrauchslage

Nur bei Benutzung des Instruments in der vorgeschriebenen Gebrauchslage bleibt der Anzeigefehler innerhalb der durch die Klassenangabe festgelegten Fehlergrenze.

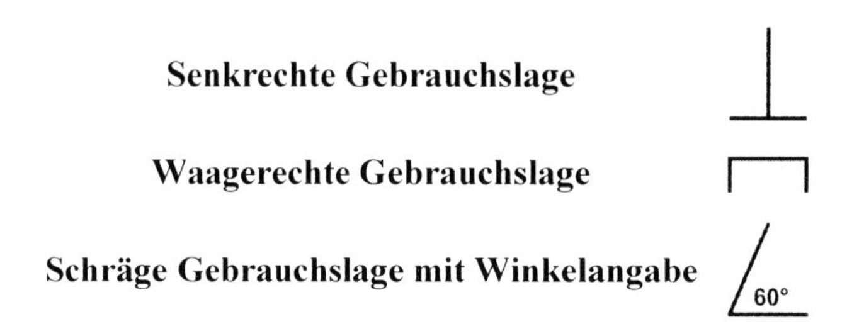

Messbereichserweiterung

Aus Platzgründen bezieht sich die Skala eines Messgerätes immer nur auf einen bestimmten eingestellten Messbereich. Um Messfehler gering zu halten, sollte der Zeigerausschlag eines analogen Messgerätes im letzten Drittel der Skala liegen. Da die Messwerte nicht immer im gleichen Messbereich liegen (z. B. von 1 bis 10 V), muss der Messbereich reduziert bzw. erweitert werden.
Bei Spannungsmessgeräten wird dazu nur der Vorwiderstand des Messwerkes geändert. Bei Strommessgeräten wird der Parallelwiderstand des Messwerkes geändert.

Messbereichserweiterung bei Spannungsmessgeräten

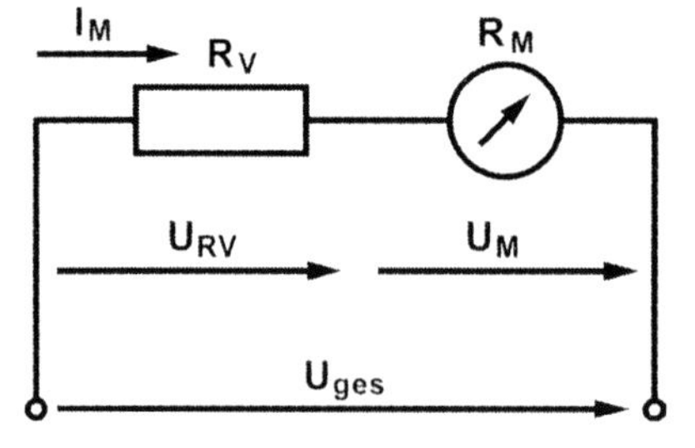

Messbereichserweiterung bei Spannungsmessern erfolgt immer dann, wenn die zu messende Spannung das Messwerk beschädigen könnte.
Bei einem Spannungsmesser ist der Vorwiderstand in Reihe zum Messwerk geschaltet.
Am Vorwiderstand R_V muss das Zuviel an Spannung abfallen.

$$U_{RV} = U_{ges} - U_M \qquad R_V = \frac{U_{RV}}{I_M}$$

$$I_M = \frac{U_{ges}}{R_V + R_M} \qquad I_M = \frac{U_M}{R_M}$$

- Bei 2-facher Messbereichserweiterung ist $R_V = 1 * R_M$
- Bei 3-facher Messbereichserweiterung ist $R_V = 2 * R_M$
- Bei n-facher Messbereichserweiterung ist $R_V = (n-1) * R_M$

Messbereichserweiterung bei Strommessgeräten

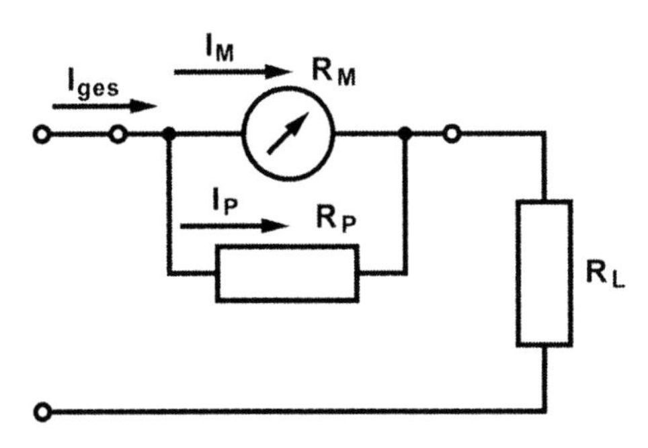

Messbereichserweiterung bei Strommessern erfolgt immer dann, wenn der zu messende Strom das Messwerk beschädigen könnte. Bei einem Strommesser ist der Shunt R_P parallel zum Messwerk geschaltet. Der Widerstand R_P muss das Zuviel an Strom aufnehmen.

$$\frac{I_P}{I_M} = \frac{R_M}{R_P} \qquad R_P = \frac{R_M}{n-1} \qquad I_P = I_{ges} - I_M$$

- Bei 2-facher Messbereichserweiterung ist $R_P = R_M$
- Bei 3-facher Messbereichserweiterung ist $R_P = 1/2 * R_M$
- Bei n-facher Messbereichserweiterung ist $R_P = 1/n-1 * R_M$

Messfehlerschaltungsarten

Bei der indirekten Widerstandsmessung mit Strom- und Spannungsmessgerät macht man sich das Ohmsche Gesetz zu nutze, um aus gemessenem Strom- und Spannungswert den unbekannten Widerstand zu berechnen.
Weil das Messergebnis durch den Innenwiderstand des Strom- und

Spannungsmessgerätes verfälscht wird, wählt man je nach Größe des unbekannten Widerstands eine Messschaltung aus.

Stromfehlerschaltung

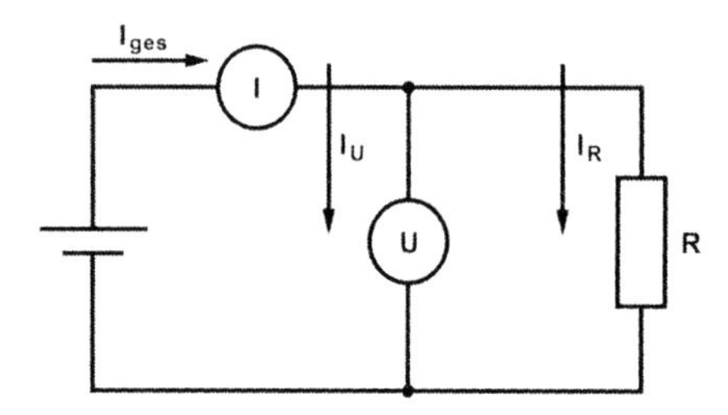

Spannungsfehlerschaltung

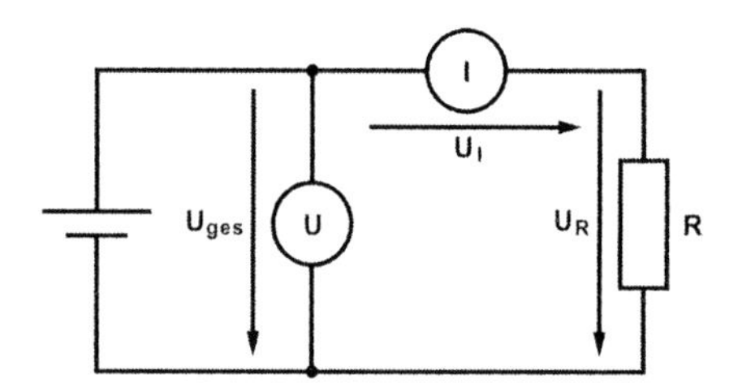

Eine Stromfehlerschaltung ist eine Parallelschaltung aus Spannungsmesser und dem zu messenden Widerstand. Durch den Spannungsmesser fließt ein Strom I_U. Dieser verfälscht den zu messenden Strom I, der durch den zu messenden Widerstand fließt.
Der Strom I ist um den Strom I_U, der durch den Spannungsmesser fließt, zu groß.

Bei der Spannungsfehlerschaltung entsteht ein Spannungsteiler aus Innenwiderstand des Strommessgerätes und dem zu messenden Widerstand. Der Spannungsabfall am Strommessgerät verfälscht die Spannungsmessung. Die gemessene Spannung U ist um die Spannung U_I zu groß.

Messung mit R = 220 Ω

U in Volt	I in mA	R in Ω (berechnet) Stromfehlerschaltung	R in Ω (berechnet) Spannungsfehlerschaltung
20	90	222	222
0,2	0,91	220	333

Messung mit R = 10 kΩ

U in Volt	I in mA	R in Ω (berechnet) Stromfehlerschaltung	R in Ω (berechnet) Spannungsfehlerschaltung
20	2,4	8333	10000
0,2	0,024	8333	10000

Die Stromfehlerschaltung eignet sich nur zur Widerstandsmessung an kleinen Widerständen, wo der Strom durch den Innenwiderstand des Spannungsmessers, die Messung sehr wenig beeinflusst.

Die Spannungsfehlerschaltung eignet sich nur für Messungen an großen Widerständen, wo der Spannungsabfall am Innenwiderstand des Strommessers die Messung sehr wenig beeinflusst.

Elektronische Multimeter sind bei Spannungsmessung sehr hochohmig (1..10 MΩ). Daher hat die Stromfehlerschaltung nur dann eine Bedeutung wenn sehr kleine Ströme (µA-Bereich) gemessen werden. Die Spannungsfehlerschaltung kommt aber ebenso zur Anwendung, weil der Shunt-Widerstand im Messgerät einen relevanten Spannungsabfall bewirkt.

Oszilloskop

Ein Oszilloskop stellt Spannung über ihren zeitlichen Verlauf dar, d. h. es werden die physikalischen Größen Spannung und Zeit gemessen. Ein Oszilloskop wird verwendet, wenn periodische wiederkehrende Signale bildlich dargestellt und schnelle elektrische Vorgänge sichtbar gemacht werden müssen. Umgangssprachlich wird das Oszilloskop auch Oszi genannt.

Braunsche Röhre

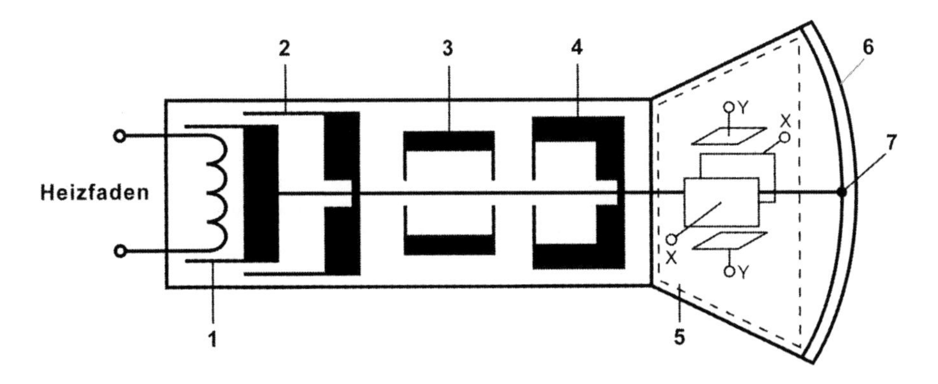

Das Messsystem des Oszilloskops ist die Braunsche Röhre. Es ist eine Elektronenstrahlröhre mit einem masselosen Elektronenstrahl. Die

Braunsche Röhre dient in einem Oszilloskop der Darstellung des zu messenden Spannungsverlaufs.

1. Kathode

Die beheizte Kathode liefert die Elektronen aus, die von der Anode angezogen werden. An der Kathode liegt eine Spannung von -200 bis -800 Volt.

2. Wehneltzylinder

Der Wehneltzylinder ist die Steuerelektrode, welche die Helligkeit (Intensität) des Leuchtpunktes auf dem Bildschirm beeinflusst. Die Helligkeit wird durch die Geschwindigkeit und die Dichte der Elektronen beeinflusst.

3. Elektronenoptik

Die Elektronenoptik beeinflusst die Ablenkung der Elektronen in einem elektrischen Feld. Damit werden die Elektronen mehr oder weniger gebündelt. Damit wird der Durchmesser des Elektronenstrahls verändert und die Schärfe beeinflusst. Man spricht auch vom Fokussieren.

4. Anode

Die Geschwindigkeit der Elektronen wird von der Anode (positives Potential zur Kathode) gesteuert. Die Geschwindigkeit ist so hoch, dass die Elektronen durch die Öffnung in der Anode durchschießen. Die Anode liegt an einer Spannung von +100 bis +200 Volt und beschleunigt die Elektronen.

5. Ablenkplatten

Damit statt eines Leuchtpunktes ein Bild bzw. Linienverlauf entsteht, werden die Elektronen mit sich gegenüberliegenden Platten abgelenkt. Die X-Platten sind für die Zeitmessung. Sie lenken den Elektronenstrahl horizontal ab (links oder rechts). Die Y-Platten sind für die Spannungsmessung. Sie lenken den Elektronenstrahl vertikal ab (hoch oder runter).

Den Platten sind Verstärker vorgeschaltet, damit auch die kleinste Spannung leistungslos gemessen und angezeigt werden kann.

6. und 7. Leuchtschicht und Leuchtpunkt

Der Leuchtpunkt wird erst durch die Leuchtschicht auf dem Bildschirm sichtbar. Die Leuchtschicht wird durch die Elektronen zum Leuchten angeregt.

Funktionsweise eines Oszilloskop

Anzeigemedium
Als Anzeigemedium werden Elektronen verwendet. Diese haben eine geringe Masse und sind sehr schnell.
Die Elektronenstrahlröhre (Braunsche Röhre) dient hierbei zur Erzeugung, Bündelung, Ablenkung und Beschleunigung der Elektronen.

Zeitablenkung

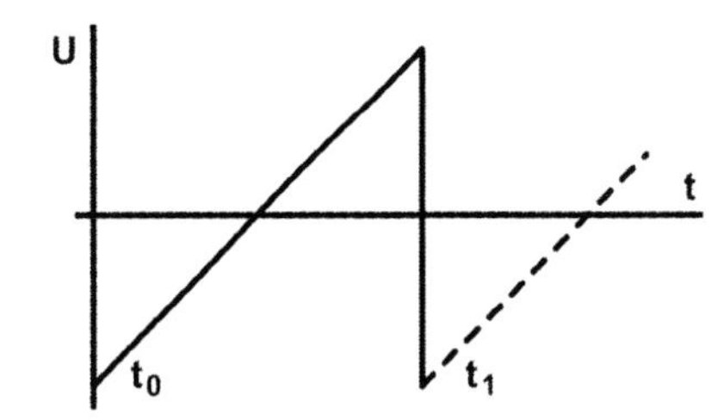

Die Zeitablenkung erfolgt durch einen Zeitablenkgenerator.
Sein Signalverlauf ist eine Sägezahnspannung. Im Zeitraum t_0 - t_1 wird der Elektronenstrahl vom linken zum rechten Bildrand abgelenkt. Im steilen Spannungsabfall bei t_1 wird der Elektronenstrahl an den linken Bildschirmrand abgelenkt. Die Zeitablenkung kann mittels eines Schalters verändert werden.

Betriebsarten der Spannungsmessung
Die Spannungsmessung erfolgt durch die Eingänge Y_I und/oder Y_{II} (Kanäle).
Wie bei jedem analogen Messgerät, muss über Schalter der Messbereich eingestellt werden. Bei richtig eingestelltem Messbereich wird der Signalverlauf auf dem Bildschirm sichtbar.
Werden 2 Spannungen mit einem Zwei-Kanal-Oszilloskop dargestellt, muss auf die richtigen Einstellungen bei der Betriebsart geachtet werden.

Es gibt 2 Betriebsarten

Alternated

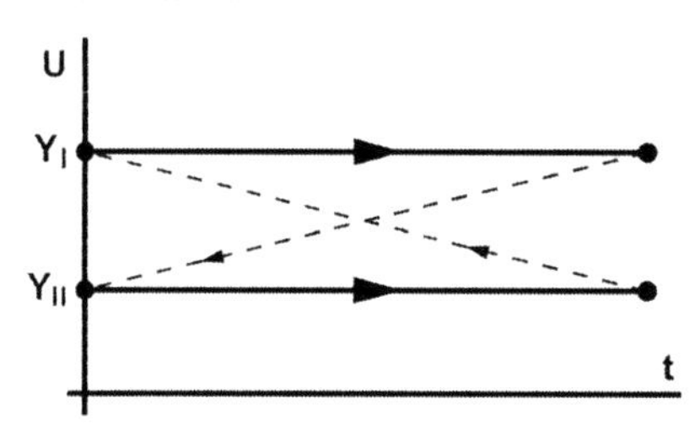

Bei dieser Betriebsart werden die Kanäle Y_I und Y_{II} nacheinander dargestellt.
Dies ist bei Messungen von Signalen mit mittlerer bis hoher Frequenz sinnvoll.

Chopped

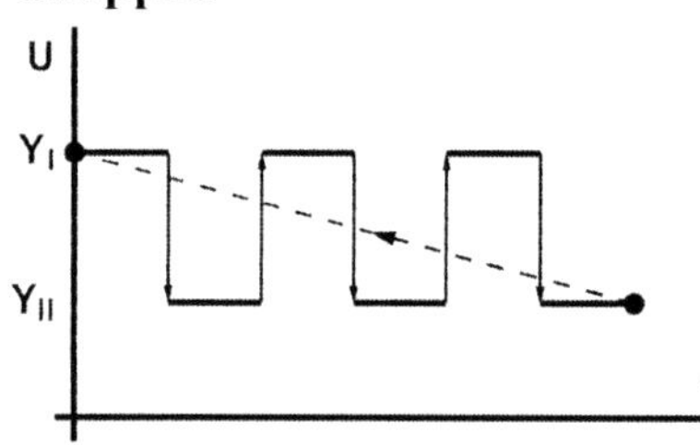

Bei dieser Betriebsart werden die Kanäle Y_I und Y_{II} abwechselnd dargestellt.
Die ist bei Messungen von Signalen mit niedriger Frequenz sinnvoll.

Triggerung

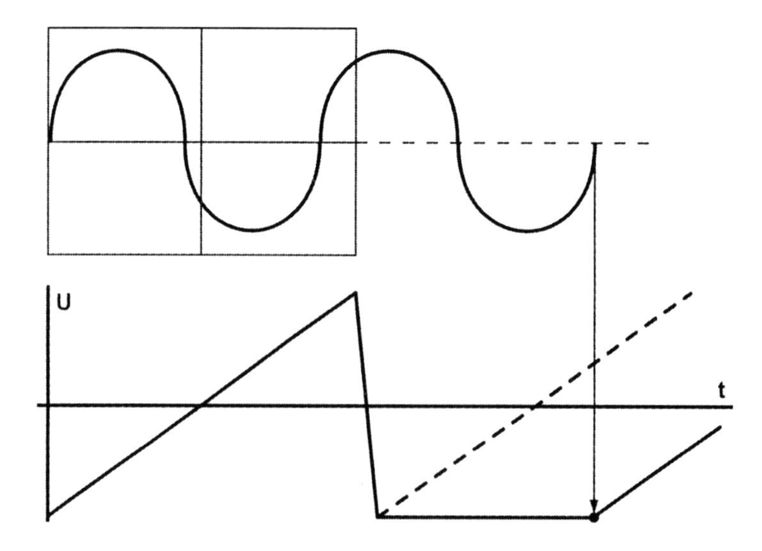

Um bei der Messung, mit einem Oszilloskop, ein **stehendes Bild** zu erhalten, muss das zu messende Signal richtig getriggert werden. Triggern bedeutet Auslösen. Über einen Umschalter am Oszilloskop kann ausgewählt werden, auf welchem Kanal getriggert werden soll (Kanal I/Kanal II). Manches Oszilloskop hat auch einen zusätzlichen externen Triggereingang.
Der Zeitablenkgenerator wartet nach einem Darstellungsdurchgang bis das Messsignal wieder gleichen Pegel und gleiche Richtung hat. Erst dann wird erneut getriggert/ausgelöst und das Signal erneut dargestellt.

Messen mit dem Oszilloskop

Die klassischen Messgrößen, die mit einem Oszilloskop gemessen werden, sind die Spannung und die Frequenz/Periodendauer. Beides zusammen ergibt die Wechselspannung. Damit sind wir wieder bei den periodisch wiederkehrenden Signalen, die sich mit einem Oszilloskop bildlich darstellen lassen.
Die Spannung und die Periodendauer lassen sich vom Bildschirm ablesen. Die Frequenz lässt sich aus der Periodendauer berechnen.

Messen der Gleichspannung DC

Man legt die zu messende Gleichspannung zwischen der Eingangsbuchse Y und der Masse-Buchse an. Der Messbereichsdrehknopf ist so einzustellen, dass der Strahl in vertikaler Richtung möglichst weit ausgelenkt ist (nach oben).

Die dargestellte Gleichspannung wird folgendermaßen berechnet:
$U_{DC} = \text{Messbereich (V/cm)} \times \text{Vertikale Auslenkung von der Null-Linie (cm)}$

Die Null-Linie wird mit den Y-Pos-Regler eingestellt, wenn sich der Umschalter AC/DC in GD-Stellung befindet.

Messen der Wechselspannung AC

Man legt die zu messende Wechselspannung zwischen der Eingangsbuchse Y und der Masse-Buchse an. Der Messbereichsdrehknopf ist so einzustellen, dass der Strahl in vertikaler Richtung möglichst weit ausgelenkt ist (nach oben). Die gemessene Spannung ist der Spitze-Spitze-Wert der Wechselspannung.

Die Dargestellte Wechselspannung wird folgendermaßen berechnet:
$U_{AC/SS} = Messbereich\ (V/cm) \times Vertikale\ Auslenkung\ (cm)$

Die Stelle der Null-Linie spielt hierbei keine Rolle (muss nicht berücksichtigt werden).

Messen der Periodendauer T

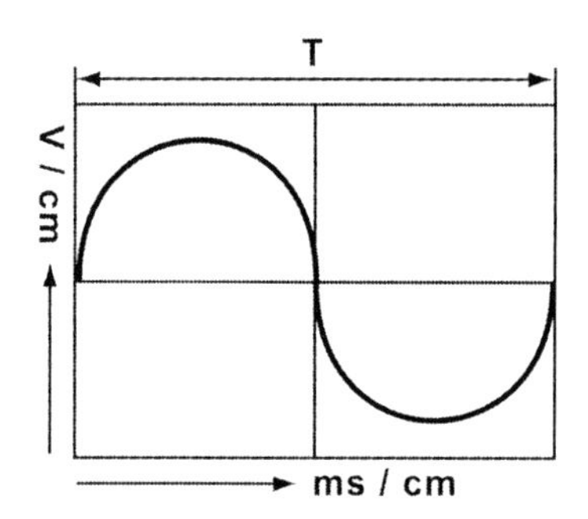

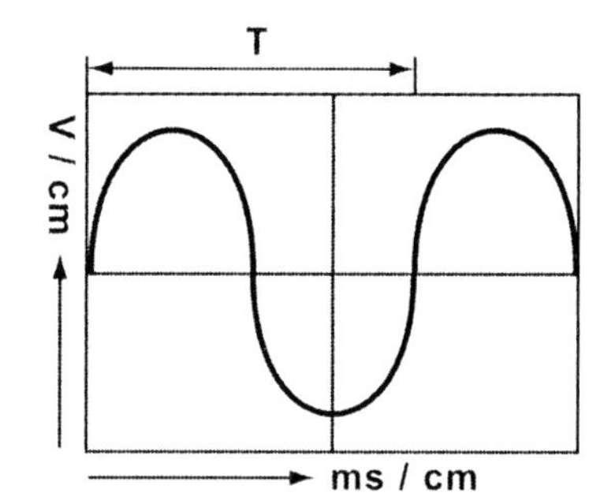

Festlegung einer Periodendauer

$$T = x\left(\frac{ms}{cm}\right) \bullet l\ (cm)$$

Eine Periode, eines sich regelmäßig wiederholenden Signals ist dann vorbei, wenn das Signal die Ausgangsamplitude wieder erreicht hat.
Die Periodendauer T ergibt sich aus dem eingestellten X-Maßstab (Zeit) mal der Anzahl der cm einer Periode.

Berechnung der Frequenz f

Zwischen der Periodendauer T und der Frequenz f gelten folgende Beziehungen:

$$T = \frac{1}{f} \qquad f = \frac{1}{T}$$

An einem Oszilloskop lässt sich nur die Periodendauer messen/darstellen. Die Frequenz muss daraus berechnet werden.

Bauelemente

Lineare und nichtlineare Widerstände

Kapazitive und induktive Bauelemente

Halbleiter

Transistoren

Integrierte Schaltungen

Sonstige Bauelemente

Festwiderstände

Festwiderstände haben ihren Namen nach ihrem festen Widerstandswert, der nicht einstellbar ist. Der Widerstandswert hat die Einheit Ω (Ohm) und das Formelzeichen R für Resistor (engl.). Festwiderstände unterscheiden sich in ihrer Bauform. Es gibt Schichtwiderstände und Drahtwiderstände. Festwiderstände gibt es nicht mit jedem Widerstandswert. Sie unterliegen einen internationalen Farbcode mit Vierfach- bzw. Fünffachberingung. Die Ringe erlaubt die Bestimmung des Widerstandswertes in Ω. Sie werden ausschließlich nach der international gültigen IEC-Normreihen hergestellt. Will man trotzdem einen bestimmten Widerstandswert, dann muss ein einstellbarer Widerstand verwendet werden.

Strom-Spannungs-Verhältnis

Festwiderstände sind lineare Widerstände. Lineare Widerstände werden auch ohmsche Widerstände genannt. Sie haben eine linearen I-U-Kennlinie. Strom und Spannung sind zueinander proportional. Das bedeutet, wenn die Spannung ansteigt, dann steigt auch die Stromstärke. Steigt der Strom steigt auch der Spannungsabfall am Widerstand. Zur Berechnung gilt das ohmsche Gesetz.

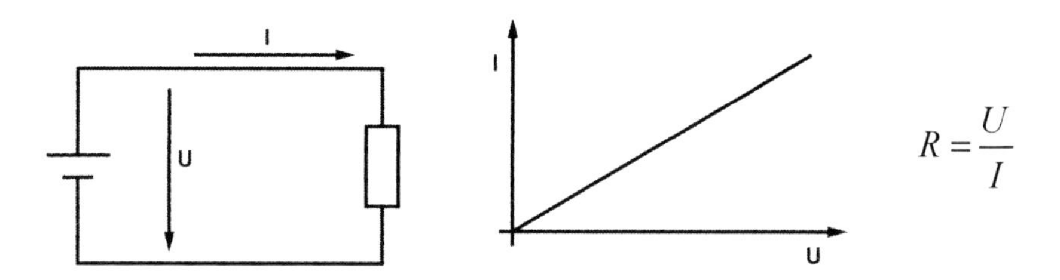

$$R = \frac{U}{I}$$

Temperaturabhängigkeit

Die Widerstandswerte von Festwiderständen und auch einstellbaren Widerständen werden für eine Temperatur von 20°C angegeben. Die Widerstandsänderung bei einer Temperaturänderung ist nur sehr gering, so dass man von einem nahezu konstanten Widerstandswert ausgehen kann. Der Wert von Widerständen mit Metallschichten wird bei steigender Temperatur größer. Bei Kohleschichten nimmt der Wert ab.

Schaltzeichen

Schichtwiderstand

Bei Schichtwiderständen wird auf zylindrischem Keramik oder Hartglas eine dünne Schicht Kohle, Metall oder Metalloxid aufgesprüht oder aufgedampft (im Vakuum).
Der Widerstandswert (Toleranz bis 5%) wird durch Schichtdicke und Aufsprühzeit bestimmt. Widerstandswerte mit geringerer Toleranz werden durch Einschliffe in den Schichten hergestellt. Diese führen aber zu einer höheren Induktivität des Widerstands.
Schichtwiderstände unterscheiden sich zwischen zwei Arten von Bauform und Material. Kohleschichtwiderstände eignen sich vor allem im HF-Bereich. Metallfilmwiderstände vereinen die Eigenschaften des Draht- und Kohleschichtwiderstandes in sich. Die Widerstände haben eine geringe Toleranz.

Drahtwiderstand

Drahtwiderstände bestehen aus einem temperaturbeständigen Keramik- oder Kunststoffkörper, auf dem ein Draht einer Metall-Legierung aufgewickelt ist. Durch die Drahtwicklung entsteht eine relativ hohe Induktivität. Der Grund liegt in der ähnlichen Bauweise einer Spule. Um die Induktivität zu reduzieren wird eine bifilare Wicklung verwendet. Dabei wird der Widerstandsträger doppelt bewickelt. Die nebeneinander liegenden Wicklungen werden dann entgegengesetzt vom Strom durchflossen. Die dabei auftretenden Magnetfelder heben sich gegenseitig auf. Sie erreichen ein hohes Alter ohne Widerstandsverlust, sind sehr belastbar und eigenen sich bis 200 kHz.

Einstellbare Widerstände

Ein einstellbarer Widerstand kann seinen Widerstandswert verändern. Er wird je nach Bauform mittels eines Schiebers oder einer Drehachse verändert. Die Widerstandsstrecke kann also gerade oder kreisförmig sein. Der einstellbare Widerstandswert hat einen Kleinst- und einen Höchstwert.

Der Kleinstwert kann z. B. 0 Ohm sein. Der Höchstwert ergibt sich aus der Widerstandsbezeichnung.
Einstellbare Widerstände haben drei Anschlüsse. Zwei sind an den Enden der Widerstandsstrecke. Ein Anschluss ist der Kontakt zum Schleifer, der auf den Widerstandskörper drückt. Einstellbare Widerstände, die durch Drehen einer Achse verändert werden, werden Potentiometer, kurz Poti, genannt. Üblicherweise sind es Schichtwiderstände. Es gibt auch Drahtwiderstände, die man aber nicht kontinuierlich einstellen kann. Da der Schleifer quer über den gewickelten Draht läuft, verläuft der Widerstandswert linear in Stufen. Die kleinste Widerstandsänderung ist der Widerstandswert einer Drahtwindung.

Widerstandsverlauf

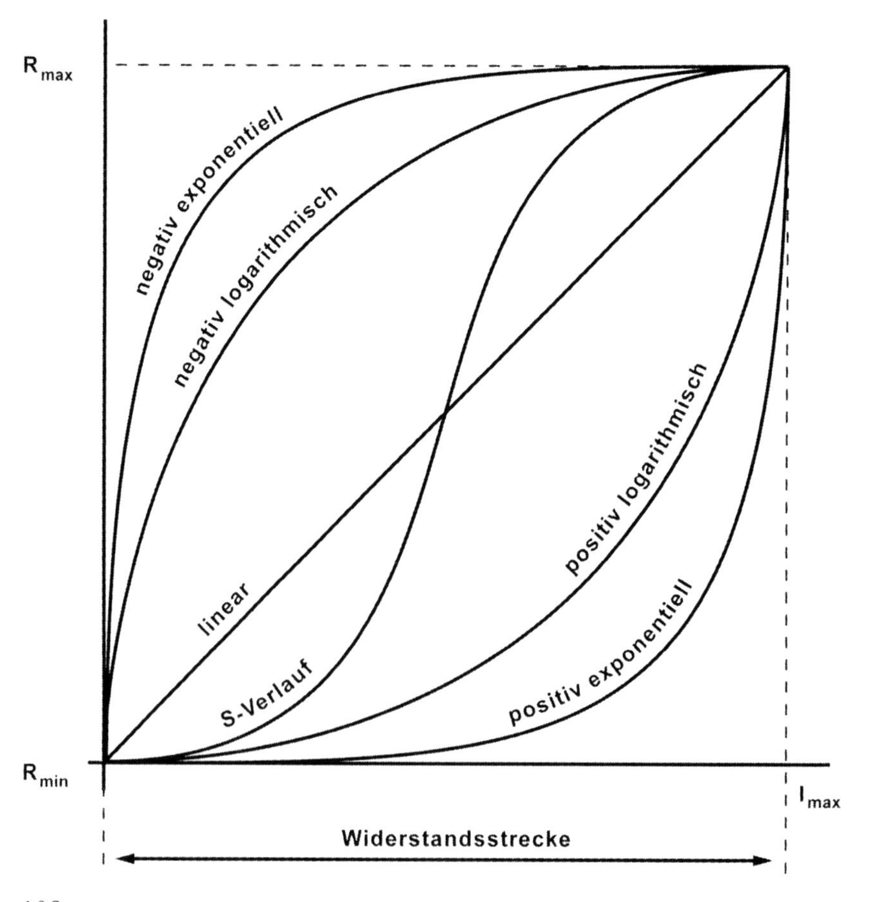

Einstellbare Widerstände können einen unterschiedlichen Widerstandsverlauf haben. Die Genauigkeit des Widerstandsverlauf ist ein wesentliches Qualitätsmerkmal.
Beim linearen Widerstandsverlauf nimmt der Widerstandswert über die Widerstandsstrecke immer um den gleichen Betrag zu oder ab. Beim positiv logarithmischen Verlauf nimmt der Wert langsam zu und steigt dann gegen Ende der Widerstandsstrecke stark an. Sie werden meist zur Lautstärkeeinstellung genommen. Das Lautstärkeempfinden des menschlichen Ohrs hat einen ähnlichen Verlauf.
Beim positiv exponentiellen Widerstandsverlauf steigt der Wert noch flacher an, um dann im letzten Ende der Widerstandsstrecke stark anzusteigen. Der negativ logarithmische und negativ exponentielle Widerstandsverlauf verhalten sich entgegengesetzt zu ihren positiven Widerstandsverläufen.
Für die Analogrechentechnik und Navigationsgeräte gibt es einstellbare Widerstände mit Sinusverlauf und einen S-Kurvenverlauf.

Schaltzeichen

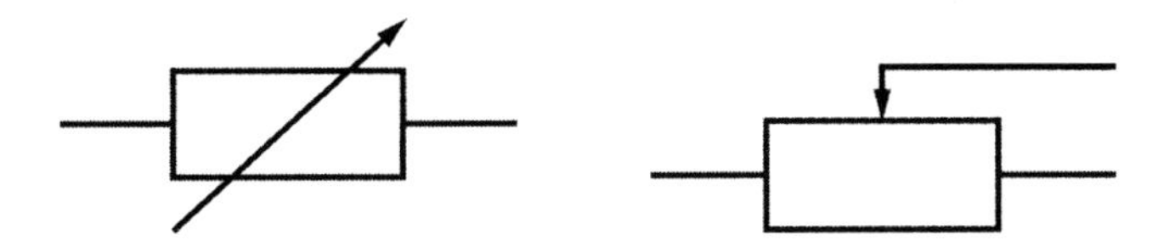

NTC - Heißleiter

Heißleiter sind temperaturabhängige Halbleiterwiderstände. Sie haben einen stark negativen Temperaturkoeffizienten (TK). Deshalb werden sie auch NTC-Widerstände genannt (NTC = Negative Temperature Coefficient).
Heißleiter werden aus den Halbleiterwerkstoffen Eisenoxid (Fe_2O_3), $ZnTiO_4$ und Magnesiumdichromat ($MgCr_2O_4$) gefertigt.
Wichtigster Kennwert eines NTCs ist der Widerstand R_{20}, sein Widerstandswert bei 20 °C, also der Widerstand des NTCs im kalten Zustand.
Da die Widerstandswerte temperaturabhängig sind, werden sie nicht berechnet, sondern von den Kennlinien aus den Datenblättern abgelesen.

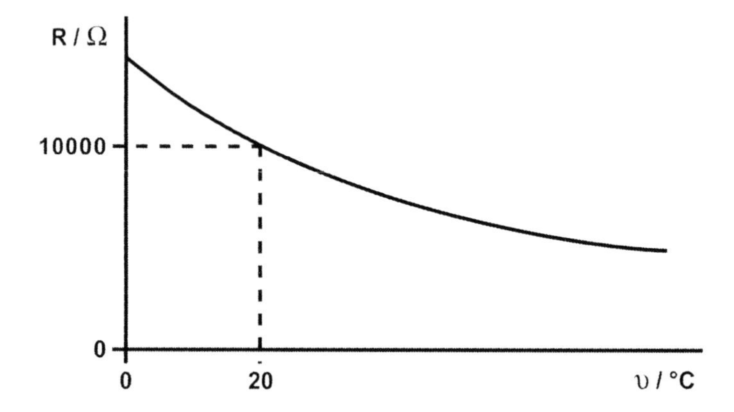

Das Diagramm beschreibt den Widerstandsverlauf in Abhängigkeit der Temperatur eines NTC-Widerstands. NTC-Widerstände verringern ihren Widerstandswert bei steigender Temperatur und leiten dann besser. Bei sinkender Temperatur steigt der Widerstandswert und sie leiten schlechter. NTC-Widerstände leiten bei hohen Temperaturen besser als bei niedrigen Temperaturen. Der Grund ist, dass bei steigender Temperatur mehr Elektronen aus ihren Kristallbindungen herausgerissen werden.

Temperatur	Widerstand	Strom
hoch	runter	rauf
klein	rauf	runter

Schaltzeichen

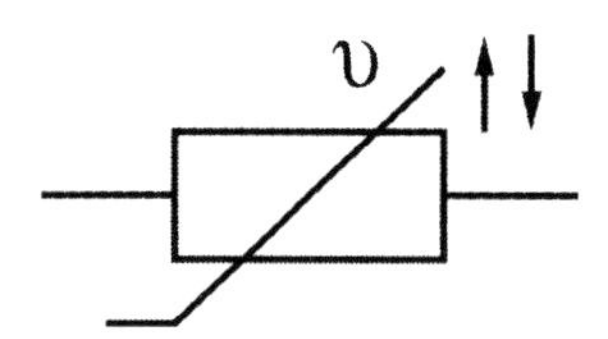

Anwendungen

- Temperaturfühler bei Temperaturmessung

- Temperaturstabilisierung von Halbleiterschaltungen als Arbeitspunkteinstellung
- Anzugsverzögerung (in Reihe zum Relais)
- Abfallverzögerung (parallel zum Relais)
- Reduzierung des Einschaltstromes in Stromkreisen

PTC - Kaltleiter

Kaltleiter sind Halbleiterwiderstände, die temperaturabhängig sind. Kaltleiter haben einen positiven Temperaturkoeffizienten (TK) und werden deshalb auch PTC-Widerstände genannt (PTC = Positive Temperature Coefficient).
Bei dieser Art von Halbleiter erhält man durch die Gitteranordnung der Atome je ein freies Valenzelektron pro Atom. Diese Elektronen sind leicht beweglich. An einer Stromquelle angeschlossen, bewegen sich die freien Valenzelektronen zum Pluspol und bewirken die elektrische Leitfähigkeit. Nahezu alle Metalle sind Kaltleiter, da sie bei niedrigeren Temperaturen besser leiten. PTCs bestehen aus polykristallinen Titanat-Keramik-Sorten, die mit Fremdatomen verunreinigt werden (Dotieren).

An einem Versuch kann das gezeigt werden:

Der Widerstandswert eines Drahtes wird über eine Strom- und Spannungsmessung bestimmt. Anschließend wird der Draht erhitzt und die Widerstandsbestimmung wiederholt.

Widerstandsbestimmung vor dem Erhitzen:	Widerstandsbestimmung nach dem Erhitzen:
U = 0,5 V	U = 1 V
I = 4 A	I = 3 A
R = 0,125 Ω	R = 0,33 Ω

Das Ergebnis dieses Versuchs ergibt, dass Kaltleiter im kalten Zustand einen kleinen Widerstand, also eine gute elektrische Leitfähigkeit haben. Beim Erhitzen nimmt die Leitfähigkeit ab, der Widerstand wird größer (vgl. Messergebnisse).

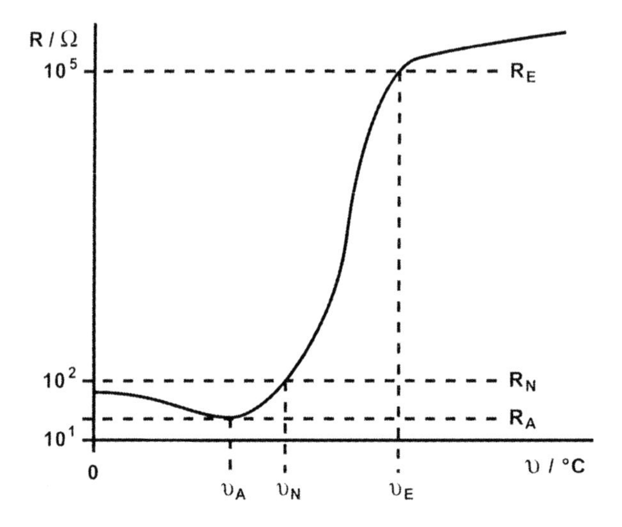

Das Diagramm beschreibt den Widerstandsverlauf in Abhängigkeit der Temperatur eines PTC-Widerstands. Der Widerstandswert beginnt bei der Anfangstemperatur υ_A zu steigen. Dieser Punkt ist der Anfangswiderstand R_A. Durch die Temperaturerhöhung werden Ladungsträger freigesetzt. Bis zur Nenntemperatur υ_N steigt der Widerstand nichtlinear an. Ab dem Nennwiderstand R_N nimmt der Widerstand stark zu. Für die Widerstandszunahme ist die Sperrschichtbildung zwischen den Werkstoffkristallen verantwortlich. Bis zur Endtemperatur υ_E erstreckt sich der Arbeitsbereich des PTC. Der PTC hat ab einer bestimmten Spannung eine relativ hohe Eigenerwärmung. Diese macht man sich für Messungen und in der Regeltechnik zu nutze. Vorher reagiert er wie ein ganz normaler linearer Widerstand. Er reagiert nur auf Fremderwärmung. Dieser Bereich ist im Diagramm (unten) etwas verbreitert dargestellt.

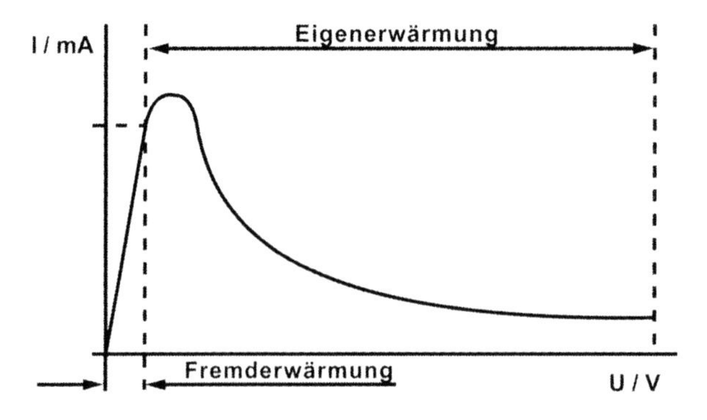

Schaltzeichen

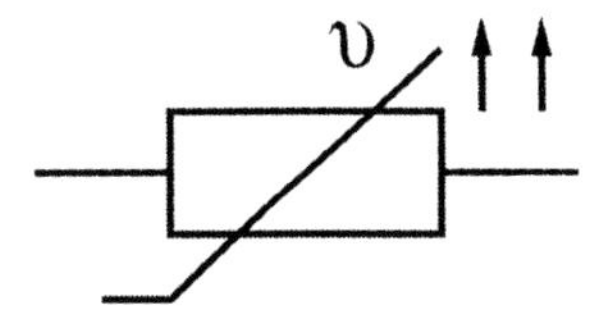

Anwendungen

- Flüssigkeitsniveaufühler (Flüssigkeit kühlt den eigenerwärmten PTC ab)
- Temperaturregelung für eine Heizung
- Leistungs-PTCs werden zum Schutz gegen Überstrom alternativ zu Schmelzsicherungen eingesetzt. Vorteil: Leistungs-PTCs sind reversibel

VDR - Varistor

Varistoren sind spannungsabhängige Widerstände. Sie verändern ihren Widerstandswert in Abhängigkeit der anliegenden Spannung. Daher werden sie auch VDR = Voltage Dependent Resistor genannt.
Ein Varistor besteht aus gesintertem Siliziumkarbid. Die elektrischen Eigenschaften werden durch die Sinterzeit und Sintertemperatur beeinflusst.

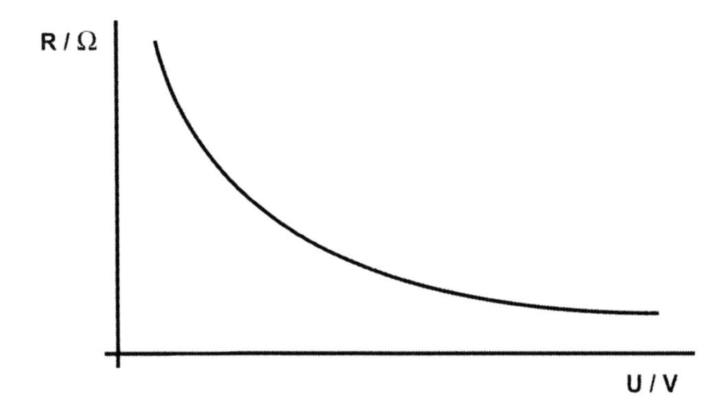

Das Siliziumkarbid setzt sich aus Halbleiterkristallen und vielen kleinen Halbleiterzonen unterschiedlicher Leitfähigkeit zusammen. Zwischen den Halbleiterzonen entstehen Sperrschichten, wie z. B. auch bei

Halbleiterdioden. Die Polung der Sperrschichten ist unregelmäßig.
Durch eine angelegte Spannung entsteht ein elektrisches Feld, das die Sperrschichten teilweise abbaut. Wird die Spannung erhöht baut die elektrische Feldstärke immer mehr Sperrschichten ab.
Der Widerstandswert eines Varistors nimmt bei zunehmender Spannung ab. Bei sinkender Spannung steigt der Widerstandswert.

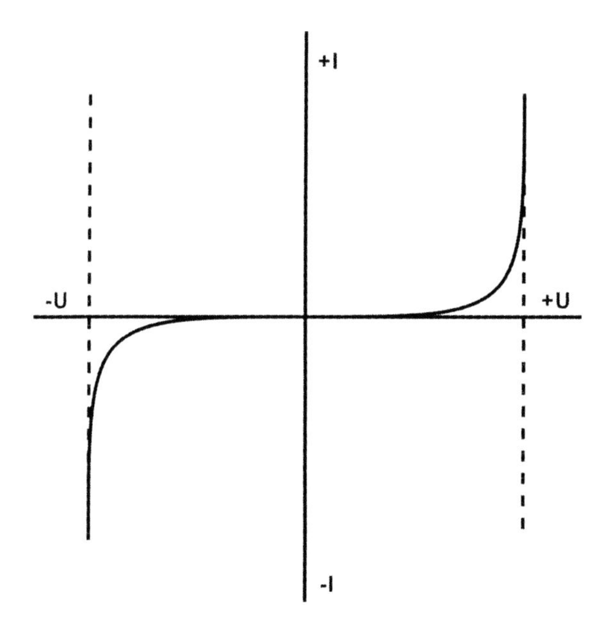

Von einer bestimmten Spannung an wird der Varistor niederohmig und verhindert dadurch einen weiteren Spannungsanstieg. Ein Varistor schneidet demnach Spannungen beider Polaritäten vom bestimmten Grenzwert an ganz scharf ab. Die Polung des Varistors spielt dabei keine Rolle. Das bedeutet, dass die Strom/Spannungskennlinie symmetrisch ist.

Schaltzeichen

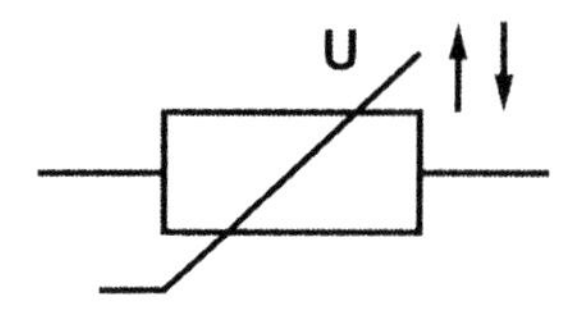

Anwendungen

- Spannungsbegrenzung (paralleler Schutzwiderstand)
- Spannungsstabilisierung
- Absorption der Schaltenergie von Spulen
- Überspannungsschutz von Halbleiter
- Verformung von Spannungs- und Stromkurven in der Impuls-, Fernseh-, Steuer- und Regeltechnik

LDR - Fotowiderstand

Ein Fotowiderstand ist ein Halbleiter, dessen Widerstandswert lichtabhängig ist. Er wird auch LDR (Light Dependent Resistor) genannt. Alle Halbleitermaterialien sind lichtempfindlich und würden sich deshalb gut für eine Fotowiderstand eignen. Da dieser Effekt nicht in jedem Halbleiter gleich stark in Erscheinung tritt, gibt es spezielle Halbleitermischungen, bei denen dieser Effekt besonders stark auftritt.
Neben Cadmiumsulfid (CdS) gibt es für Fotowiderstände auch Bleisulfid (PbS), Bleiselenid (PbSe), Indiumarsenid (InAs), Germanium (Ge) oder Silizium (Si). Diese Halbleitermischungen haben einen besonders starken inneren fotoelektrischen Effekt. Je nach elektrischen Eigenschaften und Hersteller gibt es noch viele weitere Halbleitermischungen.
Ein LDR besteht aus zwei Kupferkämmen, die auf einer isolierten Unterlage (weiß) aufgebracht sind. Dazwischen liegt das Halbleitermaterial in Form eines gewundenen Bandes (rot). Fällt das Licht (Photonen) auf das lichtempfindliche Halbleitermaterial, dann werden die Elektronen aus ihren Kristallen herausgelöst (Paarbildung). Der LDR wird leitfähiger, das heißt, sein Widerstandswert wird kleiner. Je mehr Licht auf das Bauteil fällt, desto kleiner wird der Widerstand und desto größer wird der elektrische Strom. Dieser Vorgang ist allerdings sehr träge. Die Verzögerung dauert mehrere Millisekunden.

Empfindlichkeit

Licht ist nicht gleich Licht. Jedes Licht hat nicht nur eine unterschiedliche Intensität, sondern auch eine andere Farbgebung. Fotowiderstände reagieren sehr unterschiedlich auf die Lichtwellenlänge (Farbe). Es gibt Fotowiderstände, die für ein bestimmtes gefärbtes Licht ihr Empfindlichkeitsmaximum haben.

Es gibt auch spezielle Fotowiderstände, die im Ultraviolett- oder Infrarotbereich ihr Empfindlichkeitsmaximum haben.

Schaltzeichen

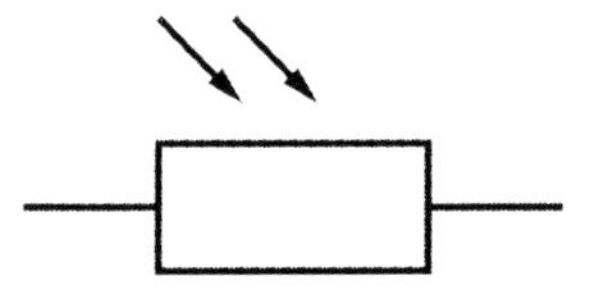

Anwendung

Der Fotowiderstand befindet sich in Gleich- und Wechselstromkreisen im Einsatz.
Wenn die Trägheit keine Rolle spielt, dann wird ein Fotowiderstand als Beleuchtungsstärkemesser, Flammenwächter, Dämmerungsschalter und als Sensor in Lichtschranken verwendet.

Kondensatoren

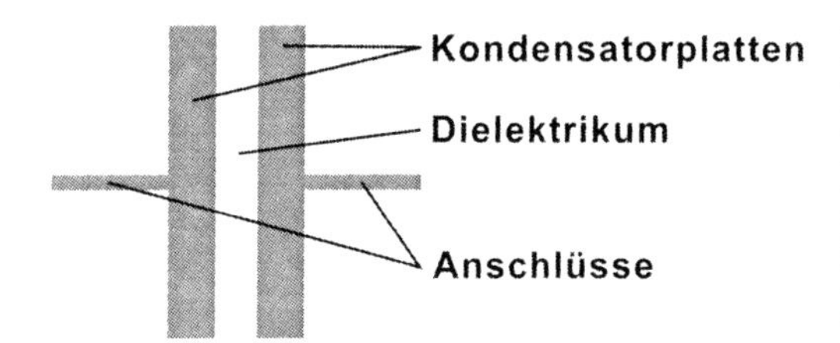

Kondensatoren sind Bauelemente, die elektrische Ladungen bzw. elektrische Energie speichern können.
Die einfachste Form eines Kondensators besteht aus zwei gegenüberliegenden Metallplatten. Dazwischen befindet sich ein Dielektrikum, welches keine elektrische Verbindung zwischen den Metallplatten zulässt. Das Dielektrikum ist als Isolator zu verstehen.
Legt man an einen Kondensator eine Spannung an, so entsteht zwischen den beiden metallischen Platten ein elektrisches Feld. Eine Platte nimmt positive, die andere Platte negative Ladungsträger auf. Die Verteilung der Ladungsträger ist auf beiden Seiten gleich groß.
Kondensatoren unterscheiden sich nach Art der Spannung. Es gibt Gleichspannungs- und Wechselspannungskondensatoren.
Gleichspannungskondensatoren sind gepolt. Die Anschlüsse dürfen nicht vertauscht werden. Wechselspannungskondensatoren sind ungepolt und dürfen sowohl an Wechsel- als auch an Gleichspannung betrieben werden.

Die Höhe des Effektivwerts der Nennwechselspannung darf dabei nicht überschritten werden.

Schaltzeichen

Normal Elektrolytkondensator

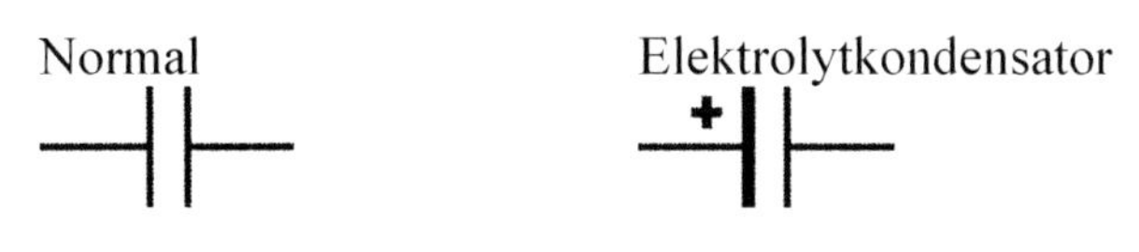

Drehkondensator Trimmerkondensator

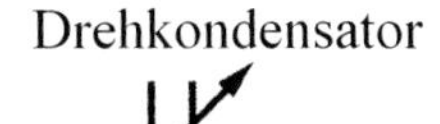

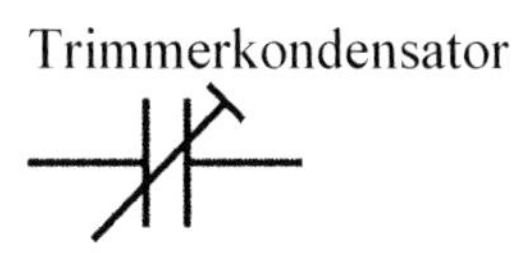

Trimmerpotentiometer

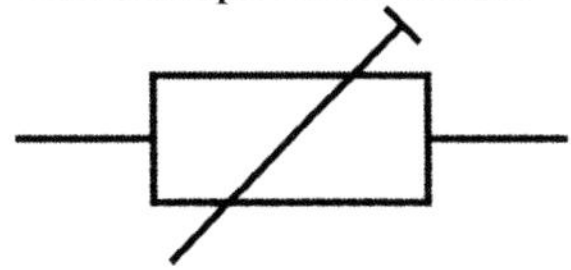

Kapazität

Die Kapazität ist die Eigenschaft eines Bauteils eine elektrische Energie zu speichern. Der Kondensator ist das elektronische Bauelement, das diese ausgeprägte Eigenschaft besitzt. Die Kapazität hat als Formelzeichen das große C. Es ist die Abkürzung für das englische Wort Capacity. Die Maßeinheit ist das große F für Farad. Meist werden Kondensatoren in µF, nF oder pF angegeben. In dieser Größenordnung befinden sich die gebräuchlichsten Kapazitäten.
Farad (F) kommt vom Engländer Michael Faraday, der den gleichnamigen Käfig erfunden hat und von dem auch die elektrische Feldtheorie stammt. Er wurde durch die Benennung der Kapazität geehrt.
Die Ladungsmenge hat das Formelzeichen Q und die Einheit Coulomb (C). Die Ladung besteht aus Strom mal Zeit (Ampere mal Sekunde). Die Einheit C der Ladungsmenge darf mit dem Formelzeichen C der Kapazität nicht verwechselt werden.

$$C = \frac{Q}{U} \quad \text{in F (C/V)}$$

$$C = \frac{I \cdot t}{U} \quad \text{in F (As/V)}$$

Die Kapazität eines Kondensators wird durch seine baulichen Größen bestimmt.
Die Kapazität C ist umso größer,

- je größer die Plattenoberfläche (A)
- je kleiner der Plattenabstand (d)
- je besser die Dipolbildung im Dielektrikum (relative Dielektrizitätszahl ε_r)
- je größer die absolute Dielektrizitätskonstante ε_O

$$C = \frac{\varepsilon_0 \cdot \varepsilon_r \cdot A}{d} \quad \text{in F}$$

$$\varepsilon_0 = 8{,}85 \cdot 10^{-12} \quad \text{in As/Vm = F/m}$$

Dielektrikum

Die Dielektrizitätszahl ε_r gibt an, um welchen Faktor sich die Kapazität vergrößert, wenn statt Luft ein anderes Dielektrikum verwendet wird. Je höher die Dielektrizitätszahl ist, desto höher die Kapazität oder kleiner die Kondensatorbauform.
Die Dielektrizitätskonstante gibt an, um wie viel das Dielektrikum besser ist als Luft mit ε_0.

Dielektrikum	ε_r
Luft	1
Papier	2
Glimmer	5
Porzellan	6
Kondensatorkeramik	60-3000

Durchschlagsfestigkeit

Die Durchschlagsfestigkeit eines Kondensators ist auf das Dielektrikum bezogen. Sie bestimmt die höchste Spannung, die am Kondensator anliegen darf. Wird die Spannung überschritten isoliert das Dielektrikum nicht mehr. Es kommt zu einem Durchschlag durch das Dielektrikum.

Kondensatorverlust

Ein Kondensator entlädt sich immer selbst. Die Entladung entsteht durch die Isolation, die Beschaltung, den Kondensatorbelag und das Dielektrikum. Die Entladung nennt man auch Kondensatorverlust. Besonders bei Wechselspannung entsteht durch die Umpolarisierung ein hoher Verlust. Deshalb gibt es spezielle Wechselspannungskondensatoren.

Temperaturabhängigkeit

In Filtern und Schwingkreisen spielt der Temperatur-Koeffizient TK eine große Rolle. In Abhängigkeit der Temperatur verändert sich die Kapazität. Die Änderung kann positiv oder negativ sein. Im Idealfall ändert sich die Kapazität bei einer Temperaturänderung nicht. Manche Anwendungen benötigen eine exakt berechnete Kapazität.

Ersatzschaltbild

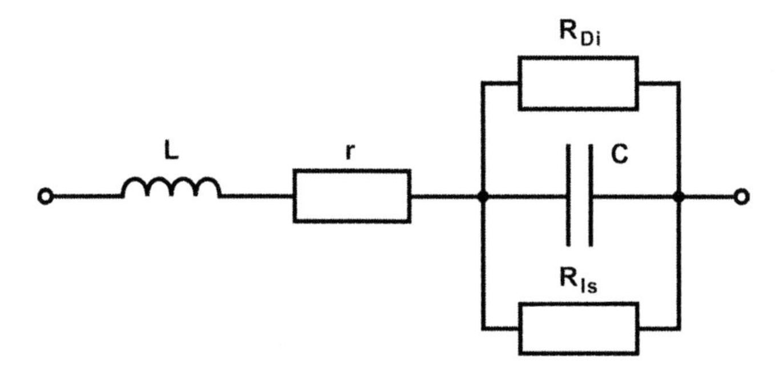

Jeder Kondensator hat teilweise höchst unerwünschte Eigenschaften, die sich als parasitäre Effekte bemerkbar machen und die Kapazität negativ beeinflussen.
Eine erhebliche Gefahr stellt die Induktivität L dar, die je nach Zuleitung

und Bauform zwischen 1 und 100 nH betragen kann. Zum Beispiel entsteht bei einem Wickelkondensator eine nicht unerhebliche Induktivität, die man inzwischen im Griff hat. Bei hohen Frequenzen macht sich diese Induktivität unangenehm bemerkbar. Im Resonanzfall wird der Kondensator zum LC-Schwingkreis (siehe Ersatzschaltung).
Im Ersatzschaltbild wird das Dielektrikum mit R_{Di} dargestellt. Parallelgeschaltet ist der Isolationswiderstand R_{Is} (100 GΩ ... 1 TΩ). Dieser Widerstand sorgt für die Selbstentladung des aufgeladenen Kondensators. Dann gibt es noch kapazitive Blindanteile X_C. Zusammen mit dem ohmschen Wirkanteil R ergibt sich ein komplexer frequenzabhängiger Scheinwiderstand Z. Er wird auch als Impedanz bezeichnet.
Die ohmschen Anteile, wie Anschlussdrähte, Kontaktwiderstände und die Plattenbeläge werden im Widerstand r zusammengefasst.

Keramikkondensatoren / Kerko

Keramikkondensatoren haben Kapazitäten von einigen Picofarad (pF) bis einige Nanofarad (nF). Keramikkondensatoren bestehen aus dünnen Oxidkeramikschichten. Deshalb werden sie auch Keramik-Vielschicht-Kondensatoren oder ganz kurz Kerkos genannt. In den monolithischen Keramikblock werden die Beläge eingesintert und stirnseitig kontaktiert (Anschlüsse). Ihren Namen führen sie wegen des Oxidkeramiks als Dielektrikum. Dessen Durchschlagsfestigkeit ist besonders hoch, so dass man an Keramikkondensatoren eine hohe Spannung anlegen kann. Verwendung finden sie in modernen Digital-Schaltungen als Zwischenspeicher, wenn ein IC kurzzeitig viel Energie benötigt. Und auch zum Abschneiden von Spannungsspitzen in der Betriebsspannung. Hier werden Kapazitäten zwischen 47 und 100 nF verwendet. Kerkos sind auch in einfachen RC-Oszillatoren das frequenzbestimmende Bauteil oder sorgen in Quarzoszillatoren für ein sauberes Schwingen des Quarzes.

NDK-Typen (Klasse 1)

NDK-Typen haben eine niedrige Dielektrizitätskonstante E_r ($E_r < 500$), einen linearen Temperaturkoeffizienten TK, eine geringe Eigenentladung (kleine Verluste) und einen hohen Isolationswiderstand R_{IS}.
Sie werden hauptsächlich in Schwingkreisen, Filter- und Zeitgliedern eingesetzt. Sie lassen sich mit einer präzisen Kapazität herstellen.

HDK-Typen (Klasse 2)

HDK-Typen haben eine hohe Dielektrizitätskonstante E_r (E_r = 1000...10000), einen nichtlinearen Temperaturkoeffizienten TK und eine hohe Eigenentladung (größere Verluste). Mit zunehmendem Alter verlieren sie ihre Kapazität. So lassen sich sehr kleine Kondensatoren mit großen Kapazität herstellen. Es handelt sich dabei um erbsengroße Kondensatoren mit 10 μF und bis ca. 30V Durchschlagsfestigkeit. Sie werden meistens als Koppelkondensatoren, zur Abblockung und Siebung eingesetzt.

Folienkondensatoren / Wickelkondensatoren

Wegen des Materials werden diese Kondensatoren Folienkondensatoren oder wegen der Bauform Wickelkondensatoren genannt. Bei der Erforschung einer idealen Kondensatorfolie suchte man nach extrem dünnen reißfesten, temperaturstabilen und leicht zu verarbeitenden Folien. Bei einigen dieser Typen besteht die Möglichkeit nach einem Durchschlag zur Selbstheilung.
Um eine hohe Kapazität zu erreichen, wird zwischen zwei Metallfolien (meist Aluminium) ein Dielektrikum gewickelt (FK/FP-Typen) oder aufgedampft (MK/MP-Typen). Man unterscheidet zwischen Papier- und Kunststoff-Dielektrikum. Papier hat viele ungünstige Eigenschaften, wie hohe Feuchtigkeitsaufnahme und mechanische Schrumpfung. Kunststoffe können bei gleicher Kapazität und gleicher Spannungsfestigkeit kleiner gebaut werden.
Der Wickel wird mit Anschlüssen versehen und in einen Becher aus Kunststoff, Keramik, Hartpapier oder Metall eingesetzt und vergossen. Damit keine Feuchtigkeit in den Becher gelangt, wird er luftdicht verschlossen.
Folienkondensatoren sind ungepolt. Allerdings haben sie aufgrund ihrer Wickel-Bauform einen Außen- und einen Innenbelag. Der Außenbelag ist auf dem Gehäuse durch einen Strich oder Balken gekennzeichnet. Er darf nicht mit der Markierung von gepolten Elektrolytkondensatoren verwechselt werden. Statt des Balkens wird auch ein längerer Anschluss oder Abstand gekennzeichnet.
Folienkondensatoren eignen sich zur Funkentstörung oder an Netzspannungen, wo besondere Bedingungen für Kondensatoren gelten (VDE 0565).

Metall-Papier-Kondensator (MP-Kondensator)

Bei MP-Kondensatoren werden die Metallbeläge auf das Papier (Dielektrikum) aufgedampft. Die Dicke der Metallschicht beträgt etwa 0,05 µm. Die Dicke der Metallbeläge hat keinen Einfluss auf die Kapazität. Die erforderliche Dicke des Papiers hängt von der Nennspannung ab.
Kommt es bei einem MP-Kondensator zu einem Durchschlag durch eine zu hohe Spannung, so entsteht am Durchschlagspunkt eine große Stromdichte. Die dünne Metallschicht verdampft an dieser Stelle. Das Dielektrikum wird dabei nicht beschädigt.
Der Ausheilvorgang dauert etwa 10 µs bis 50 µs und macht sich in elektronischen Schaltung als Störimpuls bemerkbar.
Nach 1000 Ausheilvorgängen sinkt die Kapazität eines MP-Kondensators um etwa 1%.

Metall-Kunststoff-Kondensator (MK-Kondensator)

Bei Metall-Kunststoff-Kondensatoren werden die Metallbeläge auf die Kunststofffolie aufgedampft. Die Dicke der Metallschicht beträgt etwa 0,02 µm bis 0,05 µm. Die Folie wird zu Rund- oder zu Flachwickeln gerollt. Manchmal werden die Folienstücke auch aufeinander geschichtet.
Eine Selbstheilung wie bei Metall-Papier-Kondensatoren ist ebenfalls möglich.

Styroflexkondensatoren

Styroflex ist ein eingetragenes Warenzeichen der Nordeutschen Seekabelwerke AG (Nordenham) und somit ein firmenspezifisches Warenzeichen, das zum Gattungsbegriff für Styroflexkondensatoren geworden ist.
Styroflexkondensatoren sind besonders verlustarm, haben eine hohe Kapazitätsbeständigkeit und haben ein gleichbleibendes Temperaturverhalten. Oder anders ausgedrückt: sie zeichnen sich durch einen kleinen Tangens Delta, geringe Alterung und einen linearen Temperaturkoeffizienten (TK) aus.
Der Styroflexkondensator ist ein Kunststoffkondensator dessen Dielektrikum aus Folien mit Polystyrol besteht. Für die Kondensatorplatten wird eine Metallfolie aus Aluminium oder Zinn verwendet. Der Stapel aus Polystyrol und Metallfolie wird gewickelt. Nach der Wicklung wird der

Wickel erwärmt. Dabei schrumpft die Polystyrolfolie. Es entsteht ein fester Wickel.
Polystyrol hat geringe dielektrische Verluste und ist so als Dielektrikum für Hochfrequenzkondensatoren geeignet. Sie werden vorwiegend in Schwingkreisen eingesetzt.
Obwohl der Styroflexkondensator ein Metall-Kunststoff-Kondensator bzw. Folienkondensator ist, wird er als eigenständige Kondensatorgattung gesehen.

Elektrolytkondensatoren

Die meisten Kondensatoren haben feste Kondensatorbeläge. Meistens sind es Folien aus metallischen Werkstoffen. Bei Elektrolytkondensatoren gibt es einen festen Werkstoff als Kondensatorbelag. Der andere Belag ist ein Elektrolyt, den es in flüssiger aber auch in fester Form gibt. Der flüssige Elektrolyten hat den Vorteil, dass damit sehr hohe Kapazitäten erreicht werden können. Allerdings hat es wie andere Flüssigkeiten den Nachteil, dass es trotz fest verschlossenem Kondensatorgehäuse im Laufe der Jahrzehnte austrocknet oder ausläuft. Der aufgedruckte Kapazitätswert auf einem Elektrolytkondensator ist nur ein Schätzwert, der nur unter Berücksichtigung einer hohen Toleranz stimmt. Deshalb sind die Toleranzwerte dieser Kondensatoren sehr hoch.
Nahezu alle Elektrolytkondensatoren müssen richtig gepolt werden. Ungepolte Elektrolytkondensatoren sind eher eine Seltenheit.
Die Bauform wirkt sich auf die Lebensdauer aus. Je kleiner der Verschlussstopfen des Elkos ist, desto geringer fällt der Elektrolytverlust (Verdampfung) aus. Dünne längliche Elkos trocknen später aus, als kompakte dicke Elkos. Die länglichen Elkos haben eine kurze, breite Aluminiumfolie mit geringem ohmschen Anteil. Die Elkos in der Becherbauform haben schmale lange Folien. Der Widerstand ist höher und dadurch auch die durch Verlustleistung entstehende Eigenerwärmung. Dünne Elkos haben auch eine Aluminiumfolie mit großer Oberfläche und damit besserer Wärmeableitung. Dünne Elkos erwärmen sich nicht so schnell, wie Becher-Elkos und leben dafür auch länger.
Trotzdem bevorzugt die Industrie die Becherform. Es erleichtert die Miniaturisierung der Geräte. Wenn die Geräte wegen der ungünstigen Wärmeentwicklung dann auch noch schneller kaputt gehen, wird das nicht unbedingt als Nachteil gesehen. Der Anwender und die Umwelt erfreuen sich nicht darüber.

Schaltzeichen

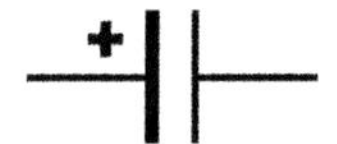

Anwendungen

Wegen ihrer großen Kapazität sind Elkos ideale Stromspeicher. Zum Beispiel als Stützkondensator für Versorgungsspannungen. Die große Kapazität hat auch einen kleinen Blindwiderstand für Wechselspannungen zur Folge. Deshalb eignen sie sich als Koppelelement für NF-Signale.

Aluminium-Elektrolytkondensatoren

Wie jeder andere Kondensator auch, besteht der Aluminium-Elektrolytkondensator aus zwei Belägen (Kondensatorplatten) und einem dazwischenliegenden Dielektrikum. Ein Unterschied ist, dass nur ein Belag aus Metall, einer Aluminiumfolie, besteht. Der andere Belag ist der Elektrolyt, eine elektrisch leitende Flüssigkeit (Säure), die mit einem saugfähigen Material (z. B. Papier) getränkt ist. Das Dielektrikum zwischen den Belägen ist eine dünne Oxidschicht, die sich auf der Oberfläche der Aluminiumfolie (Al_2O_3) befindet. Sie wird durch Formierung hergestellt. Der Vorteil der Oxidschicht ist ihre hohe Spannungsfestigkeit. Auch bei einer sehr dünnen Schicht. Zur Kontaktierung der elektrolytischen Schicht dient eine weitere Aluminiumfolie, die fälschlicherweise häufig als zweiter Belag verstanden wird.
Aluminium-Elektrolytkondensatoren sind Wickelkondensatoren, die es in Becherform mit radialen und axialen Anschlüssen gibt. Außerdem gibt es noch SMD-Elektrolytkondensatoren in Chip-Bauform.
Anwendung findet der Aluminium-Elektrolytkondensator als Ladekondensator im Gleichstromkreis z. B. in Gleichrichterschaltungen und zur Entkopplung elektronischer Baugruppen.
Die Funktion eines Elkos kann man am besten mit einem Widerstandsmessgerät überprüfen. Bei einem funktionsfähigen Elko steigt der Widerstandswert am Messgerät langsam bis unendlich an.

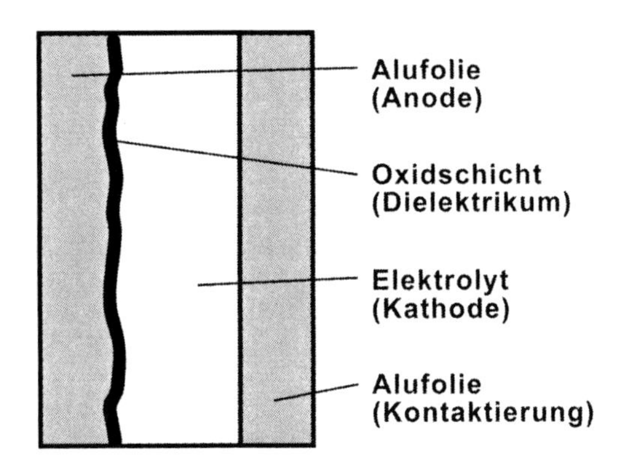

Die Aluminiumfolie (Anode), die als Belag verwendet wird, wird durch elektrochemisches Ätzen aufgeraut. Die Oberfläche der Folie wird dadurch vergrößert. Der Elektrolyt passt sich dieser Oberfläche an. Dadurch werden beide Belagsflächen und die Kapazität größer. Allerdings entsteht dadurch eine große Toleranz der Kapazität, für die der Aluminium-Elektrolytkondensator bekannt ist.
Die hohe Durchschlagsfestigkeit (800 V/µm) und die hohe Dielektrizitätskonstante ($E_r \sim 10$) ermöglichen eine äußerst kompakte Bauform mit einer hohen Kapazität und Spannungsfestigkeit.
Neben diesen Vorteilen hat der Aluminium-Elektrolytkondensator auch Eigenschaften, die beachtet werden müssen. Die Eigenschaften werden z. B. durch die Herstellung der Oxidschicht vorgegeben. Die sogenannte Formierung (anodische Oxidation) erzeugt auf der Aluminiumfolie eine Oxidschicht. Dazu wird eine Formierspannung angelegt (ca. 1,2 nm/V), mit der die spätere Nennspannung und die Oxidschicht-Dicke festgelegt wird. Die Nennspannung ist die maximale Betriebsspannung. Wird diese Spannung im späteren Betrieb überschritten, dann kommt das einer Formierung gleich. Die Oxidschicht wächst weiter. Es entsteht Wärme. Und ein Gas bildet sich. Wegen dem verschlossenen Kondensatorbecher kann das Gas nicht entweichen. Es entsteht ein großer Druck im Kondensator. Irgendwann platzt der Elektrolytkondensator auseinander. Er explodiert und ist somit zerstört.
Die Oxidschicht hat den Nachteil, dass sie den Strom nur in eine Richtung durchlässt. Die Oxidschicht auf dem Aluminium hat eine Ventilwirkung. Deshalb darf ein Aluminium-Elektrolytkondensator nur gepolt betrieben werden. Die Aluminiumfolie ist der positive Pol, der Elektrolyt der negative Pol. In der Regel ist der Kondensatorbecher an einer Seite mit einem Plus gekennzeichnet, woran man die Polung erkennen kann. Wird der

Aluminium-Elektrolytkondensator oberhalb von 2V falsch herum gepolt, baut sich die Oxidschicht auf der Aluminiumfolie ab. Das Elektrolyt erwärmt sich. Es kommt zur Gasbildung und dann in Abhängigkeit zur Spannungshöhe nach einiger Zeit zur Explosion des Kondensators.
Bei längerer Lagerung reagiert die Oxidschicht mit dem säurehaltigen Elektrolyten. Die Oxidschicht baut sich langsam ab. Das beeinflusst die Spannungsfestigkeit und die Kapazität. Sollen Aluminium-Elektrolytkondensatoren möglichst lange halten, dann betreibt man sie nicht knapp unter ihrer Nennspannung, sondern arbeitet mit einer möglichst kleinen Nennspannung oder setzt einen Kondensator mit einer möglichst hohen Nennspannung ein. Dann machen sich auch die negativen Eigenschaften nicht so schnell bemerkbar.

Schaltzeichen

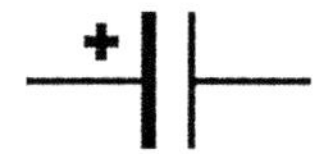

Tantal-Elektrolytkondensatoren

Tantal-Elektrolytkondensatoren kennt man hauptsächlich als Kondensatoren in Tropfenform mit radialen Anschlüssen. Oder in der selteneren und teuren liegenden und stehenden Form. Die SMD-Typen sind wegen ihrer Schock- und Vibrationsfestigkeit fester Bestandteil in der Kfz-Elektrik. Sie finden überall dort Anwendung, wo große Kapazitäten mit kleiner Bauform gefordert werden.
Die Kapazität bei Tantal-Elektrolytkondensatoren bewegt sich im Mikrofarad-Bereich (µF). Die Abweichungen liegen zwischen -20% und +20% (Toleranz).
Vorsicht ist beim Laden und Entladen von Tantal-Elektrolytkondensatoren geboten. Sie sind sehr empfindlich gegen hohe Stromstärken. Das Laden und Entladen sollte immer über Vorwiderstände erfolgen.

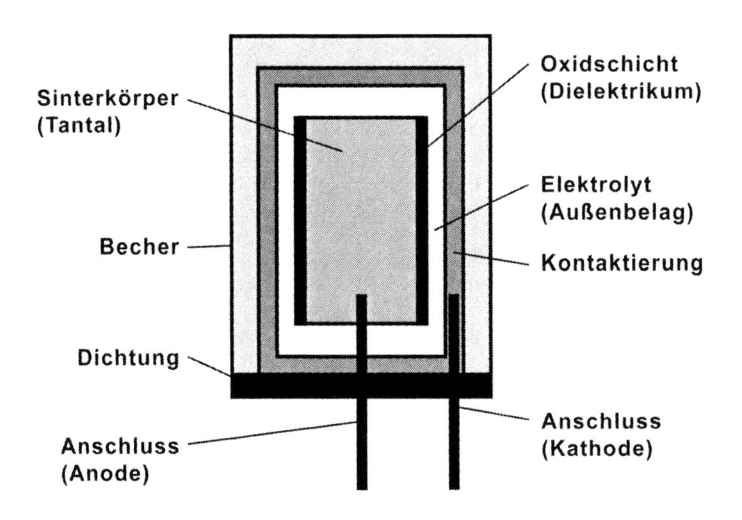

Beim Tantal-Elektrolytkondensator werden die Beläge nicht wie Folien geschichtet, sondern zylinderförmig um einen innenliegenden Sinterkörper aus Tantalpulver gelegt. Das Tantal ist der erste Kondensatorbelag. Daher auch der Name. Um den Sinterkörper ist eine Oxidschicht aufgebraucht, die als Dielektrikum dient. Das Dielektrikum ist Tantalpentoxid, das dünner ist und ein besseres Kapazitäts-Volumen-Verhältnis hat, als Aluminium-Elektrolytkondensatoren. Das erlaubt eine kleinere Bauform, höhere Spannungsfestigkeit, geringere Verluste und höhere Zuverlässigkeit. Allerdings zu einem entsprechend höheren Preis.
Der Außenbelag, der Elektrolyten, gibt es in flüssiger oder trockener Ausführung. Der trockene feste Elektrolyten besteht aus halbleitenden Metalloxid (Mangandioxid). Die Kontaktierung nach außen wird mit Grafit- oder Leitsilber mit dem metallischen Gehäuse verbunden.

Es gibt drei verschiedene Ausführungen

- Tantalfolien-Elektrolytkondensatoren (Bauart F)
- Tantal-Elektrolytkondensator mit Sinteranode und flüssigem Elektrolyten (Bauart S)
- Tantal-Elektrolytkondensator mit Sinteranode und festem Elektrolyten (Bauart SF)

Schaltzeichen

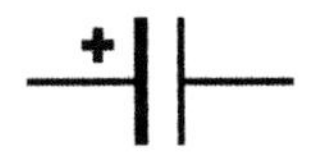

Ungepolte Elektrolytkondensatoren

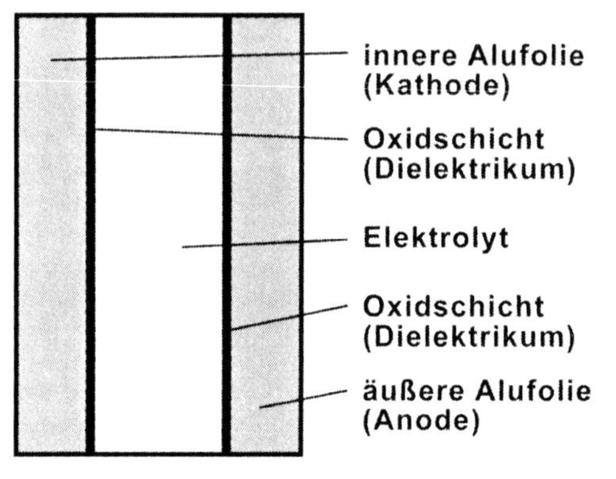

In Tonfrequenz-Anwendungen werden Kondensatoren mit einer hohen Kapazität gefordert. Man möchte einen möglichst kleinen Wechselstromwiderstand (Blindwiderstand) haben. Einerseits haben Elektrolytkondensatoren eine hohe Kapazität. Andererseits sind sie gepolt und scheiden für Wechselstrom-Anwendungen aus. Auch Folienkondensatoren mit entsprechend hoher Kapazität scheiden wegen der enormen Baugröße ebenfalls aus. Alternativ werden bipolare (ungepolte) Elektrolytkondensatoren verwendet. Sie haben eine hohe Kapazität und eine kleine Bauform.

Vom Prinzip her ist der bipolare Elektrolytkondensator dem Aluminium-Elektrolytkondensator ähnlich. Im Gegensatz zu den Aluminium-Elektrolytkondensatoren haben bipolare Elektrolytkondensatoren glatte Aluminiumfolien-Oberflächen. Es würde sich durch eine Aufrauung eine größere Oberfläche ergeben und dadurch eine größere Kapazität erreichen lassen. Doch das hat wiederum Nachteile für die Anwendungen. Die Spannung und Kapazität erzeugen einen Stromfluss, der über den frequenzabhängigen Verlustfaktor eine Verlustleistung erzeugt. Die Verlustleistung wird in Wärme umgewandelt. Damit die Eigenerwärmung des Elkos nicht zu sehr steigt, müssen die Kondensatorbeläge groß sein und eine gute Wärmeabfuhr haben. Eine Aufrauung ist in diesem Fall nachteilig. Es entsteht ein Wärmestau. Der Elektrolyt würde anfangen zu gasen. Die Betriebstemperatur hat erheblichen Einfluss auf die Lebensdauer. Je wärmer, desto kürzer leben die bipolaren Elektrolytkondensatoren. Aus diesen Gründen hat die Aluminiumfolie eine glatte Oberfläche mit einer Oxidschicht. Danach folgt das flüssige und säurehaltige Elektrolyt. Als Außenbelag wird eine weitere glatte Aluminiumfolie mit einer Oxidschicht verwendet. Im Prinzip sind jetzt zwei Kondensatoren in Reihe geschaltet.

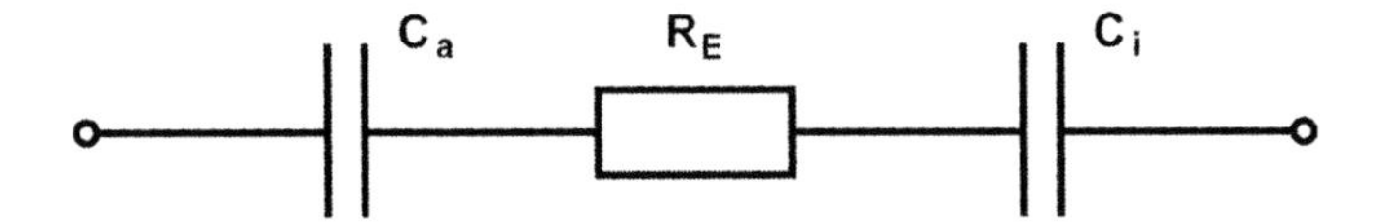

Die Kapazität des ersten Kondensators wird aus der inneren Aluminiumfolie (Kathode) und dem Elektrolyten gebildet. Die Oxidschicht auf der Aluminiumfolie ist das Dielektrikum. Der zweite Kondensator wird aus dem Elektrolyten und der äußeren Aluminiumfolie (Anode) gebildet. Auch hier ist die Oxidschicht auf der Aluminiumfolie das Dielektrikum. Die äußere Aluminiumfolie wird also nicht nur zur Kontaktierung verwendet, sondern ist ein eigenständiger Kondensatorbelag.

$$C_{ges} = \frac{C_a \bullet C_i}{C_a + C_i}$$

Der Widerstand R_E, der durch den Elektrolyten verursacht wird, kann bei folgender Berechnung vernachlässigt werden. Wer die Reihenschaltung von zwei Kondensatoren kennt, weiß dass sich daraus keine Kapazitätsvergrößerung, sondern eine Kapazitätsverkleinerung ergibt. Wann man davon ausgeht, das die innere Kapazität mit der äußeren Kapazität gleich groß ist, dann ist die Gesamtkapazität nur halb so groß, wie C_a und C_i. Das bedeutet, dass ein bipolarer Elektrolytkondensator bei gleicher Größe nur die halbe Kapazität hat.

Gold-Cap / Doppelschicht-Kondensator

Ein Gold-Cap ist ein Doppelschicht-Kondensator. Der Doppelschicht-Kondensator wurde 1972 von der Firma Panasonic entwickelt und 1978 auf den Markt gebracht. Von einigen Herstellern wird er unter der Bezeichnung Super-Cap gehandelt. Die Bezeichnung Gold-Cap ist der Handelsname dieses Kondensators und ein Warenzeichen der Firma Panasonic. Cap ist die Abkürzung für Capacitor (= Kondensator). Das Gold bezieht sich auf die verbale Vergoldung dieses Kondensators. Gold ist in diesem Kondensator nicht enthalten.
Der Gold-Cap ist von seinen Eigenschaften her zwischen Elektrolytkondensatoren und wiederaufladbaren Akkus angeordnet. Durch sie wurden einige Anwendungen erst möglich. Sie sind trotz ihrer hohen Kapazität besonders klein. Die Spannungsfestigkeit ist nicht besonders

hoch. Sie liegt bei wenigen Volt. Der Gold-Cap eignet sich jedoch wegen seiner hohen Kapazität als Überbrückungsspannungsversorgung. In Geräten in denen Daten bei ausgeschaltetem Zustand erhalten bleiben sollen, ist er besonders geeignet.
Die Lebensdauer des Gold-Cap ist auf 8 bis 10 Jahre begrenzt. Die Lebensdauer reduziert sich schneller, wenn die Betriebstemperatur höher liegt als erlaubt. Oder wenn häufig hohe Ströme entnommen werden. Dann tritt mit der Zeit ein Kapazitätsverlust auf. Ein Gold-Cap eignet sich dann am besten, wenn er selten mit geringem Strom entladen wird.
Vom elektronischen Prinzip her hat ein Doppelschicht-Kondensator keine Polarität. Diese kommt bei der Fertigung hinzu. Deshalb muss auf die Polung geachtet werden. Bei dauerhafter Falschpolung wird der Gold-Cap zerstört, aber er explodiert nicht.

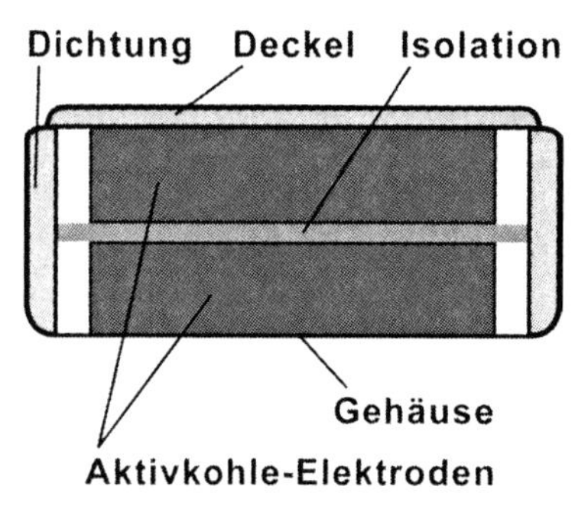

Der Gold-Cap besteht aus zwei Aktivkohle-Stücken. Sie werden durch Oxidation aus Phenolfasern gewonnen und in der passenden Größe ausgeschnitten. Beide Teile werden mit dem Elektrolyten imprägniert und an einer Seite mit einer Aluminiumschicht versehen. Dadurch wird der elektrische Kontakt hergestellt. Das Elektrolyt kann wässrig oder trocken sein. Ein trockenes Elektrolyt ermöglicht eine kleinere Bauform, geringes Gewicht und eine höhere Spannungsfestigkeit.
Der Elektrolyt enthält keinerlei toxische Substanzen. Es wird ein organisches Lösungsmittel verwendet (Propylenkarbonat), das für den Menschen und die Umwelt nicht gefährlich ist.
Die beiden Elektroden werden durch einen Isolator getrennt, damit es zu keinem Kurzschluss kommt. Diese Schicht ist sehr dünn und für Ionen durchlässig. Ein Dielektrikum gibt es nicht. Stattdessen bildet sich an der Grenze von Kohle und Elektrolyt eine elektrische Doppelschicht, die wie ein Dielektrikum wirkt und so als Namensgeber für den Doppelschicht-Kondensator fungiert. Das Ganze ist in ein Gehäuse eingesetzt und mit einem Deckel und einer Dichtung fest verschlossen.
Gold-Caps gibt es in unterschiedlichen Bauformen. Neben den Knopfzellen gibt es auch spezielle Gehäuse mit Lötfahnen oder die klassische Becherform mit radialen Anschlüssen.
Der physikalische Aufbau eines Gold-Caps ist mit der Parallelschaltung vieler kleiner Kondensatoren vergleichbar. Beim Ladevorgang wird erst ein

Teil der Kondensatoren aufgeladen, die wiederum die weiter hinten liegenden Kondensatoren aufladen. Gerade deshalb ist es wichtig, dass dem Gold-Cap bis zu seiner vollständigen Aufladung ausreichend Zeit gegeben wird. Ein nur teilgeladener Gold-Cap verliert nach dem Abschalten der Spannungsquelle sofort seine Ladespannung! Weil ein Gold-Cap nicht überladen werden kann, wird auf eine Ladeschaltung mit Überladeschutz verzichtet. Er wird einfach nur durch das Anlegen einer Konstantspannung geladen, bis er voll ist. Er verhält sich dabei wie ein Kondensator. Auch beim Entladen braucht man sich keine Sorgen machen. So etwas wie Tiefentladung gibt es nicht. Ist der Gold-Cap leer wird seine Lebensdauer dadurch nicht beeinträchtigt.
Zwischen den vielen Einzelkapazitäten befinden sich Reihenwiderstände, die zu einem hohen Innenwiderstand führen. Deshalb schränkt sich die Anwendung dieses Kondensators schnell ein. Weder zur Glättung von pulsierenden Gleichspannungen, noch als Koppelkondensator ist der Gold-Cap geeignet.

Anwendungen

- Pufferung einer elektrischen Zahnbürste (10 F)
- Solaruhr
- Pufferung eines CMOS-RAM
- Anlasser eines Auto-Benzinmotors
- solarbetriebene Geräte (50 F)

Spulen / Induktivität

Eine klassische Spule ist ein fester Körper, der mit einem Draht umwickelt ist. Dieser Körper muss allerdings nicht zwingend vorhanden sein. Er dient meist nur zum Stabilisieren des dünnen Drahts. Spulen gibt es auch in Flachbauweise und als Rechteckformwicklung. Weil es Spulen in vielfältigen Bauweisen gibt, spricht man auch von einer Induktivität.
Die Induktivität ist die Fähigkeit einer Spule in den eigenen Windungen durch ein Magnetfeld eine Spannung zu erzeugen. Man spricht davon, dass die Spule eine Spannung induziert. Der Auslöser ist das Magnetfeld.

Einheit und Formelzeichen

Das Formelzeichen ist das große L. Die Induktivität L hat die Einheit Ωs. Die Einheit Ωs hat die Bezeichnung H (Henry).

In der Elektronik werden meist kleine Spulen mit einer kleinen Induktivität in mH angegeben.

Henry	1 H	1 H	10^0 H
Millihenry	1 mH	0,001 H	10^{-3} H
Mikrohenry	1 µH	0,000001 H	10^{-6} H
Nanohenry	1 nH	0,000000001 H	10^{-9} H

Selbstinduktionsspannung

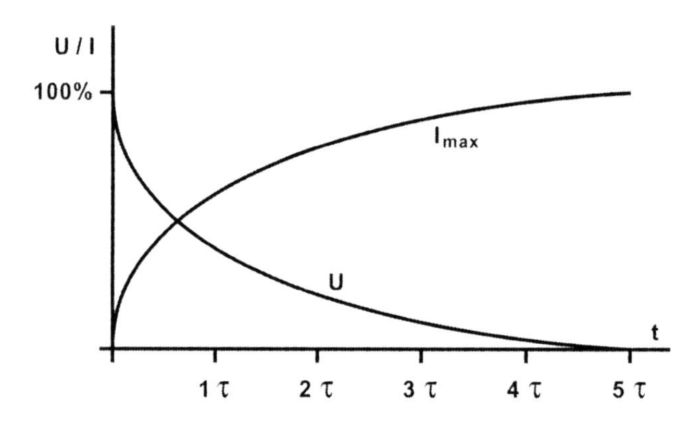

Wird eine Spule von einem sich ständig ändernden Strom durchflossen, so entsteht um die Spule ein sich ständig änderndes Magnetfeld. Jede Änderung des Stroms bzw. magnetischen Flusses erzeugt in der Spule eine Selbstinduktionsspannung. Diese Spannung ist dabei so gerichtet, dass sie einer Änderung entgegen wirkt. Eine Zunahme des Stroms führt zur Erhöhung der Spannung, die dem Strom entgegenwirkt. Eine Abnahme des Stroms führt zur Erhöhung der Spannung, die der Abnahme des Stroms entgegen wirkt.

Induktivität

$$U_L = \frac{L \bullet \Delta I}{\Delta t}$$

Der Einfluss der Spule auf die Selbstinduktionsspannung wird durch den Selbstinduktionskoeffizienten angegeben. Man nennt das auch Induktivität.

Eine Spule hat eine Induktivität von 1 H, wenn bei gleichförmiger Stromänderung von 1 A in einer Sekunde eine Selbstinduktionsspannung von 1 V entsteht.
Die Induktivität L ist eine bauliche Größe. Die Selbstinduktionsspannung ist umso größer,

- je größer die Induktivität L ist.
- je größer die Stromänderung $_{\Delta}$I ist.
- je kleiner die Zeit $_{\Delta}$t der Stromänderung ist.

Schaltzeichen

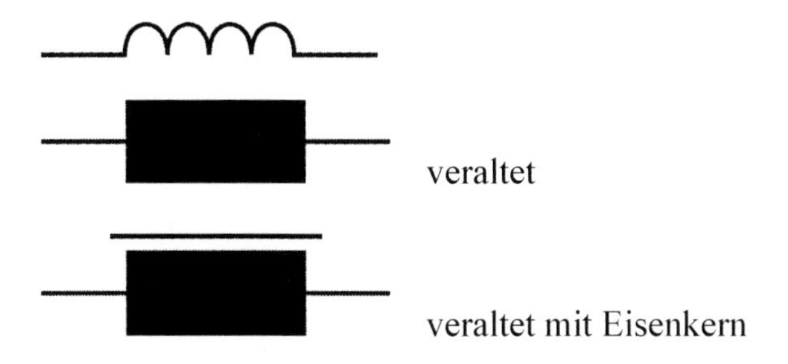

Relais

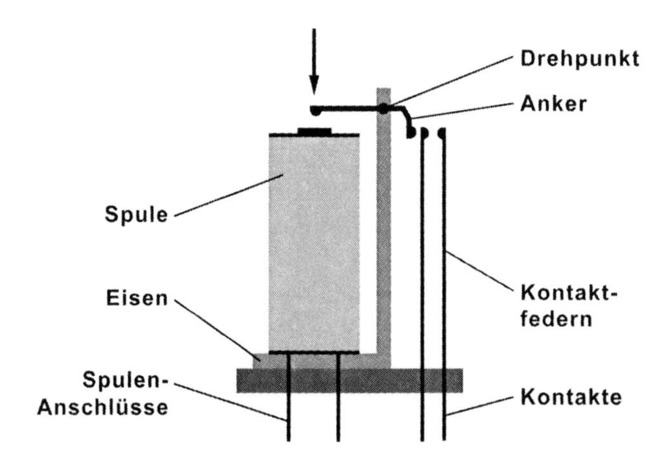

Relais sind elektromagnetische oder elektromechanische Schalter. Sie werden zum Ein-, Aus- oder Umschalten von Stromkreisen verwendet. Das

klassische Relais ist ein elektromagnetischer Schalter. Er besteht aus einer Spule mit einem Eisenkern. Wird die Spule vom Strom durchflossen, so entsteht ein magnetisches Feld. Ein Anker wird angezogen, der dann zwei Kontaktfedern gegeneinander drückt. Durch das Magnetfeld können sich in einem Relais Kontakte öffnen (Ruhekontakte) und schließen (Arbeitskontakte). Dabei wird grundsätzlich zwischen Öffnern und Schließern unterschieden.
Relais haben inzwischen an Bedeutung verloren und werden von Halbleitern und Halbleiterschaltungen ersetzt. In der Energietechnik werden Relais auch Schütz genannt und wegen ihrer hohen Spannungsfestigkeit immer noch verwendet.

Schaltverhalten

Aufgrund der Mechanik eines Relais prellen die Kontakte in einem Relais. Das hat zur Folge, dass der Stromfluss nicht gleichmäßig ansteigt, sondern springt.

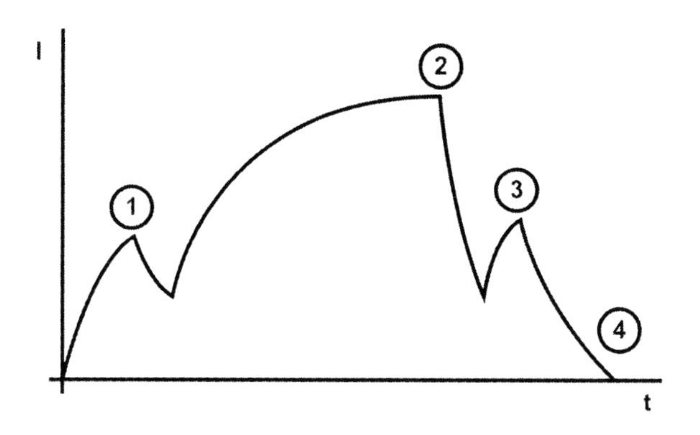

1. Spule zieht an
2. Spule hat angezogen
3. Spule fällt ab
4. Spule ist abgefallen

Schaltzeichen

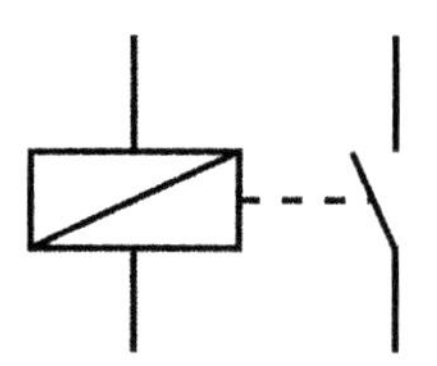

Transformatoren / Trafo

Mit einem Transformator werden Wechselspannungen herauf- oder heruntertransformiert. Also erhöht oder reduziert. Allerdings führt diese Änderung der Spannung auch zu einer Änderung des maximal entnehmbaren Stroms, am Ausgang (Sekundärseite) des Transformators. Wird die Spannung heruntertransformiert, steigt der zu entnehmbare Strom an. Wird die Spannung herauftransformiert, sinkt der zu entnehmbare Strom. Das Verhältnis zwischen Spannung und Strom ist umgekehrt proportional zueinander.

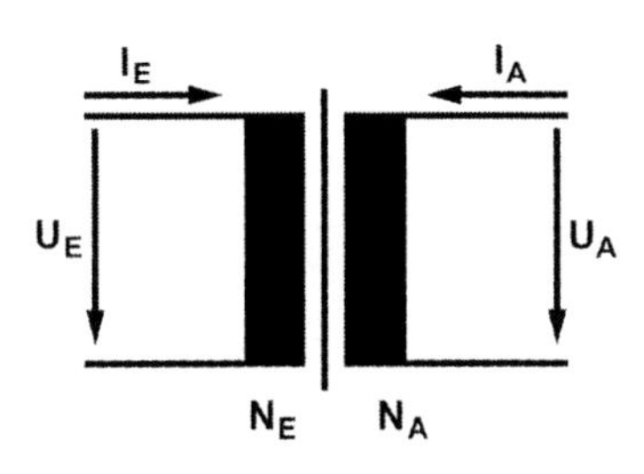

Der Transformator, kurz Trafo, wirkt auf der Eingangs-, der Primärseite, wie ein Verbraucher R für seine Wechselspannungsquelle, sofern der Trafo mit Nennlast belastet ist. Unbelastet wirkt der Trafo wie eine Induktivität. Die Ausgangseite, die Sekundärseite, wirkt als Wechselspannungsquelle mit Quellenspannung U_0 und Innenwiderstand R_i.
Der Trafo besteht im Prinzip aus zwei nebeneinander liegenden Spulen, mit gleicher oder unterschiedlicher Wicklungsanzahl. Auf der Eingangswicklung wird ein sich änderndes Magnetfeld durch die anliegende Wechselspannung erzeugt. Auf der Ausgangswicklung wird eine Induktionsspannung erzeugt. Die Höhe dieser Spannung ist abhängig vom Wicklungsverhältnis der Primär- und Sekundärseite des Transformators.

$$\frac{U_E}{U_A} = \frac{N_E}{N_A}$$

Primärseite		Sekundärseite	
N_E	U_E	N_A	U_A
600	50 V	600	50 V
600	50 V	1200	100 V
600	50 V	300	25 V

N = Anzahl der Wicklungen

Ist die Anzahl der Wicklungen auf beiden Seiten gleich, dann ist die Eingangsspannung U_E und die Ausgangsspannung U_A gleich groß. Abzüglich der Verluste durch den Wirkungsgrad. Man nennt diesen Transformator auch Trenntrafo. Er soll nur zwei Stromkreise aus Sicherheitsgründen voneinander trennen.
Trenntrafos dienen zum galvanischen Trennen der Wechselspannung vom Stromnetz. Übertrager dienen zur Datenübertragung und in der Mess- und Regeltechnik zur Tonfrequenz-Übertragung.
Ist die Anzahl der Wicklungen auf der Primärseite größer als auf der Sekundärseite, dann ist die Ausgangsspannung kleiner als die Eingangsspannung. Ist die Anzahl der Wicklungen auf der Sekundärseite größer als auf der Primärseite, dann ist die Ausgangsspannung größer als die Eingangsspannung.

Verhältnis von Spannung und Strom

$$\frac{U_E}{U_A} = \frac{I_A}{I_E}$$

Eine größere Spannung am Ausgang führt zu einem kleineren Strom am Eingang. Eine kleinere Spannung am Ausgang ermöglicht eine größere Stromentnahme.

Schaltzeichen

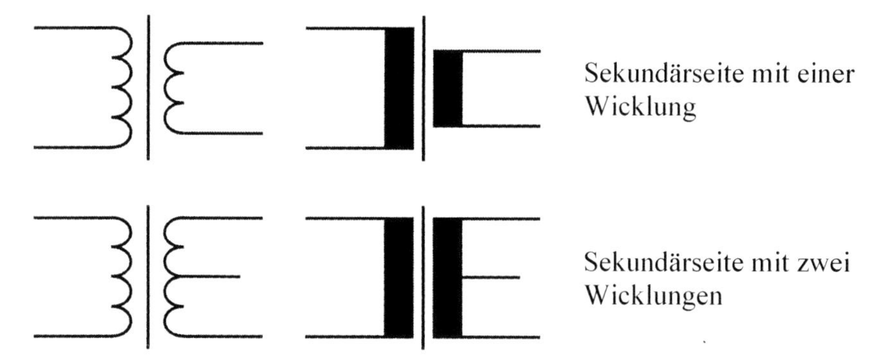

Sekundärseite mit einer Wicklung

Sekundärseite mit zwei Wicklungen

Ringkern-Transformatoren

Ringkern-Trafos bestehen aus einem Ring-Eisenkern um den die Primär- und Sekundärspulen gewickelt sind. Ringkern-Trafos haben ein geringes Gewicht, benötigen wenig Platz, haben einen höheren Wirkungsgrad und haben ein geringeres magnetisches Streufeld. Sie haben dadurch entscheidende Vorteile gegenüber rechteckigen Transformatoren. Ringkerntrafo haben hohe Einschaltimpulse.

Rechteck-Eisenkern-Transformatoren

Rechteckige Transformatoren werden sehr häufig eingesetzt. Vor allem in Netzteilen und integrierten Spannungsversorgungen. Dort ist die Stromentnahme nicht allzu hoch. Auf ein Steckernetzteil kann oder muss sogar verzichtet werden. Das Gewicht des Eisenkerns macht sich häufig unangenehm bemerkbar und macht einen wesentlichen Teil des Gewichts eines elektronischen Geräts aus.
Man kann davon ausgehen, dass der Eisenkern 10% Energieverlust bei der Transformation bringt. Um das auszugleichen wird einfach 10% mehr Windungen gewickelt. Dadurch stellt man das gewünschte Spannungsverhältnis sicher.

Akkumulatoren (Akkus)

Akkumulatoren, kurz Akkus, sind wiederaufladbare Energiequellen. Sie finden täglich Einsatz in Kleinstgeräten, die nicht an eine Stromversorgung mit Kabel betrieben werden können.
Die Leistungsfähigsten Akkus sind Lithium-Ionen-Akkus und Lithium-Polymer-Akkus.

Auszug aus der Batterieverordnung

§ 7 Pflichten des Endverbrauchers
(1) Der Endverbraucher ist verpflichtet, Batterien, die Abfälle sind, an einen Vertreiber oder an von den öffentlich-rechtlichen Entsorgungsträgern dafür eingerichteten Rücknahmestellen zurückzugeben.

Brennstoffzelle

In den vergangenen Jahren führte die Entwicklung zu Lithium-Ionen- und Lithium-Polymer-Akkus, die immer mehr Energie speichern können. Diese Energiedichte reicht für die Anforderungen kleiner Mobilgeräte aber bei weitem nicht aus.
Als Alternative wurde an Brennstoffzellen mit Methanol als Brennstoff

(DMFC) geforscht. Leider kommen die Prototypen über den Entwicklungsstatus nicht hinaus. Scheinbar begnügen sich die Hersteller auf die Entwicklung stationärer unterbrechungsfreier Stromversorgungen (USV).
Verbesserungen an den bewährten Lithium-Ionen- und Lithium-Polymer-Akkus gibt es also genug. Besonders die Nanotechnologie (Arbeit mit kleinen Teilchen) gibt neue Impulse.

Übersicht

Bezeichnung	Aufbau	Ladeverfahren	Anwendung	Umwelt
Blei-Akku	Bleioxid und Blei mit Schwefelsäure	I/U-Ladeverfahren	hohe Strombelastbarkeit	giftig
NiCd	Oxy-Nickelhydroxid und Cadmium mit Kaliumhydrid	Konstantstrom oder Reflex-Ladeverfahren Memoryeffekt	Geräte des täglichen Bedarfs	giftig, aber recyclebar
NiMH	Nickel und eine Metalllegierung	Konstantstrom, kein Memoryeffekt	Geräte des täglichen Bedarfs	giftig, aber recyclebar
Li-Ion	Lithium-Ionen, Lithium-Polymere, Lithium-Metall	I/U-Ladeverfahren	Geräte des täglichen Bedarfs	giftig

Blei-Akku

Der Blei-Akku ist ein Blei-Bleioxid-System, das auch unter der Bezeichnung Blei-Säure-Akku bekannt ist. Diesen Akku gibt es in vielen verschiedenen Ausführungen und Bauformen. Im wesentlichen unterscheidet man offene und gasdichte Systeme.
Blei-Zellen entladen sich pro Tag etwa um 1%. Aus diesem Grund werden Blei-Akkus nach 6 jähriger Betriebsdauer im professionellen/kommerziellen Bereich ausgetaucht. Danach kann ein störungsfreier Betrieb nicht mehr garantiert werden.

Eigenschaften

Nennspannung	2,0V
Leerlaufspannung	2,08V
Selbstentladung	1% pro Tag

Aufbau

Die Blei-Akku-Zelle ist ein säuredichter Behälter. Die positive Elektrodenplatte besteht aus Bleioxid (PbO^2). Die negative Elektrodenplatte aus metallischem Blei. Sie sind durch einen Separator aus Glasfiber, Mikroglas oder PVC getrennt. Der Elektrolyt ist eine Schwefelsäure.

Ladeverfahren

Als Ladeverfahren wird das I/U-Verfahren verwendet. Dabei wird die Blei-Zelle bis zu der gewünschten Spannung mit Konstant-Strom aufgeladen. Danach erfolgt eine Konstantspannungsladung.

Anwendung

Blei-Akkus werden überall dort eingesetzt, wo eine hohe Strombelastbarkeit erforderlich ist (Alarmanlagen). Dabei muss beachtet werden, dass Blei-Akkus ein sehr hohes Gewicht haben. Sie sind deshalb nicht für den mobilen Einsatz geeignet. Meist sind Sie in einem stabilen Stand-Metallgehäuse untergebracht.

- USV
- Elektrofahrzeuge
- Energiespeicher

Nickel-Cadmium-Akku (NiCd)

Nickel-Cadmium-Akkus gehören mit zu den ältesten Akku-Typen der Geschichte. Es gibt sehr viele Anwendungen in der Industrie und beim Militär. Bekannt sind die heutigen Typen als kleine gasdichte Akkus in rund- und knopfähnlichen Ausführungen für elektronische Geräte. Neben der geschlossenen, wartungsfreien Bauform und der langen Lebensdauer kennt man sie wegen dem umweltschädlichen Cadmium und dem Memory-Effekt. Besonders der Memory-Effekt bereitet uns mit diesem Akku-Typ Probleme.

EU-Verordnung

Ende 2004 haben die EU-Umweltminister eine Verordnung erlassen, die den Einsatz von Batterien und Akkus mit dem Schwermetall Cadmium reduziert. Bis spätestens 2007 muss ein Verbot für NiCd-Akkus in nationales Gesetz umgesetzt werden. Ausgenommen sind schnurlose Elektrowerkzeuge, so genannte Power Tools, für die es keinen gleichwertigen Ersatz gibt.

Aufbau

Bei NiCd-Akkus besteht die positive Elektrode aus Oxy-Nickelhydroxid (2NiOOH) und die negative Elektrode aus Cadmium. Bei beiden Elektroden wird zur besseren Leitfähigkeit Grafitpartikel eingelagert. Der Elektrolyt ist Kaliumhydroxid (KOH).

Ladeverfahren

Das sogenannte Reflex-Ladeprinzip ist die beste Möglichkeit um den Memory-Effekt bei NiCd-Akkus zu umgehen.
Beim Memory-Effekt sterben ungenutzte Bereiche des Akkus ab. Dies ist mit einem Kapazitätsverlust vergleichbar. Dies tritt auf, wenn die teilentladene Zelle mit dem üblichen Konstantstromladeverfahren aufgeladen wird.

Anwendung

Wegen ihrer hohen Strombelastbarkeit werden sie nur noch für Hochstromanwendungen verwendet, wo Nickel-Metallhydrid-Akkus ungeeignet sind. Wegen einer neuen EU-Verordnung werden NiCd-Akkus in Zukunft eine immer geringere Rolle spielen. Zumindest wird es die auswechselbaren Bauformen nicht mehr geben.

Nickel-Metallhydrid-Akku (NiMH)

Auf der Suche nach einem umweltverträglichen Ersatz zum NiCd-Akku wurde das Cadmium (Cd) durch eine Metalllegierung ersetzt. Die Legierung ist in der Lage Wasserstoff zu absorbieren. Dieses System hat eine höhere Energiedichte. Die Masse der negativen Elektrode kann reduziert und der Platz mit mehr positiver Masse aufgefüllt werden. Die NiMH-Zelle ist spannungskompatibel zur NiCd-Zelle. Erreicht allerdings die Strombelastbarkeit nicht. Hochstromanwendungen, wie zum Beispiel bei Akku-betriebenen Elektrogeräten sind mit NiCd-Akkus besser ausgestattet.

NiMH-Ladeverfahren

Aktuelle NiMH-Akkus können mit einem hohen Ladestrom geladen werden. Dann sind die Akkus schon nach wenigen Stunden voll. Der maximale Ladestrom darf dabei trotzdem nicht überschritten werden. Ist der Akkus voll, dann kann jede weitere Energiezufuhr den Akku dauerhaft schädigen. Ein gutes Ladeverfahren und ein entsprechend guter Akkulader können teilgeladene Akkus erkennen und zuverlässig das Ladeende bestimmen. Dabei spielt es keine Rolle wie alt der Akku ist, welche Nennkapazität er hat und welche Umgebungstemperatur herrscht.
Ein voller Akku wandelt die zugeführte Energie direkt in Wärme um. Gute Ladegeräte messen die Temperaturänderung und erkennen wann die Ladung beendet werden muss.

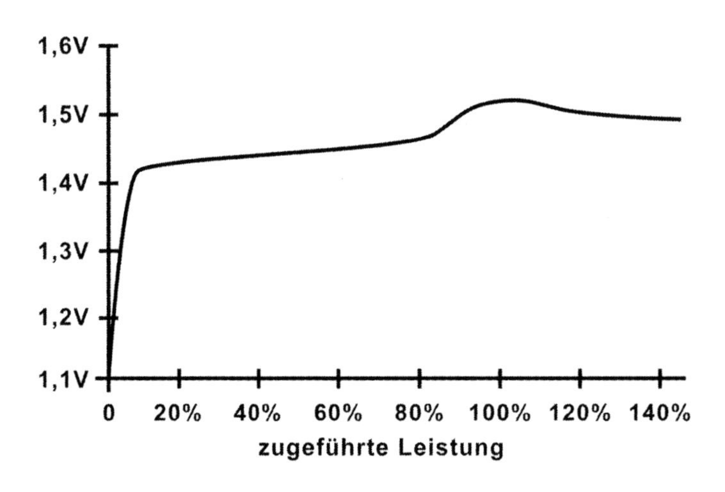

Die Akkuspannung nimmt bei vollem Akku nicht mehr zu. Wegen zunehmender Temperatur und Gasung nimmt sie sogar ein bisschen ab. Dabei beginnt schon die Überladung. Ein guter Akkulader lädt den Akku und prüft die Spannungsdifferenz und Temperaturdifferenz. Stellt sich der Ladespannungsbuckel nicht ein, weil der Akku bereits voll ist führt die Temperaturerhöhung zum Ladeende.
Die Entladefunktion der Ladegeräte sollte bei NiMH-Akkus nicht verwendet werden. Bei einem vollen Entlade- und Ladezyklus muss die komplette Akku-Chemie umgeschichtet werden. Nach Möglichkeit sollte das vermieden werden. Der Akku nutzt sich durch Teilentladung wesentlich weniger ab. Den so genannten Memory-Effekt gibt es bei aktuellen NiMH-Akkus nicht mehr.
Wenn sich die Akkuleistung von NiMH-Akkus verringert, dann sind das Schäden durch Überladung, Überhitzung oder Tiefentladung.
Das CCS-Ladeverfahren (Computerized Charging System) führt periodische Messungen unter wechselnder Last an den Akkus durch. Aus dem charakteristischen Impedanzwerten wird der Ladezustand berechnet. Ein Überladen gibt es nicht mehr. Ganz egal ob NiCd- oder NiMH-Akkus

Anwendung

Dies Art von Akku befindet sich überall in Geräten des täglichen Gebrauchs:

- Camcorder
- Schnurlose Telefone
- Modellbau

Lithium-Ionen-Akkus

Der Markt von Kleinstgeräten (Handys, Notebooks, Smartphones, PDAs) zeigt einen Trend zur Miniaturisierung. Gleichzeitig steigt der Energiebedarf solcher Systeme. Wegen der hohen Energiedichte der Lithium-Zellen sind diese besonders für mobile Geräte geeignet. Zum Beispiel Handys und Notebooks. Allerdings sind Lithium-Ionen Akkus teuer und reagieren wesentlich empfindlicher auf falsche Behandlung als andere Akkus.
Ist bei der Konstruktion und Fertigung nichts schief gegangen, so bleibt er über 5 Jahre funktionstüchtig. Werden die 500 bis 1000 möglichen

Ladezyklen konsequent ausgenutzt, bleibt auch die Kapazität weitgehendst erhalten. Generell sollte ein Lithium-Ionen-Akku immer vollständig geladen und entladen werden. Unvollständige Lade-/Entladevorgänge zählen als ein kompletter Ladezyklus. Auch der ständige Betrieb des Akkus parallel zum einem Netzteil drückt die Anzahl der möglichen Ladezyklen.
Die Aufladung erfolgt mittels des I/U-Ladeverfahrens, bei dem der Akku erst mit Konstantstrom und dann mit Konstantspannung aufgeladen wird.
Die Alterung der Lithium-Ionen-Akkus wird durch die Zell-Oxidation hervorgerufen. Dabei oxidieren die Elektroden. Diese verlieren die Fähigkeit Lithium-Ionen zu speichern, die für den Stromfluss notwendig sind. Die Zell-Oxidation wird von verschiedenen Faktoren beeinflusst. Zum Beispiel durch die Temperatur und dem Ladezustand des Akkus. Bei hoher Temperatur und vollem Akku entwickelt sich die Zell-Oxidation besonders schnell. Dieser Zustand kommt z. B. bei Notebooks häufig vor, wenn der Akku vollständig geladen ist und gleichzeitig das Gerät in Betrieb ist und warm wird. Die Wärme überträgt sich auf den Akku. Benötigt man den Akku nicht, so sollte man ihn zur Hälfte aufladen und bei Zimmertemperatur, besser im Kühlschrank (nicht Kühlfach), lagern. Erst kurz bevor man ihn wieder einsetzen will, lädt man ihn vollständig auf.

Lagerung

Muss ein Lithium-Ionen-Akku längere Zeit gelagert werden, muss regelmäßig der Ladezustand kontrolliert werden. Der optimale Ladezustand liegt zwischen 50% und 80%. Die Selbstentladung von 1% pro Monat ist äußerst gering, allerdings stark temperaturabhängig. Lithium-Ionen-Akkus sollten alle 3 bis 4 Monate nachgeladen werden, um die Tiefentladung zu vermeiden. Erreicht eine Zelle eine Spannung unter 2V kann sich die Zelle zerstören.
Beim Erwerb von Lithium-Ionen-Akkus muss immer damit gerechnet werden, dass Akkus vorzeitig den Geist aufgeben. Vor allem bei Akkus die aus Fernost kommen oder länger unterwegs gewesen sind. Das gilt genauso für Ersatzakkus, die eventuell eine längere Lagerung hinter sich haben. Ist ein Akku doch kaputt, dann kann ein Reparatur in Frage kommen. Wenn nicht, dann sollte der Akku beim Händler oder im Sondermüll entsorgt werden.

Technische Entwicklung

Die Firma Toshiba hat einen Lithium-Ionen-Akku entwickelt, der nach einer Minute Ladezeit 80 Prozent seiner Kapazität erreicht. Der Ladevorgang läuft 60 mal schneller ab, als bei sonst üblichen Lithium-Ionen-Akkus. Außerdem soll der Kapazitätsabfall nach 1000 Ladezyklen weniger als 1% betragen. Auch der Kapazitätsabfall aufgrund niedriger oder hoher Temperatur soll nur noch wenige Prozent betragen.
Im Innern dieses Lithium-Ionen-Akkus befindet sich eine Anode aus Lithium-Kobaltoxid. Herkömmliche Akkus haben eine Kohlenstoff-Anode. Ein besonderes Elektrolyt und Teilchen mit einigen 100 Nanometer Durchmesser, die die Anode überziehen, sorgen während des Ladevorgangs für eine schnelle Übertragung der Lithium-Ionen auf die Kathode.

Akkupflege

Ob ein Lithium-Ionen-Akku nur ein oder sogar 5 Jahre hält, hängt von der Verarbeitung, dem Gebrauch und der Temperatur ab.
Chemische Änderungen des Elektrolyten und der Oxidation der Elektroden sind die Hauptursache für die Alterung. Das Lithium-Ionen-Akkus nach 2 bis 3 Jahren an Kapazität verlieren ist nur eine Faustregel.
Nicht gebrauchte Akkus sollten nicht im Gerät, sondern extern gelagert werden. Je höher die Temperatur, also je wärmer der Akku, desto schneller altert er. Da sich elektronische Geräte während des Betriebs stark erwärmen ist das eine schlecht Voraussetzung für Lithium-Ionen-Akkus. Am besten lagert man sie mit der Hälfte der Ladung im Kühlschrank. Bei einer Selbstentladung von 1% im Monat hält die Ladung sehr lange an.

Halbleiterdioden

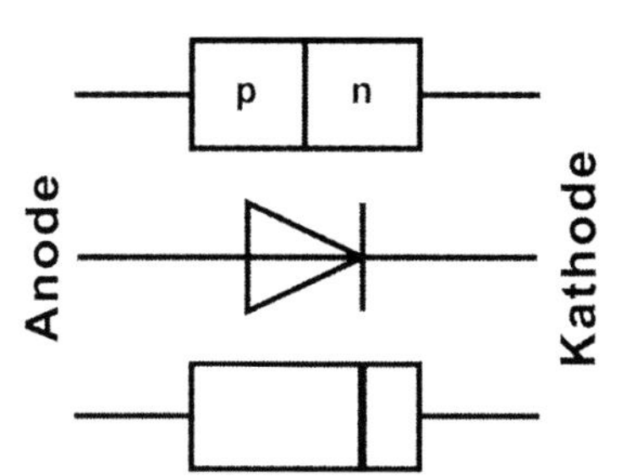

Die Eigenschaften des pn-Übergangs werden in Halbleiterdioden genutzt. Halbleiterdioden bestehen aus einer p- und einer n-leitenden Schicht. Die Schichten sind in einem Gehäuse miteinander verbunden und mit Anschlüssen versehen. Wegen dem pn-Übergang ist eine Halbleiterdiode gepolt. Sie hat als Haupteigenschaft, den Strom nur in eine Richtung durchzulassen.

Das Bild links zeigt den Prinzip-Aufbau, das Schaltzeichen und das Bauteil (axial) mit Markierungsring (Kathode). Das Dreieck im Schaltzeichen stellt die p-Schicht dar. Der Balken die n-Schicht. Die Dreiecksspitze zeigt die technische Stromrichtung in Durchlassrichtung an.
Das Bauteil besitzt eine Ringmarkierung auf der Kathodenseite. Dadurch kann man die Anschlüsse voneinander unterscheiden.
Die Diode wird mit dem Plus-Pol an der Anode in Durchlassrichtung betrieben. Die Diode wird mit dem Plus-Pol an der Kathode in Sperrrichtung betrieben.

Ermittlung einer Diodenkennlinie

Um die Abhängigkeit zwischen Strom und Spannung eines elektronischen Bauelements zu ermitteln wird eine Messschaltung zur Aufnahme der Strom- und Spannungswerte aufgebaut. Diese Schaltung kann zum Beispiel auf die Halbleiterdiode angewendet werden. Die Messschaltung besteht aus einer Spannungsquelle, einem Vorwiderstand zur Strombegrenzung, einem Strommessgerät, einem Spannungsmessgerät und der Halbleiterdiode. Üblicherweise macht man sich nicht die Mühe eine Diodenkennlinie zu ermitteln. Stattdessen wirft man einen Blick in das Datenblatt der Diode. Dort sind alle notwendigen Kennlinien verzeichnet, die die Abhängigkeit zweier Werte darstellen. Aus jeder dieser Kennlinien ergeben sich ganz bestimmte Eigenschaften.
Die folgende Messschaltung zeigt die Anordnung der Schaltungsteile und Messgeräte. Die Strom- und Spannungspfeile sind auch eingezeichnet.

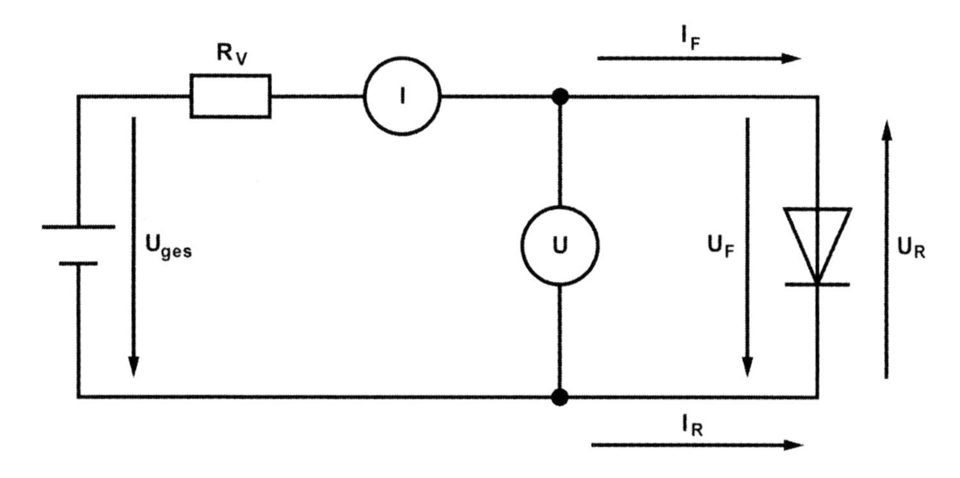

U_{ges} = Spannung der Spannungsquelle
U_F = Durchlassspannung, Schwellspannung (Schwellwert)
U_R = Sperrspannung
I_F = Durchlassstrom
I_R = Sperrstrom

Messung

U_F / V	0,3	0,4	0,5	0,6	0,7	0,75
I_F / mA	0	0,02	0,2	1,5	10	30

Die Messwerte beziehen sich auf eine Silizium-Diode in Durchlassrichtung. Um die Durchlassspannung U_F zu erhöhen, wird die Spannung U_{Ges} des Netzgerätes gleichmäßig erhöht. Nach jedem Schritt wird der Strom in die Tabelle eingetragen.

Diodenkennlinnie

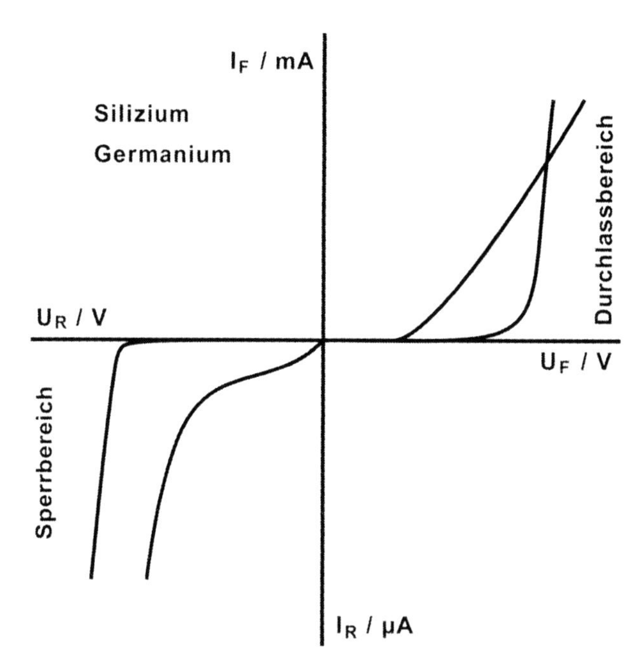

Im Kennlinienfeld sind die Spannungs- und Stromverhaltensweisen einer Germanium- (Ge) und einer Silizium-Diode (Si) dargestellt.

Der Durchlassbereich, in dem die Kennlinien der Diode in Durchlassrichtung betrieben wird, liegt rechts oben. Der Sperrbereich, in dem die Kennlinien der Diode in Sperrrichtung betrieben wird, liegt links unten. Die beiden anderen Felder spielen bei der Kennlinienaufnahme keine Rolle.

Die Kennlinie ergibt sich z. B. aus der Messung weiter oben. Dazu werden die Messwerte in die richtigen Koordinaten eingesetzt. Die Punkte werden dann miteinander verbunden. Daraus ergibt sich eine grafische Darstellung der Messwerte: die Kennlinie.
Alternativ gibt es die Möglichkeit die Kennlinie mit Hilfe eines Oszilloskops darzustellen.
Die Kennlinie kann z. B. dazu verwendet werden um die Schwellspannung oder den differentiellen Widerstand r_F zu bestimmen.
Bei einer kleinen Durchlassspannung U_F fließt nur ein kleiner Strom I_F. Die Sperrschicht durch die Ladungsträgerdiffusion ist noch sehr groß. Die Halbleiterdiode bzw. der pn-Übergang ist noch sehr hochohmig. Mit steigender Spannung steigt auch der Strom. Aber nur ganz leicht. Ab einer bestimmten Durchlassspannung U_F steigt der Durchlassstrom I_F stark an. Dieser Spannungswert wird Schleusenspannung genannt, weil die Sperrschicht abgebaut wird und der pn-Übergang sich für den Stromfluss öffnet. Die Schleusenspannung wird auch Schwellspannung genannt. Oberhalb der Schwellspannung bleibt die Haltleiterdiode niederohmig.
Diese Messung sieht keine Messung in Sperrrichtung vor. Trotzdem soll hier auf die physikalischen Eigenschaften eingegangen werden. Bei der Silizium-Diode haben wir einen sehr kleinen Sperrstrom I_R. Ab einer bestimmten Sperrspannung U_R werden die Elektronen aus ihren Kristallbindungen gelöst. Dann kommt es zum so genannten Zenerdurchbruch. Dabei steigt der Strom schlagartig an. Wird dieser Strom nicht begrenzt, dann zerstört sich die Diode.
Bei Germanium-Dioden kommt der Zenerdurchbruch nicht zum Tragen. Dafür steigt der Sperrstrom I_R bei steigender Spannung langsam an. Ab einer bestimmten Spannung erhitzen sich die Halbleiterkristalle so stark, dass es zum Wärme-Durchbruch und zur Zerstörung kommt. Die Zerstörung der Halbleiterkristalle ist auch im Durchlassbereich möglich, wenn der maximale Strom überschritten wird.

Schwellspannung ~ Diffusionsspannung

Es spielt keine Rolle, in welchem Spannungsbereich sich eine Diode befindet. Die Anode der Diode muss in Durchlassrichtung nur um die Schwellspannung positiver sein als die Kathode. Die Schwellspannung ist also als Potential zu sehen.
Die Schwellspannung ist abhängig vom Halbleitermaterial und entspricht nur einem ungefährer Wert. Ein paar Beispiele häufiger Halbleitermaterialien:

Germanium ~ 0,3V
Silizium ~ 0,7V
Selen ~ 0,6V
Kupferoxydal ~ 0,2V

Eigenschaften einer Halbleiterdiode

- große Sperrspannung
- kleine Durchlassspannung
- kleine Baugröße, dadurch empfindlich gegen Überlast
- großer Durchlassstrom
- Gleichrichterwirkung / Ventilwirkung

Zener-Dioden / Z-Dioden

Die Z-Diode (Zener-Diode) ist eine Silizium-Halbleiterdiode, die in Sperrrichtung betrieben wird. In Durchlassrichtung arbeitet sie wie ein normale Diode. Die Zener-Diode wird zur Stabilisierung von pulsierenden Gleichspannungen verwendet.
Der Name stammt vom Zenereffekt, den ein Mann mit dem Namen Zener entdeckt hat. Die Bezeichnung Z-Diode ist nur eine Abkürzung.

Zenereffekt und Lawineneffekt

Der Zenereffekt wird durch das elektrische Feld ausgelöst, dass ab einer bestimmten Größe zur Herauslösung der Elektronen aus ihren Kristallbindungen führt. Die Elektronen führen zur Bildung des Stromes I_Z. Ab einem bestimmten Spannungswert U_{Z0}, der Zenerspannung, wird die Z-Diode niederohmig. Ab der Zenerspannung nimmt der Strom I_z schlagartig zu.

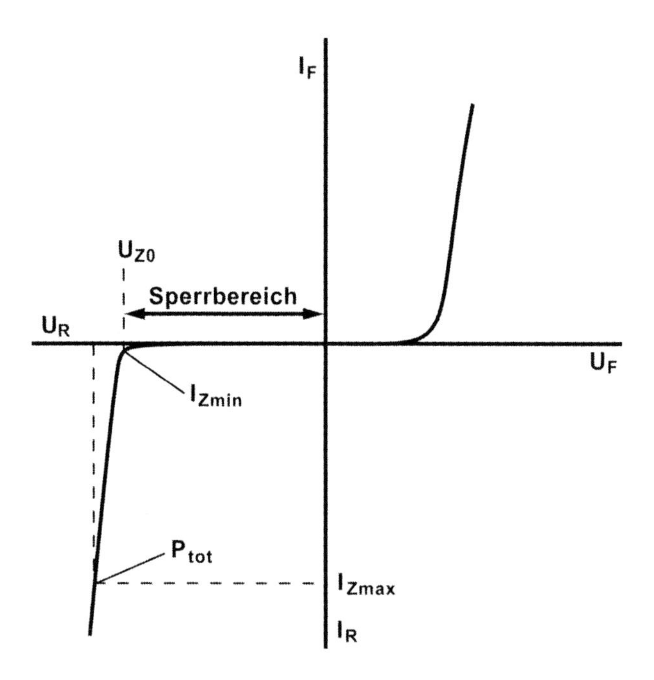

Die Ladungsträger, die durch den Zenereffekt frei wurden, werden durch das elektrische Feld sehr stark beschleunigt. Das führt dazu, dass weitere Elektronen aus ihren Kristallbindungen herausgestoßen werden. Die Sperrschicht wird mit freien Ladungsträgern überschwemmt. Das nennt man Lawineneffekt (Stossionisation).
Die Zenerspannung kann bei der Herstellung durch die Dotierung des Silizium-Kristalls im Bereich 2 bis 600V eingestellt werden.
Bei der Z-Diode überlagert sich der Zenereffekt und der Lawineneffekt. Dieser Zustand wird als Zenerdurchbruch bezeichnet. Die plötzliche Leitfähigkeit führt zu einem sehr hohen Strom in Sperrrichtung. Ist der Strom zu groß, wird die Z-Diode zerstört. Deshalb ist im Datenblatt immer ein maximal zulässiger Sperrstrom I_{Zmax} angegeben., der nicht überschritten werden darf. Genauso wichtig ist die maximal zulässige Verlustleistung P_{tot}. Beide Grenzwerte dürfen nicht überschritten werden und sollten bei der Dimensionierung der Schaltungen mit Z-Diode bekannt sein und berücksichtigt werden.
Fällt die Sperrspannung unter U_{Z0}, dann wird die Sperrschicht sofort wieder hergestellt. Der Bereich zwischen I_{Zmin} und I_{Zmax} wird Arbeitsbereich oder Durchbruchbereich genannt.

Temperaturabhängigkeit

Die Temperaturabhängigkeit der Z-Diode ist vor allem in der Mess- und Regeltechnik von Nachteil. Und Anwendungen, wo eine exakte Spannung benötigt wird, macht sich das negativ bemerkbar. Deshalb schaltet man gerne Z-Dioden mit positivem und negativem Temperaturkoeffizienten TK in Reihe. Im Optimalfall heben sie sich auf oder es bleibt nur ein kleiner Rest übrig. Der Temperaturkoeffizient TK gibt die Temperaturabhängigkeit an.
Manchmal nimmt man zur Temperaturstabilisierung auch normale Silizium-Dioden. In speziellen temperaturkompensierten Z-Dioden hat der Hersteller bereits diese Zusammenschaltung vorgenommen.

Schaltzeichen

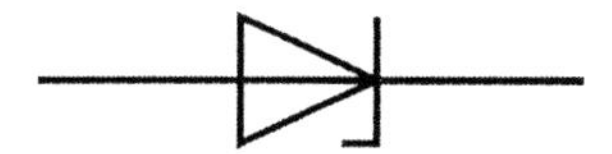

Anwendungen

Z-Dioden eignen sich am besten zur Spannungsstabilisierung für Schaltungen mit kleinem Stromverbrauch. Aber auch die Spannungsbegrenzung von Spannungsspitzen ist eine Möglichkeit.
Mit geeigneter Zenerspannung eignen sie sich als Sollwertgeber in der Mess- und Regeltechnik. Oder wo Bezugsspannungen benötigt werden.

Schottky-Dioden (Hot-Carrier-Diode)

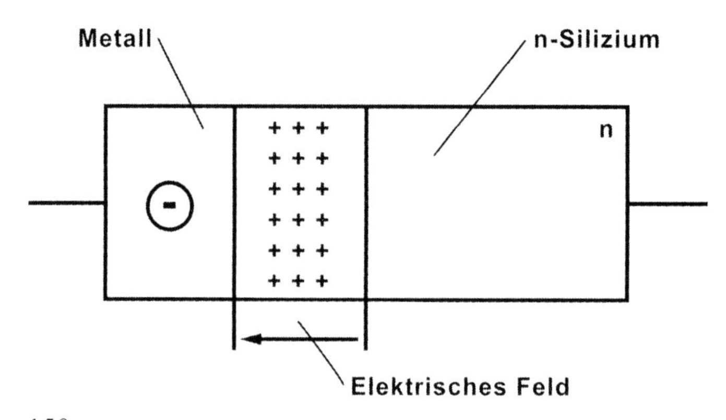

Die Schottky-Diode besteht aus einer Metall-Schicht und einer n-leitenden Silizium-Schicht. Die Elektronen der n-Schicht wandern zur Metallschicht. Weil Elektronen leichter aus n-Silizium in die Metallschicht gelangen als umgekehrt, entsteht in der Silizium-Schicht ein an Elektronen verarmter Bereich, die sogenannte Schottky-Sperrschicht. Durch die Ladungsträgerdiffusion entstehen eine Raumladungszone (Sperrschicht) und ein elektrisches Feld. Ab einem bestimmten Zustand ist das elektrische Feld so groß, dass keine Elektronen mehr wandern.
Schaltet man die Schottky-Diode in Sperrrichtung - Plus an n-Silizium und Minus an die Metallschicht - dann wird die Raumladungszone größer. Sie nimmt einen großen Bereich des n-Siliziums ein. Schaltet man die Schottky-Diode in Durchlassrichtung, wird die Raumladungszone freigeräumt. Die Elektronen fließen von der n-Schicht in die Metallschicht.
Das Schalten vom Durchlasszustand in den Sperrzustand bzw. umgekehrt erfolgt sehr schnell. Es müssen keine Minderheitsladungsträger ausgeräumt werden. Der Strom durch die Schottky-Diode besteht daher nur aus Elektronen.

Eigenschaften

- schnelles Schalten
- geringe Durchlassspannung
- hohe Strombelastbarkeit

Anwendungen

- Schaltdiode
- Mikrowellentechnik
- Mikrowellengleichrichter
- Mikrowellenmodulation
- Mikrowellenmischstufen

Schaltzeichen

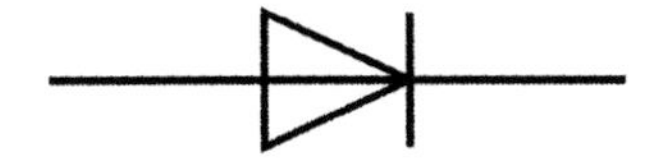

Fotodioden

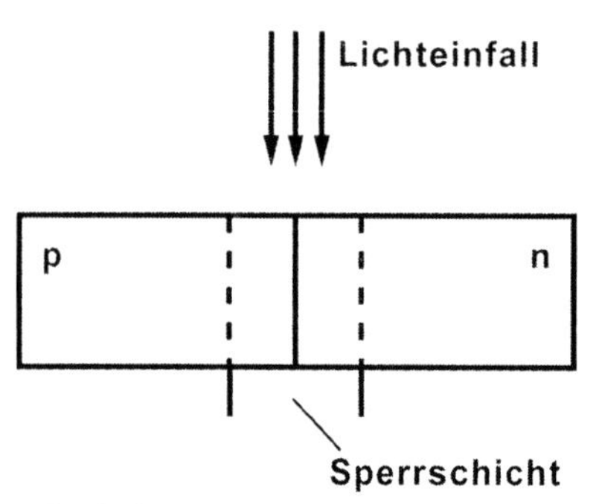

Fotodioden sind Halbleiterdioden aus Silizium oder Germanium. Der pn-Übergang der Fotodiode ist dem Licht baulich sehr gut zugänglich gemacht. Bei einfallendem Licht werden die Elektronen aus ihren Kristallbindungen gelöst. In der Sperrschicht werden Elektronen und Löcher, also freie Ladungsträger erzeugt. Deshalb wird die Fotodiode in Sperrrichtung betrieben. Die freien Ladungsträger bewegen sich aus der Sperrschicht. Der Sperrstrom steigt an.

Fotodioden eignen sich deshalb besonders gut für die Lichtmessung, Lichtschranken, Positionierung und Fernsteuerung mit Infrarotstrahlung (Fernbedienung).

Diagramm

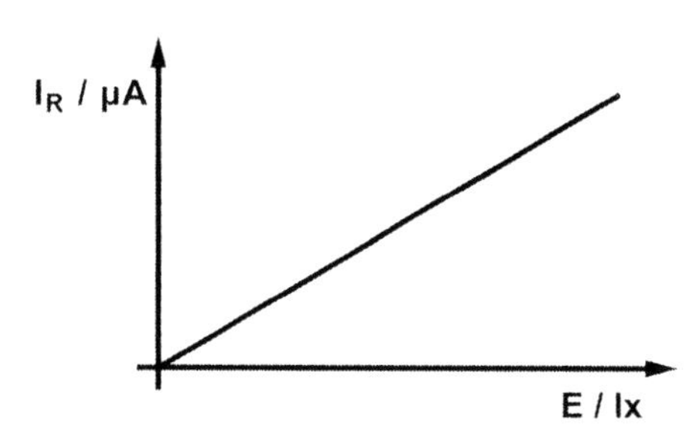

Die freien Löcher und Elektronen erhöhen den Sperrstrom proportional zur Lichtintensität. Sperrstrom I_R und Lichtstärke sind linear zueinander. Der Sperrstrom ändert sich bei Lichtänderung nahezu trägheitslos. Mit steigender Lichtstärke steigt der Sperrstrom an. Die Empfindlichkeit der Fotodiode ist abhängig vom Halbleitermaterial.

Schaltzeichen

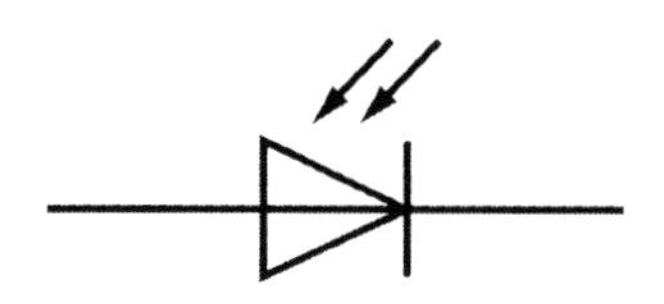

LED - Leuchtdioden

Leuchtdioden wandeln elektrische Energie in Licht um. Sie funktionieren wie Halbleiterdioden, die in Durchlassrichtung Licht erzeugen. Die Kurzbezeichnung LED ist die Abkürzung für "Light Emitting Diode", was auf Deutsch "Licht emittierende Diode" bedeutet.
Leuchtdioden gibt es in verschiedenen Farben, Größen und Bauformen. Deshalb werden sie als Signallampen für unterschiedliche Anwendungen verwendet.
Die gebräuchlichsten Bauformen haben einen 5 mm oder 3 mm großen Durchmesser. Es gibt dann noch Jumbo-LEDs und Mini-LEDs bis hin zu SMD-Größe.
Wie jede andere Diode ist auch die LED polungsabhängig. Die eine Anschlussseite ist die Kathode, die andere Seite die Anode. Die Anode wird durch das längere Anschlussbeinchen gekennzeichnet. Zur Kontrolle oder im Zweifelsfall kann man die Kathoden-Seite an der abgeflachten Stelle der Umrandung erkennen.
Die Leuchtdiode schaltet sehr schnell vom leuchtenden in den nichtleuchtenden Zustand. Der Lichtstrahl kann bis in den MHz-Bereich getaktet werden. Allerdings ist das für das menschliche Auge nur als Leuchtbrei sichtbar.
Die Lebensdauer beträgt sagenhafte 10^6 Stunden. Im Vergleich zu normalen Lampen ist das super.

Farben und Halbleitermaterial

Die Farbe des Lichts bzw. die Wellenlänge des Lichts wird vom Halbleiterkristall und von der Dotierung bestimmt. Besonders rote Leuchtdioden (λ =0,66 µm) haben einen guten Wirkungsgrad. Neben rot gibt es auch grüne, gelbe, orangene, blaue und weiße Leuchtdioden. Sie unterscheiden sich nicht nur in ihrer Farbe, sondern auch in ihren elektrischen Eigenschaften. Teilweise kann man die Farben nicht untereinander tauschen. Die Durchlassspannung ist unterschiedlich und stark vom Halbleitermaterial abhängig. Den höchsten Wirkungsgrad haben Infrarot-Leuchtdioden (λ = 0,9 bis 0,94 µm).
Die LED ist je nach Farbe aus unterschiedlichen Mischkristallen aufgebaut:

- Galliumarsenid (GaAs)
- Galliumarsenidphosphid (GaAsP)

- Galliumphosphid (GaP)
- Aluminium-Indium-Gallium-Phosphat (AlInGaP) für Rot, Rot-Orange, Amber
- Indium-Gallium-Nitrogen (InGaN) für Grün, Cyan, Blau Weiß

Funktionsweise

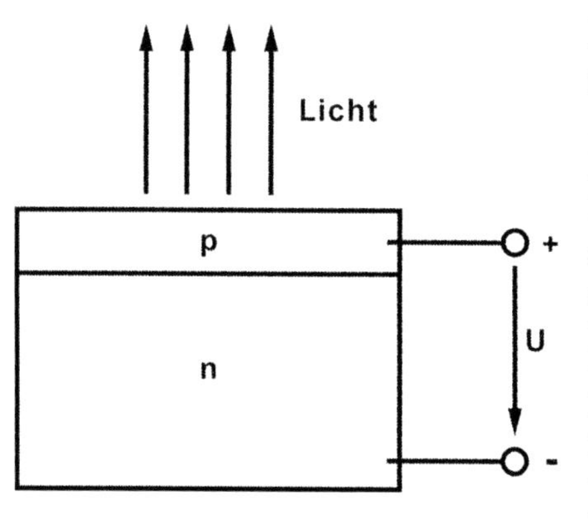

Die Leuchtdiode besteht aus einem n-leitenden Grundhalbleiter. Darauf ist eine sehr dünne p-leitende Halbleiterschicht mit großer Löcherdichte aufgebracht. Wie bei der normalen Diode wird die Grenzschicht mit freien Ladungsträgern überschwemmt. Die Elektronen rekombinieren mit den Löchern. Dabei geben die Elektronen ihre Energie in Form eines Lichtblitzes frei. Da die p-Schicht sehr dünn ist, kann das Licht entweichen. Schon bei kleinen Stromstärken ist eine Lichtabstrahlung wahrnehmbar. Die Lichtstärke wächst proportional mit der Stromstärke.
Leuchtdioden zeichnen sich dadurch aus, dass sie mit wenigen Milliampere Strom sehr hell leuchten können. Das Lichtsignal wird durch die linsenförmige Form des Kopfes gebündelt bzw. gestreut.
Leuchtdioden reagieren sehr empfindlich auf einen zu großen Durchlassstrom. Deshalb darf eine Leuchtdiode niemals direkt an eine Spannung angeschlossen werden. Es wird zwingend ein strombegrenzender Vorwiderstand in Reihe zur Leuchtdiode benötigt. Alternativ kann man bei schwankender Betriebsspannung die Leuchtdiode über einen FET mit Konstantstrom versorgen.
Eine Strombegrenzung empfiehlt sich aus Energiespargründen sowieso. Eine Leuchtdiode brennt schon bei einem Bruchteil des maximalen Durchlassstroms. Außerdem müssen Leuchtdioden nicht zwingend mit ihrer vollen Leuchtstärke strahlen. Meist reichen schon wenige mA aus um eine ausreichende Helligkeit zu erzeugen.

Schaltzeichen

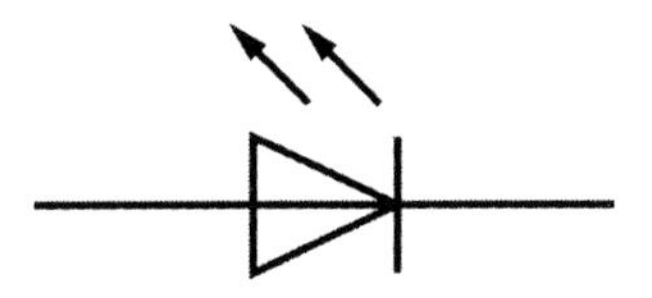

Standard-Typen

Standard-Leuchtdioden haben einen Durchmesser von 5 mm. Sei leuchten bei 15 mA fast mit ihrer hellsten Leuchtstärke. Meist ist ein Strom von 10 mA schon ausreichend. Sie sind deshalb die häufigsten verwendeten Leuchtdioden in elektronischen Schaltungen.

Low-Current-Typen

Low-Current-Leuchtdioden haben einen Durchmesser von 3 mm. Sie leuchten schon bei 2 bis 4 mA wie Standard-Leuchtdioden bie 15 bis 20 mA. Einzig ihre Leuchtfläche ist geringer ausgelegt.

Die Leuchtdiode in der Anwendung

$$R_V = \frac{U_{ges} - U_F}{I_F}$$

Eine Leuchtdiode muss immer mit einem Vorwiderstand oder einem strombegrenzenden Bauteil beschaltet sein. Mit einem Vorwiderstand wird der Durchlassstrom I_F, der durch die Leuchtdiode fließt, begrenzt. Bei der Widerstandsbestimmung muss die jeweilige Durchlassspannung U_F berücksichtigt werden.
Die Formel berechnet den Vorwiderstand R_V über die Gesamtspannung U_{ges} abzüglich der Durchlassspannung U_F durch den Durchlassstrom I_F.

Anwendungen

- Anzeige von Betriebszuständen
- 7-Segment-Anzeige
- Lampenersatz
- Lauflichter
- Laserpointer
- Lichtschranken

Solarzellen / Fotoelemente

Solarzellen sind photovoltaische Scheiben, die zu Solarmodulen mit Stromanschlüssen und Schutzschicht zusammengefasst werden. Als Halbleiterwerkstoff werden Silizium (Si), Germanium (Ge), Galliumarsenid (GaAs) oder Cadmiumsulfid (CdS) eingesetzt.

Fotoelement

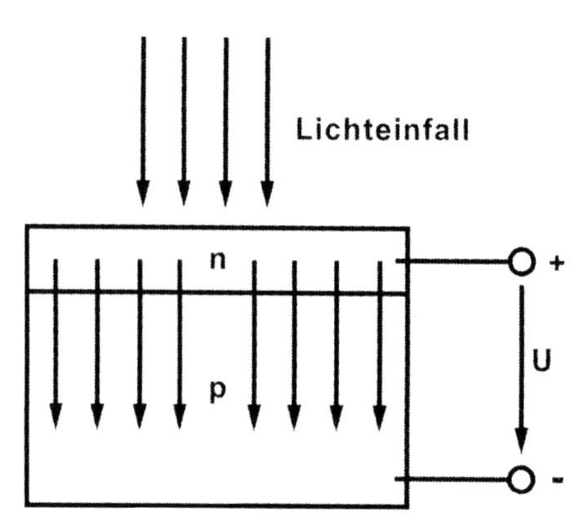

Solarzellen bzw. Fotoelemente sind wie Halbleiterdioden aufgebaut. Eine Silizium-Solarzelle besteht aus einer sehr dünnen n-Silizium-Schicht, die an der Oberfläche liegt. Sie ist in eine p-leitende Schicht eindotiert. Am pn-Übergang entsteht durch Ladungsträgerdiffusion eine Raumladungszone, die fast die gesamte n-Schicht einnimmt. In der Raumladungszone ist ein elektrisches Feld entstanden. Durch das eindringende Licht werden Elektronen aus dem Halbleiterkristall herausgelöst. Die Photonen des Lichts zerschlagen die Kristallbindungen. Die Elektronen wandern im elektrischen Feld der Grenzschicht in die p-Schicht des Halbleiters. Die Elektronen werden durch das elektrische Feld beschleunigt. Als negative Ladungsträger sind sie einer entgegengesetzten Kraftwirkung ausgesetzt. Die entstehenden Löcher wandern in Feldlinienrichtung in die n-Schicht. Es entsteht eine p-Schicht mit einem negativen Ladungsträgerüberschuss (Elektronen) und eine n-Schicht mit einem positiven Ladungsträgerüberschuss (Löcher).
Durch die Ladungstrennung entsteht eine Spannungsquelle, die einem angeschlossenen Verbraucher Strom liefern kann. Die Größe der Spannung steht im Zusammenhang mit der Grenzschichtspannung.
Bei ausreichendem Lichteinfall liefert eine Siliziumsolarzelle etwa 0,5V. Je cm^2 kann sie eine Stromentnahme von ca. 20 mA aufrechterhalten ohne das die Spannung einbricht.
Es gibt auch Fotoelemente mit dünner obenliegender p-Schicht und untenliegender n-Schicht. Sie haben verschiedene Nachteile und werden deshalb seltener hergestellt.

Anwendungen

Fotoelemente werden zur Umwandlung von Sonnenenergie in elektrische Energie verwendet. Für die Zukunft werden sie immer öfter zur Energieversorgung eingesetzt. Aufgrund des geringen Wirkungsgrads und der teuren Herstellung sind sie für viele Anwendungsgebiete noch nicht geeignet. Vor allem auch deshalb, weil der Stromverbrauch der Menschheit kontinuierlich zunimmt.

Schaltzeichen

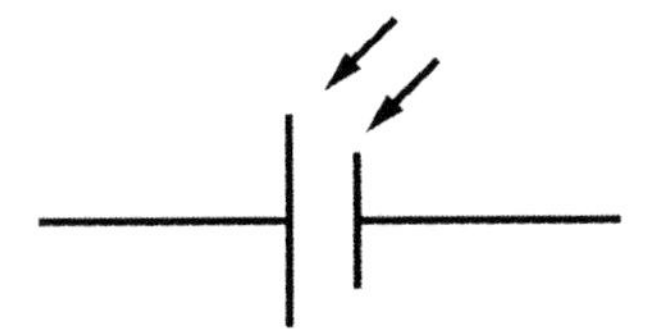

Fototransistor

Fototransistoren haben ein lichtdurchlässiges Gehäuse, bei dem das Licht auf die Basis-Kollektor-Sperrschicht fallen kann. Dadurch kann der Basisanschluss entfallen. Der Fototransistor wird dann nur über das einfallende Licht gesteuert.
Der Fototransistor arbeitet wie ein bipolarer Transistor. Allerdings wird die Basis als Anschluss durch Licht ersetzt. Bei einigen von ihnen ist der Basisanschluss trotzdem herausgeführt. Dadurch ist eine Arbeitspunktstabilisierung möglich. Fototransistoren ohne Basisanschluss werden nur über Licht gesteuert. Wenn also Licht auf den Fototransistor fällt, dann erhöht sich der Strom, der zwischen Kollektor und Emitter fließt. Durch die Transistorstufe kommt die Empfindlichkeitsverstärkung zum Tragen, die etwa der Gleichstromverstärkung B entspricht. Durch die Verstärkereigenschaft des Fototransistors reagiert er empfindlicher auf Veränderungen der Lichtstärke. Der Fotoeffekt wird verstärkt.

Anwendung

Der Fototransistor dient in Überwachungs- und Regelkreisen als fotoelektrischer Empfänger. In Lichtschranken reagiert er auf die kürzesten

Lichtimpulse. Allerdings ist ihre Grenzfrequenz nicht so hoch wie bei den Fotodioden.

Schaltzeichen und Ersatzschaltung

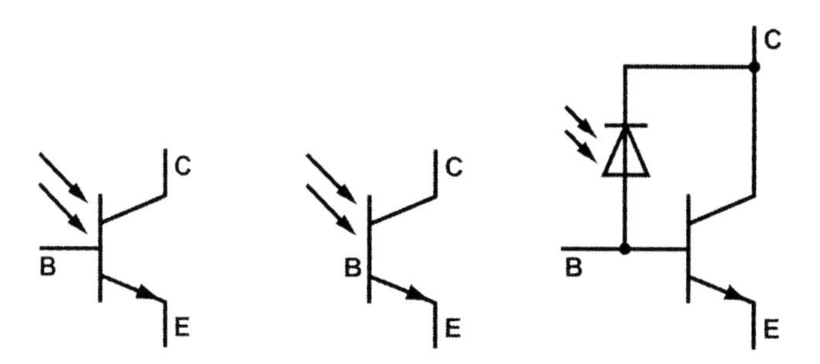

Optokoppler / Opto-Koppler

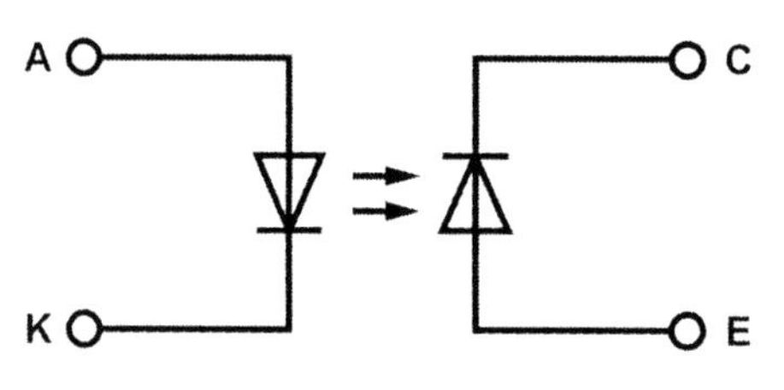

Der Optokoppler besteht aus einem Lichtsender und einem Lichtempfänger. Als Lichtsender werden Leuchtdioden verwendet, die Infrarot-Licht oder rotes Licht abstrahlen. Als Lichtempfänger werden Fotodioden, Fototransistoren, Fotothyristoren, Fototriacs, Foto-Schmitt-Trigger und Fotodarlingtontransistoren verwendet. Das Schaltungsbeispiel ist simpel mit einer Leuchtdiode und einer Fotodiode aufgebaut.
Die Optokoppler gibt es in der Regel in IC-Bauform (DIL) mit 4, 6 oder 8 Beinen. Manchmal findet man sie auch in Transistorbauform vor.

Anwendungen

Optokoppler werden immer dann eingesetzt, wenn Schaltungsteile voneinander galvanisch getrennt (elektrisch isoliert) werden müssen. Zum Beispiel, wenn nachfolgende Schaltungen keine Rückwirkung auf vorhergehende Schaltungen haben dürfen oder wenn verschiedene Massebezüge verwendet werden müssen. Der Optokoppler lässt sogar Spannungsunterschiede bis mehrere 1000 Volt zwischen Eingang und Ausgang zu. Der Optokoppler CNY17F hat eine Isolationsspannung von 5300 V_{AC}. Für elektromedizinische Geräte ist das eine Bedingung!

Bipolarer Transistor

Normale Transistoren haben eine npn- oder pnp-Schichtenfolge und werden bipolare Transistoren genannt. Bipolare Transistoren bestehen aus Silizium. Sie gibt es auch in Germanium (veraltet) oder aus Mischkristallen, die nicht sehr häufig verbreitet sind.
Jeder bipolare Transistor besteht aus drei dünnen Halbleiterschichten, die übereinander gelegt sind. die mittlere Schicht ist sehr dünn im Vergleich zu den beiden anderen Schichten. Die Halbleiterschichten sind mit metallischen Anschlüssen versehen, die aus dem Gehäuse herausführen. Die Außenschichten des bipolaren Transistors werden Kollektor (C) und Emitter (E) genannt. Die mittlere Schicht hat die Bezeichnung Basis (B) und ist die Steuerelektrode oder auch der Steuereingang des Transistors.

NPN-Transistor

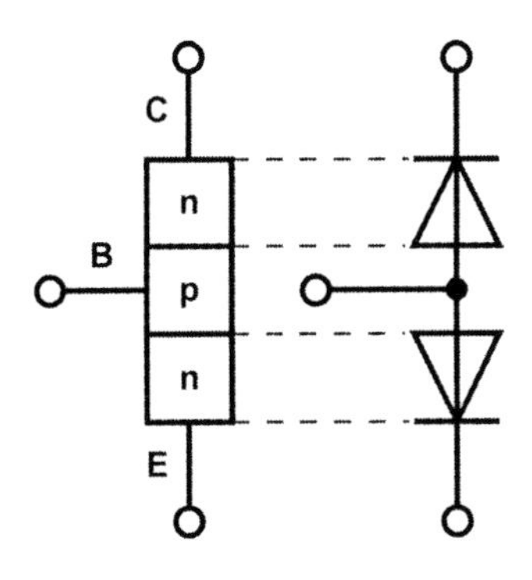

Der NPN-Transistor besteht aus zwei n-leitenden Schichten. Dazwischen liegt eine dünne p-leitende Schicht.

PNP-Transistor

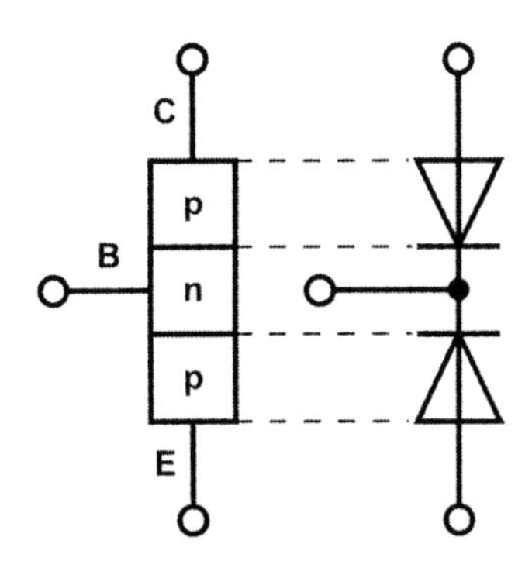

Der PNP-Transistor besteht aus zwei p-leitenden Schichten. Dazwischen liegt eine dünne n-leitende Schicht.

Das Schaltzeichen mit den beiden gegeneinander geschalteten Dioden wird gerne verwendet um den Prinzipaufbau des Transistors darzustellen. Die Funktionsweise eines Transistors kann so in der Realität aber nicht nachgestellt werden. Der Grund liegt in dem veränderten Verhalten aufgrund der sehr dünnen mittleren Schicht des Transistors.

Spannungs- und Stromverteilung

Diese Schaltung soll nur die Strom- und Spannungsverläufe und ihre Beziehung zueinander darstellen. Grundsätzlich sollte im I_B- und im I_C-Stromkreis ein strombegrenzender Widerstand eingesetzt sein.
Bitte beachten: Hier gilt die technische Stromrichtung von Plus nach Minus. Beim PNP-Transistor ist die Polarität der Spannungs- und Stromverteilung genau anders herum. Beim Einsatz ist lediglich auf die Polarität der Betriebsspannung zu achten. NPN-Transistoren werden für positive Spannungen verwendet. PNP-Transistoren werden für negative Spannungen verwendet.

U_{CE} = Kollektor-Emitter-Spannung
U_{BE} = Basis-Emitter-Spannung (Schwellwert)
I_C = Kollektorstrom
I_B = Basisstrom

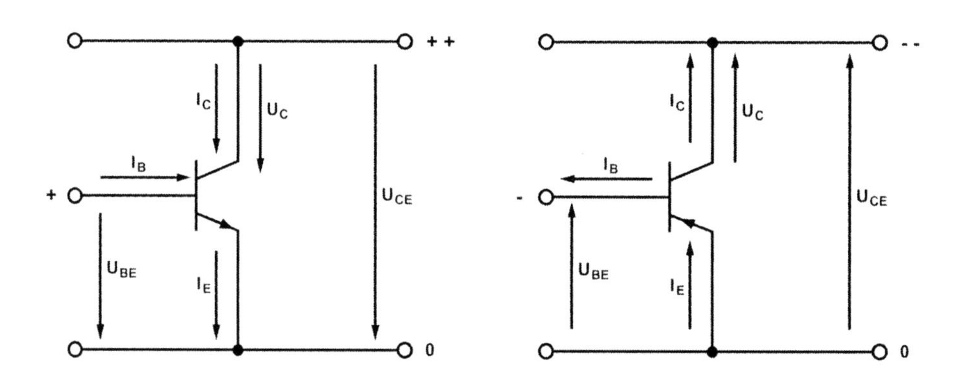

Funktionsweise eines Transistors (NPN)

Bei der Funktionsweise des Transistors muss man die Stromrichtung beachten. Will man das physikalische Prinzip erklären, dann spricht man vom Elektronenstrom oder der physikalischen Stromrichtung (von Minus nach Plus). Sie wird in der folgenden Ausführung verwendet. In Schaltungen und mathematischen Berechnungen wird die technische Stromrichtung (von Plus nach Minus) verwendet.
Durch das Anlegen einer Spannung U_{BE} von 0,7 V, ist die untere Diode

(Prinzip) in Durchlassrichtung geschaltet. Die Elektronen gelangen in die p-Schicht und werden von dem Plus-Pol der Spannung U_{BE} angezogen.
Da die p-Schicht sehr klein ist, wird nur ein geringer Teil der Elektronen angezogen.

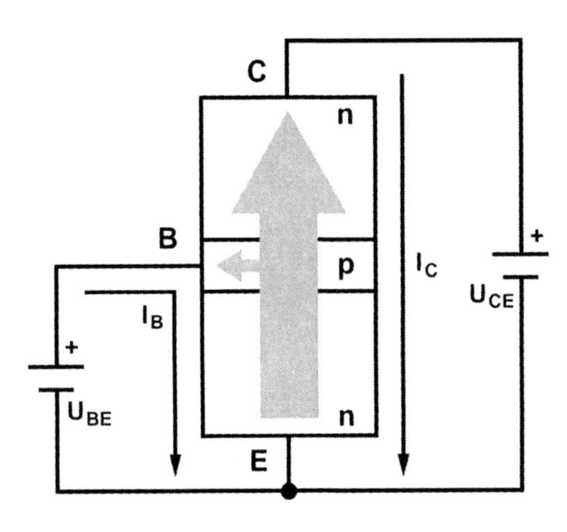

Der größte Teil der Elektronen bewegt sich weiter in die obere Grenzschicht. Dadurch wird diese leitend und der Plus-Pol der Spannung U_{CE} zieht die Elektronen an. Es fließt ein Kollektorstrom I_C.
Bei üblichen Transistoren rutschen etwa 99% der Elektronen von Emitter zum Kollektor durch. In der Basisschicht bleiben etwa 1% der Elektronen hängen und fließen dort ab.

Eigenschaften des bipolaren NPN-Transistors

Der Kollektorstrom I_C fließt nur, wenn auch ein Basisstrom I_B fließt. Wird der Basisstrom I_B verändert, dann verändert sich auch der Kollektorstrom I_C. Innerhalb des Transistors wirkt die Basisstromänderung wie eine Widerstandsänderung. Der Transistor wirkt bei einer Basisstromänderung wie ein elektrisch gesteuerter Widerstand.
Der Kollektorstrom I_C ist um ein vielfaches von 20 bis 10000 mal größer als der Basisstrom I_B. Dieser Größenunterschied kommt von der Aufteilung des Elektronenflusses von Kollektor (C) und Basis (B). Diesen Größenunterschied nennt man Stromverstärkung B. Er lässt sich aus dem Verhältnis I_C zu I_B berechnen.
Der Basisstrom I_B fließt erst dann, wenn die Schwellspannung U_{BE} an der Basis-Emitter-Strecke erreicht ist. Der Schwellwert ist abhängig vom Halbleitermaterial. Üblicherweise nimmt man Silizium-Transistoren, mit einem Schwellwert von 0,6 bis 0,7 V. Es gibt auch Germanium-Transistoren mit einem Schwellwert von 0,3 V.
Mittels einer Hilfsspannung U_{BE} kann der Schwellwert vorab eingestellt werden. Dieses Vorgehen wird als Arbeitspunkteinstellung bezeichnet. Um

diese eingestellte Spannung kann nun der Basisstrom den Kollektorstrom steuern.
Wenn kein Basisstrom I_B fließt, dann sperrt der Transistor. Sein Widerstand in der Kollektor-Emitter-Strecke ist unendlich groß. Die Spannung am Kollektor-Emitter ist sehr groß. Fließt ein Basisstrom, dann wird der Transistor leitend. Sein Widerstand ist kleiner geworden. Damit ist auch die Spannung am Kollektor-Emitter kleiner. Genauer betrachtet führt eine Zunahme am Eingang (Basis) zu einer Abnahme am Ausgang (Kollektor-Emitter). Man nennt das auch invertierendes Verhalten. Diese Eigenschaft ist das Schaltverhalten des bipolaren Transistors und wird in der Elektronik sehr häufig angewendet (Transistor als Schalter).
Wenn die Spannung U_{CE} kleiner ist, als die Spannung U_{BE}, dann befindet sich der bipolare Transistor in der Sättigung oder im Sättigungsbetrieb. Das passiert dann, wenn der Transistor durch den Basisstrom überflutet wird. Der Basisstrom ist dann so groß, dass die maximale Stromverstärkung schon längst erreicht ist und der Kollektorstrom nicht mehr weiter steigt. Generell hat das keine negativen Auswirkungen, solange der maximale Basisstrom nicht überschritten wird. Dabei wird der Transistor zerstört. Allerdings hat der Sättigungsbetrieb negative Auswirkungen auf das Schaltverhalten eines Transistors. Bei einem schnellen Schaltvorgang, wenn die Kollektor-Emitter-Spannung U_{CE} schnell wechseln muss. Dann muss der Transistor erst von der Ladungsträgerüberflutung freigeräumt werden. Das dauert länger, als wenn nur wenige Ladungsträger über die Basis abfließen. Diese Verzögerung macht sich bei hohen Schaltfrequenzen negativ bemerkbar. Dann sollte der Sättigungsbetrieb vermieden werden.
Der bipolare Transistor vereint zwei Stromkreise in sich. Der Stromkreis mit der Spannung U_{BE} wird als Steuerstromkreis bezeichnet. Der Stromkreis mit der Spannung U_{CE} wird als Arbeits- oder Laststromkreis bezeichnet.

Transistor-Kennlinienfelder

Bipolare Transistoren haben die Stromgrößen I_E, I_C, I_B und die Spannungsgrößen U_{CE}, U_{BE}, $U_{C\,(CB)}$. Die Zusammenhänge zwischen den einzelnen Strömen und Spannungen würde insgesamt 30 Kennlinienfelder ergeben. Sofern man einen bipolaren Transistor als Verstärker oder Schalter verwendet, reichen 4 Kennlinienfelder aus. Den Zusammenhang zwischen den relevanten Werten wird in einem Vierquadrantenkennlinienfeld dargestellt. Je nach Grundschaltung sehen diese Kennlinienfelder anders aus. Die Beschreibungen dieser Kennlinienfeldern beziehen sich auf die hier

dargestellte Emittergrundschaltung.
Die gestrichelten Linien in den Kennlinienfeldern zeigen den Zusammenhang zwischen den einzelnen Strömen und Spannungen.

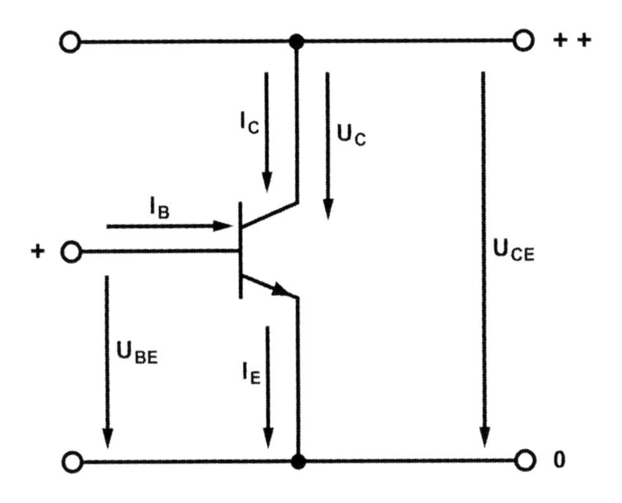

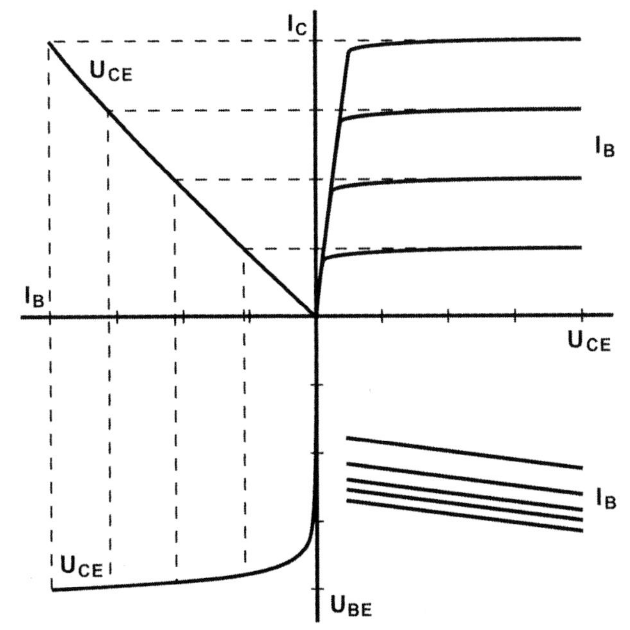

Eingangskennlinienfeld $I_B = f(U_{BE})$

Die Eingangsgrößen der Emitterschaltung sind der Basisstrom I_B und die Basis-Emitter-Spannung U_{BE}. Der Zusammenhang zwischen diesen beiden Werten stellt die Durchlasskennlinie der pn-Schicht zwischen Basis und Emitter dar. Es handelt sich dabei um eine der beiden Diodenstrecken im Transistor. Die Kennlinie gilt jeweils für eine bestimmte Kollektor-Emitter-Spannung U_{CE}.

$$r_{BE} = \frac{\Delta U_{BE}}{\Delta I_B}$$

Der Anstieg an einem bestimmten Punkt in der Kennlinie nennt man differentieller Eingangswiderstand r_{BE}. Der Widerstand r_{BE} ändert sich, wenn die Spannung U_{CE} nicht konstant ist und bezieht sich auf einen bestimmten Arbeitspunkt.

Ausgangskennlinienfeld $I_C = f(U_{CE})$

Die Ausgangsgrößen der Emitterschaltung sind der Kollektorstrom I_C und die Kollektor-Emitter-Spannung U_{CE}. Der Zusammenhang zwischen diesen beiden Werten wird bei verschiedenen Basisströmen I_B angegeben.
Jede Kennlinie gilt für jeweils einen anderen Basisstrom I_B.

$$r_{CE} = \frac{\Delta U_{CE}}{\Delta I_C}$$

Der Anstieg an einem bestimmten Punkt in der Kennlinie nennt man differentieller Ausgangswiderstand r_{CE}. Der Widerstand r_{CE} ändert sich, wenn der Strom I_B nicht konstant ist und bezieht sich auf einen bestimmten Arbeitspunkt.

Stromsteuerkennlinienfeld $I_C = f(I_B)$

Die Stromsteuerkennlinie ergibt sich aus dem Zusammenhang von Kollektorstrom I_C und dem Basisstrom I_B. Die Stromsteuerkennlinie wird auch als Übertragungskennlinie bezeichnet.
Die Kennlinie gilt jeweils für eine bestimmte Kollektor-Emitter-Spannung U_{CE}. Die Charakteristik der Kennlinie ist anfangs nahezu linear und krümmt sich dann gegen Ende etwas.
Aus der Steilheit der Kennlinie kann die Gleichstromverstärkung B und differenzielle Stromverstärkung β abgelesen werden. Je steiler die Kennlinie, desto größer die Stromverstärkung. Ist die Kennlinie stark gekrümmt, dann ist die Verstärkung nicht konstant. Dadurch entstehen Verzerrungen am Ausgang einer Verstärkerschaltung.

$$B = \frac{I_C}{I_B}$$

Der Gleichstromverstärkungsfaktor B ergibt sich direkt aus dem Kollektorstrom I_C und dem Basisstrom I_B, bei einer bestimmten Kollektor-Emitter-Spannung.

Der Wechselstromverstärkungsfaktor β ergibt sich aus der Kollektorstromänderung ΔI_C und der Basisstromänderung ΔI_B bei einer bestimmten Kollektor-Emitter-Spannung U_{CE}.

Rückwirkungskennlinienfeld $U_B = f(U_{CE})$

$$\beta = \frac{\Delta I_C}{\Delta I_B}$$

Die Rückwirkung vom Ausgang (Spannung U_{CE}) auf den Eingang (Spannung U_{BE}) wird im Rückwirkungskennlinienfeld dargestellt.

Eine Änderung der Kollektor-Emitter-Spannung U_{CE} führt zu einer Änderung der Basis-Emitter-Spannung U_{BE}. Diese Rückwirkung sollte möglichst klein gehalten werden. Dies ist nicht durch schaltungstechnische Maßnahmen möglich. Einfluss hat nur der Transistor-Hersteller.

Die Rückwirkungskennlinie bezieht sich auf einen bestimmten Basisstrom I_B.

$$D = \frac{\Delta U_{BE}}{\Delta U_{CE}}$$

Das Maß für die Rückwirkung ist der differentielle Rückwirkungsfaktor D bei einem bestimmten Basisstrom. Der Rückwirkungsfaktor D ändert sich, wenn der Basisstrom I_B nicht konstant ist und bezieht sich auf einen bestimmten Arbeitspunkt.

FET - Feldeffekt-Transistor / Unipolarer Transistor

Durch ein elektrisches Feld wird der Stromfluss durch den leitenden Kanal des Feldeffekt-Transistors gesteuert. Durch eine angelegte Spannung an der Steuerelektrode wird das elektrische Feld beeinflusst.

Es gibt folgende Feldeffekt-Transistoren:

- Sperrschicht-Feldeffekt-Transistor (Junction-FET, JFET)
- Isolierschicht-Feldeffekt-Transistor
- MOS-Feldeffekttransistor (MOS-FET)
- Unijunctiontransistor (UJT)
- Dual-Gate-MOS-FET

Anschlüsse

Die Anschlüsse beim FET werden anders bezeichnet als beim bipolaren Transistor. Die Anschlüsse haben aufgrund anderer physikalischer Eigenschaften eine andere Bedeutung.
Das Gate (Tor), kurz G, ist die Steuerelektrode. Der Drain (Abfluss), kurz D, ist mit dem Kollektor vergleichbar. Über diesen Anschluss fließt der Elektronenstrom ab. Der Source (Quelle), kurz S, ist mit dem Emitter vergleichbar. Dort fließt der Elektronenstrom in den FET hinein.

Sperrschicht-Feldeffektransistoren (JFET)

Sperrschicht-FETs werden im Englischen als JFET bezeichnet. Das J steht für Junction, das auf Deutsch Sperrschicht bedeutet.
Sperrschicht-FETs gibt es als n-Kanal- und p-Kanal-Typen.

n-Kanal-Typ

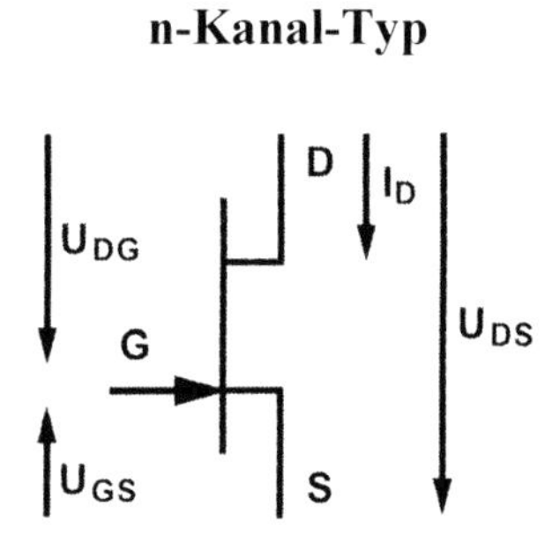

p-Kanal-Typ

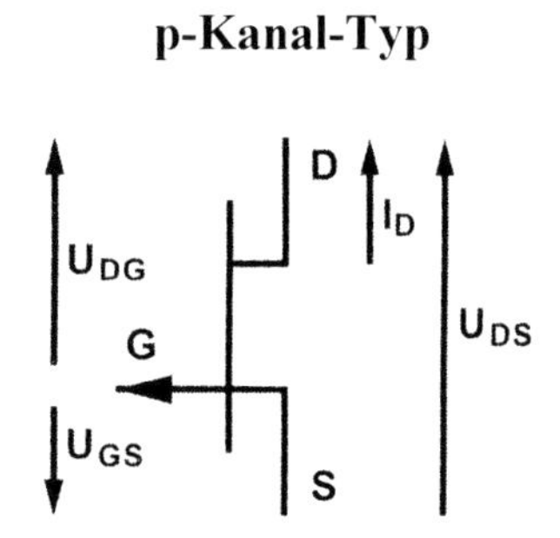

Der n-Kanal-Typ hat eine n-leitende Kristallstrecke und zwei p-leitende Zonen.
Der n-Kanal-Sperrschicht-FET hat eine positive Drainspannung U_{DS} und eine negative Gatespannung U_{GS}.

Der p-Kanal-Typ hat eine p-leitende Kristallstrecke und zwei n-leitende Zonen.
Der p-Kanal-Sperrschicht-FET hat eine negative Drainspannung U_{DS} und eine positive Gatespannung U_{GS}.

Funktionsweise

Die physikalische Funktionsweise wird am n-Kanal-Sperrschicht-FET erklärt.

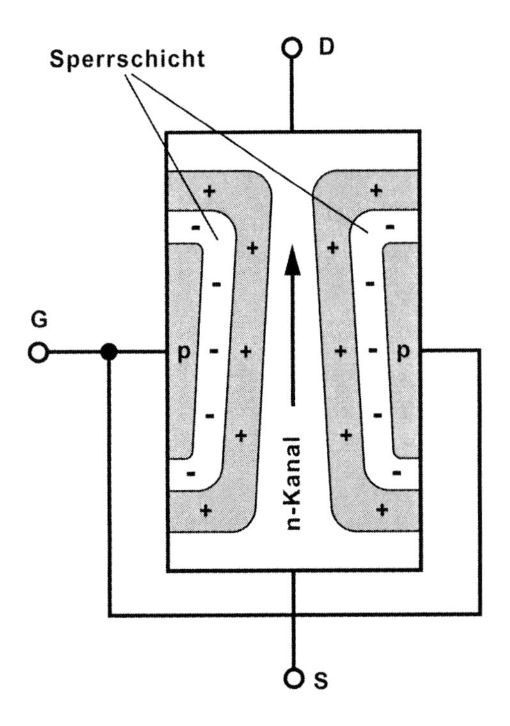

Der n-Kanal-Sperrschicht-FET besteht aus einer n-leitenden Kristallstrecke. In die Seiten sind zwei p-leitende Zonen eindotiert. Diese beiden Zonen sind elektrisch miteinander verbunden und werden als Gate-Anschluss (G) aus dem Bauteil herausgeführt. Der n-Kanal hat jeweils zwei Anschlüsse. Den Drain (D) und den Source (S). Wenn an diesen Anschlüssen eine Spannung angelegt wird, dann fließt ein Strom von Source nach Drain. Die n-leitende Schicht hat gegenüber den p-leitenden Schichten eine positive Spannung. Um die p-leitenden Zonen entsteht eine Sperrschicht (Raumladungszone). Die Breite der Sperrschichten nimmt mit der an Source und Drain anliegenden Spannungshöhe im n-Kanal zu. Die Spannung wird zum Drain hin größer. Daher ist dort die Sperrschicht etwas breiter. Die p-Zonen haben eine Spannung von 0V. In ihnen fließt kein Strom.
Innerhalb der Sperrschichten befinden sich keine frei beweglichen Ladungsträger (Elektronen). Die Elektronen im n-Kanal müssen den Weg

zwischen den Sperrschichten nehmen.
Legt man an den Gate-Anschluss eine negative Spannung U_{GS} an, dann werden die Sperrschichten größer. Der n-Kanal wird dünner. Der Strom durch den n-Kanal wird mit I_D bezeichnet und wird kleiner. Je negativer die Spannung U_{GS}, desto breiter sind die Sperrschichten, desto größer der n-Kanal-Widerstand, desto kleiner der Strom I_D.
Wegen der Eigenleitung von Halbleiterkristallen lässt sich ein kleiner Sperrstrom durch die Sperrschicht in die p-Zonen nicht verhindern. Er ist allerdings so klein, dass sich die Sperrschicht nahezu leistungslos verändern lässt. Die Sperrschichtbreite und dadurch der Stromfluss durch den FET wird nur mit einer Spannung U_{GS} gesteuert.

Kennlinienfeld

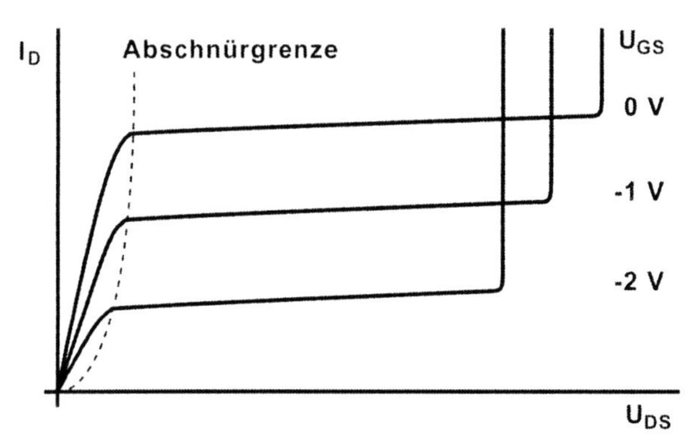

Die typische Kennlinien eines FET kommen aus einem Punkt, im Gegensatz zum Bipolaren Transistor, bei dem die Kennlinien aus einem Stamm kommen.
Jede der Kennlinien gilt für eine bestimmte Gatespannung U_{GS}. Bei einer Gatespannung von 0 V ist die Sperrschicht am schmalsten bzw. kleinsten. Hier fließt der größte Strom I_D durch den Kanal. Ab der Abschnürgrenze lässt sich der Strom durch den Kanal nicht mehr erhöhen. Ab dieser Drainspannung U_{DS} wird der Drainstrom I_D nicht mehr wesentlich größer. Steigt die Drainspannung auf einen zu hohen Wert an, entsteht ein Durchbruch der Sperrschicht. Der Durchbruch ist mit dem Zener-Effekt der Z-Diode vergleichbar und hat die Zerstörung des Feldeffekttransistors zur Folge.

Anwendungen

- Analogschalter (IC)
- Schalten von Wechselspannungen
- Konstantstromquelle
- Verstärker

Sperrschicht-FETs werden in Verstärkern, in Schalterstufen und Oszillatoren eingesetzt. Ein besonderer Vorteil ist ihr großer Eingangswiderstand, der eine leistungslose Steuerung ermöglicht. Der FET eignet sich nicht für hochfrequente Anwendungen.

Schaltzeichen

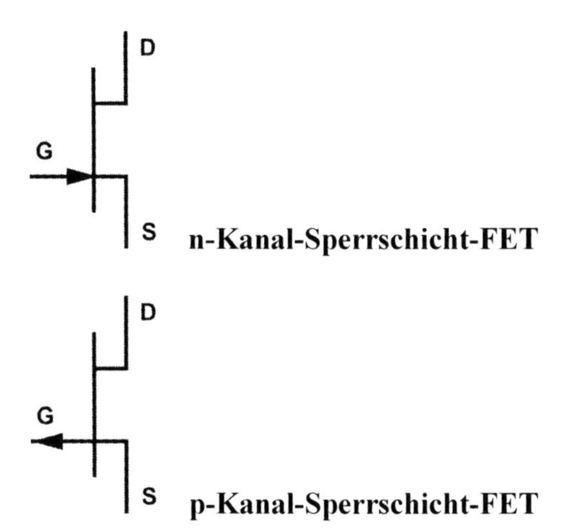

MOS-Feldeffekttransistor (MOS-FET)

Die Bezeichnung MOS bedeutet Metal-Oxide-Semiconductor, was soviel bedeutet, wie Metall-Oxid-Halbleiterbauteil. Der MOS-FET ist auch als IG-FET bekannt. Diese Bezeichnung kommt von Insulated Gate und bedeutet isoliertes Gate. Das hängt mit dem Aufbau des MOS-FET zusammen.

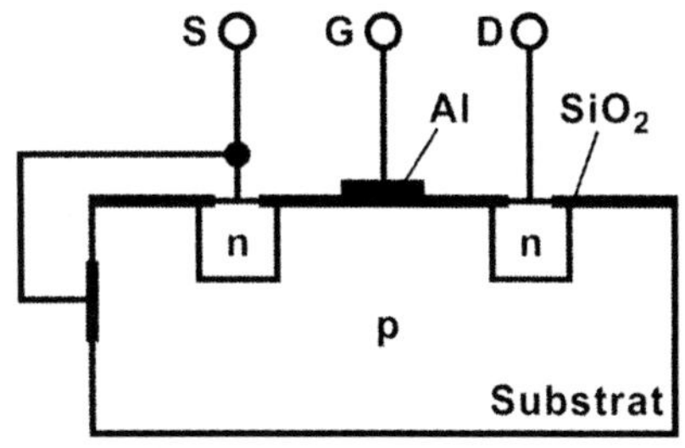

Auf dem Bild ist die Grundstruktur eines MOS-FET (n-Kanal-Anreicherungstyp) dargestellt. Dieser Feldeffekttransistor besteht aus einem p-leitenden Kristall, dem Substrat. In das Substrat sind zwei n-leitende Inseln eindotiert. Der Kristall ist mit Siliziumdioxid (SiO_2) abgedeckt (Isolierschicht). Die n-leitenden Inseln sind aber noch freigelegt und über Kontakte nach außen geführt (S und D). Auf dem Siliziumdioxid ist eine Aluminiumschicht (Al) als Gate-Elektrode aufgedampft.

Funktionsweise

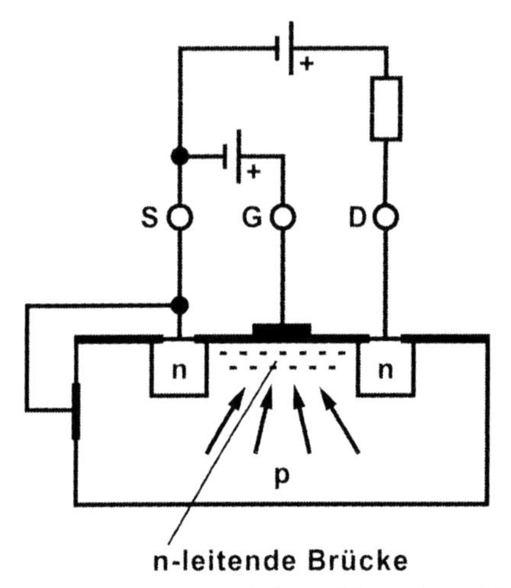

Diese Beschreibung des MOS-FET bezieht sich auf den Anreicherungstyp. Es gibt auch noch den Verarmungstyp. Der MOS-FET befindet sich immer im Sperr-Zustand (deshalb selbstsperrend), wenn keine positive Spannung zwischen Gate- und Source-Anschluss anliegt.
Wird zwischen Gate und Source (Substrat bei n-MOS-FET) eine positive Spannung U_{GS} angelegt, dann entsteht im Substrat ein elektrisches Feld. Die Elektronen im p-leitenden Substrat (viele Löcher, sehr wenige Elektronen) werden vom positiven Gate-Anschluss angezogen. Sie wandern bis unter das Siliziumdioxid (Isolierschicht).
Die Löcher wandern in entgegengesetzter Richtung. Die Zone zwischen den n-leitenden Inseln enthält überwiegend Elektronen als freie Ladungsträger. Zwischen Source- und Drain-Anschluss befindet sich nun eine n-leitende Brücke.
Die Leitfähigkeit dieser Brücke lässt sich durch die Gatespannung U_{GS} steuern.
Die Vergrößerung der positiven Gatespannung führt zu einer Anreicherung der Brücke mit Elektronen. Die Brücke wird leitfähiger. Die Verringerung der positiven Gatespannung führt zu einer Verarmung der Brücke mit Elektronen. Die Brücke wird weniger leitfähig.
Dadurch das die Siliziumdioxid-Schicht isolierend zwischen Aluminium und Substrat wirkt, fließt kein Gatestrom I_G. Zur Steuerung wird nur eine Gatespannung U_{GS} benötigt. Die Steuerung des Stromes I_D durch den MOS-FET erfolgt leistungslos.

Verarmungsprinzip

Der oben beschriebene MOS-FET ist ein Anreicherungstyp. Er ist selbstsperrend. Es gibt aber auch MOS-FETs als Verarmungstypen. Sie sind selbstleitend, weil sie schon nach angelegter Spannung U_{DS} leitend sind. Das wird durch eine schwache n-Dotierung zwischen den n-leitenden Inseln

(Source und Drain) erzeugt. Dieser MOS-FET sperrt nur vollständig, wenn die Gatespannung U_{GS} negativer ist als die Spannung am Source-Anschluss. Der selbstleitende MOS-FET wird durch eine negative, wie auch eine positive Gatespannung U_{GS} gesteuert.

Übersicht der MOS-Feldeffekttransistoren

	n-Kanal	
MOS-FET Typ	Anreicherungstyp (selbstsperrend)	Verarmungstyp (selbstleitend)
I_D bei U_{DS}	positiv	positiv
U_{GS}	positiv	positiv/negativ
Schaltzeichen	D G S	D G S
Anwendung	Leistungsverstärker	Hochfrequenzverstärker, digitale integrierte Schaltungen
	p-Kanal	
MOS-FET Typ	Anreicherungstyp (selbstsperrend)	Verarmungstyp (selbstleitend)
I_D bei U_{DS}	negativ	negativ
U_{GS}	negativ	negativ/positiv
Schaltzeichen	D G S	D G S
Anwendung	Leistungsverstärker	Hochfrequenzverstärker

Integrierte Schaltungen (IC)

Viele Schaltungen oder Schaltungsteile kommen in der praktischen Elektronik immer wieder vor. Um diese, teilweise komplexen, Schaltungen nicht immer wieder neu aufbauen oder erfinden zu müssen, werden sie in integrierte Schaltungen (IS = Integrierter Schaltkreis) zusammengefasst und in einem Gehäuse vergossen.

Vorteile	Nachteile
preisgünstig	defektes IC schwer zu erkennen
platzsparend	zum Auslöten ist ein Spezialwerkzeug notwendig
betriebssicher	wegen Typenvielfalt (Spezialtypen) schwere Ersatzteilbeschaffung

Analoge ICs

In analogen ICs sind vor allem Hoch- und Niederfrequenzverstärker, regelbare Verstärker, Mischstufen, Filterschaltungen, Operationsverstärker, Instrumentationsverstärker, Leistungsverstärker, Referenzspannungsquellen, Spannungsregler, Sample-/Hold-, Aktor- (Motion-Control) und Sensorschaltungen enthalten.
Spulen (Gyratoren) mit sehr hohen Induktivitäten und sehr hoher Güte und Kondensatoren mit sehr hohen Kapazitäten werden durch Schaltungen mit Operationsverstärker, Widerständen und Kondensatoren mit niedrigen Kapazitäten nachgebildet. Diese Schaltungen eignen sich für Signalverarbeitungszwecke, aber nicht für große Ströme und große Leistungen.

Eine Schaltung wirkt wie eine Spule, wenn die Spannung dem Strom um 90° vorauseilt (Phasenverschiebung).
Eine Schaltung wirkt wie ein Kondensator, wenn der Strom der Spannung um 90° vorauseilt (Phasenverschiebung).

Digitale ICs

Digitale ICs enthalten Schaltungen, die digitale Zustände verarbeiten und logische Verknüpfungen aus der Digitaltechnik enthalten.

Sie werden in Bipolar-Technik oder in MOS-Technik hergestellt. MOS-Schaltungen sind besonders billig herzustellen und haben eine geringere Stromaufnahme.

Integrierte Festspannungsregler (78xx/79xx)

Bei Anwendungen mit ständiger Spannungsstabilisierung und geringer, sowie stabiler Stromentnahme reicht eine einfache Schaltung mit Vorwiderstand und Z-Diode aus. Wenn allerdings größere Ströme, genauere und stabilere Spannungswerte gefordert werden, kommen integrierte Festspannungsregler zum Einsatz. Sie bestehen aus verschiedenen Stabilisierungsschaltungen und mehreren Verstärkerstufen. Zusätzlich haben sie eine interne Strombegrenzung, die bei Überlastung und Kurzschluss einsetzt. Bei einem Kurzschluss regelt der Festspannungsregler seine Ausgangsspannung automatisch herunter. Wird der Kurzschluss aufgehoben, stabilisiert sich die Ausgangsspannung wieder auf ihren festen Wert. Eine thermische Schutzschaltung verhindert die Zerstörung des ICs durch Überhitzung.

78xx-/79xx-Serie

Die bekanntesten Festspannungsregler sind die 78xx-Serie für positive und die 79xx-Serie für negative Spannungen. Die Ausgangsspannungen dieser Serien können 5, 6, 8, 9, 12, 15, 18 oder 24 V betragen. Damit die Spannungsregler einwandfrei arbeiten sollte die Eingangsspannung mindestens zwischen 2 bis 3 V über der Ausgangsspannung liegen. Bei diesen Reglern sollte die Eingangsspannung nicht mehr als 36 V betragen. Die Differenz der Eingangsspannung zur Ausgangsspannung sollte nicht viel höher sein als 3 V, sonst ist die Verlustleistung am Festspannungsregler zu groß. Die Verlustleistung macht sich als Wärmeentwicklung bemerkbar. Das erfordert eine Kühlung durch ein Kühlblech.

Typenbeschreibung

In der Tabelle ist die Stromentnahme bei Kühlung durch ein Kühlblech oder Kühlkörper angegeben. Ist keinerlei Kühlung möglich, so ist nur etwa die Hälfte der Stromentnahme möglich (eher weniger), ohne den Festspannungsregler durch Überhitzung zu zerstören.

Das xx bezeichnet den Wert der Ausgangsspannung in zwei Zahlen. 05 wäre demnach 5 V. 12 wäre demnach 12 V.

Pinbelegung

TO-220

Pins	78xx	79xx
1	E	GND
2	GND	E
3	A	A

Beschaltung

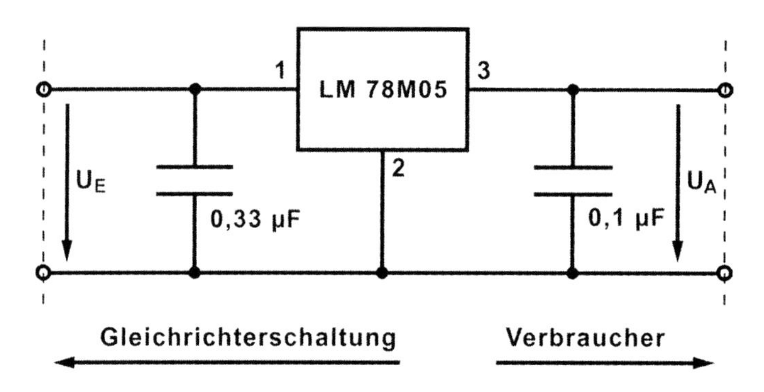

Einzige notwendige Beschaltung des Festspannungsreglers sind zwei Kondensatoren. Jeweils am Eingang und am Ausgang sollten sie auf kurzer Strecke mit dem Festspannungsregler verbunden sein.
Vor dieser Schaltung befindet sich die Gleichrichterschaltung. Nach der Schaltung befindet sich die übrige Schaltung oder der Verbraucher.

Timer NE 555/556

Der NE 555 ist eine monolithisch integrierte Zeitgeberschaltung, die sich aufgrund ihrer Eigenschaften als Oszillator und für Zeitverzögerungen verwenden lässt.
Der NE 555 ist der Standard-Baustein für alle zeitabhängigen Anwendungen in der praktischen Elektronik. Er ist so universell einsetzbar, dass er als wichtigster integrierter Schaltkreis gilt.

Nur selten lassen sich Schaltungen leichter aufbauen, wie mit einem NE 555. Der NE 556 enthält zwei Timer in einem IC-Baustein. Der NE 558 enthält sogar 4 Timer in einem Baustein.

Es empfiehlt sich die CMOS-Version zu verwenden, wenn nur geringe Ausgangsströme gefordert werden, weil die bipolare Version beim Umschalten des Ausgangverstärkers einen hohen Impulsstrom in der Speiseleitung zieht, der einen Blockkondensator mit relativ großer Kapazität voraussetzt. CMOS-Versionen sind LMC555CN (National Semiconductor) oder TLC555CP (Texas Instruments).

Innenschaltung

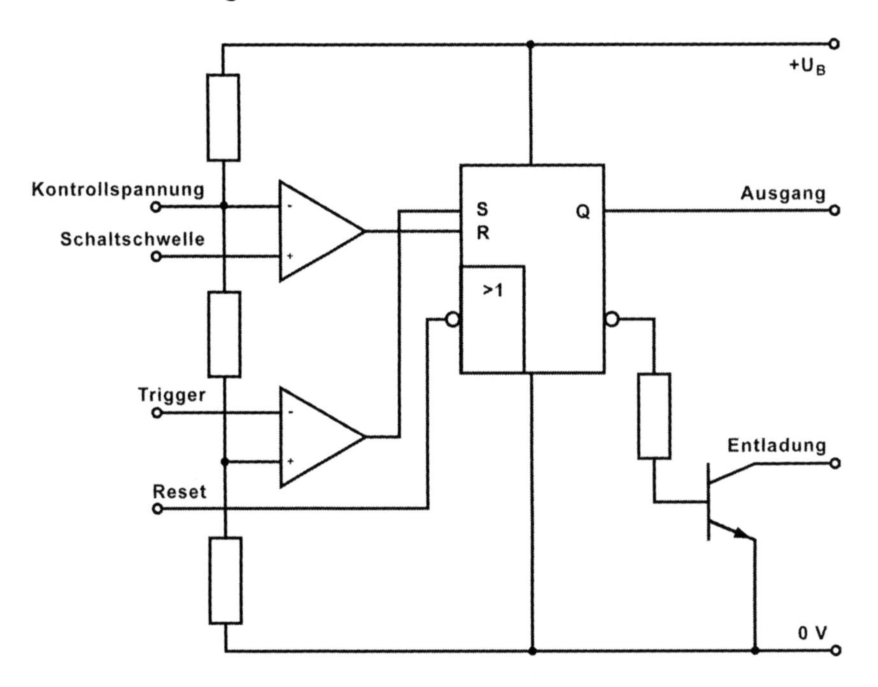

- Der Rücksetzeingang hat Vorrang vor allen anderen Eingängen.
- Beim Rücksetzen haben beide Ausgänge den gleichen Wert.
- Der Entlade-Ausgang ist ein Open-Kollektor-Ausgang.

Operationsverstärker

Der Operationsverstärker ist viel zu komplex, um ihn mit einfachen Worten beschreiben zu können. Doch auch mit viel Wort und Bild kann man ihm nicht ganz gerecht werden. Er ist eine der größten Erfindung der Elektronik und geht historisch weit in die Röhrentechnik zurück.
Der Operationsverstärker wird abgekürzt als OP, OV oder OPV. Die Bezeichnung Opamp ist die Abkürzung für die englische Bezeichnung Operating-Amplifier. Der Begriff Operationsverstärker stammt aus der Zeit, als man mathematische Operationen noch mit Analogtechnik aufbaute. Heute machen das digitale Bausteine, bis hin zum Mikroprozessor, der von Software gesteuert wird.
Der Operationsverstärker ist ein mehrstufiger, hochverstärkender, galvanisch gekoppelter Differenzverstärker. Er kann sowohl Gleichspannungen als auch Wechselspannungen verstärken. Der innere Aufbau ist so beschaffen, dass seine Wirkungsweise durch die äußere Gegenkopplungsbeschaltung beeinflusst wird.
Der OP hat einen invertierenden (Minus-) Eingang und nichtinvertierenden (Plus-) Eingang. Das Plus-Symbol bedeutet, dass der Verstärkungsfaktor mit positivem Vorzeichen multipliziert werden muss. Das Minus-Symbol bedeutet, dass der Verstärkungsfaktor mit negativem Vorzeichen multipliziert werden muss. Die Differenz der beiden Spannungen wird verstärkt auf den Ausgang ausgegeben.
Über eine entsprechende Beschaltung kann man mit OPs neben den Grundschaltungen, wie Addierer, Subtrahierer, Verstärker, aktive Abschwächer, auch Filterschaltungen oder komplette Reglerschaltungen, wie z. B. ein elektronisch geregeltes Netzteil, realisieren.

Aufbau

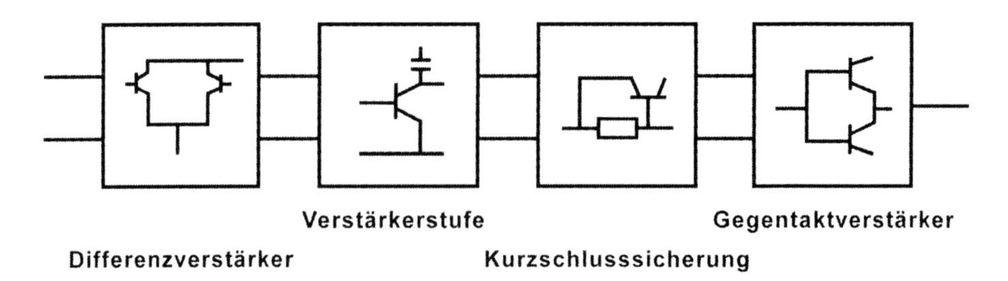

Der prinzipielle Aufbau jedes Operationsverstärkers wird im folgenden beschrieben. Operationsverstärker haben als Eingangsstufe immer einen Differenzverstärker. Danach kommt eine zweite Verstärkerstufe, eine Kurzschlusssicherung und am Ausgang ein Gegentaktverstärker. Die zweite Verstärkerstufe enthält immer entweder eine integrierte Frequenzgangkompensation oder eine solche die an Anschlusspins von außen beschaltet werden kann. Ohne diese Kompensationsschaltung wäre der OPs in seiner verstärkenden Funktion unbrauchbar. Er wäre instabil und würde schwingen.
Dieses hochkomplexe Halbleiterbauteil gibt es in sehr vielen Variationen, die alle sehr unterschiedliche Eigenschaften haben. Sie sind für die unterschiedlichsten Anwendungen optimiert.

Ansteuerung

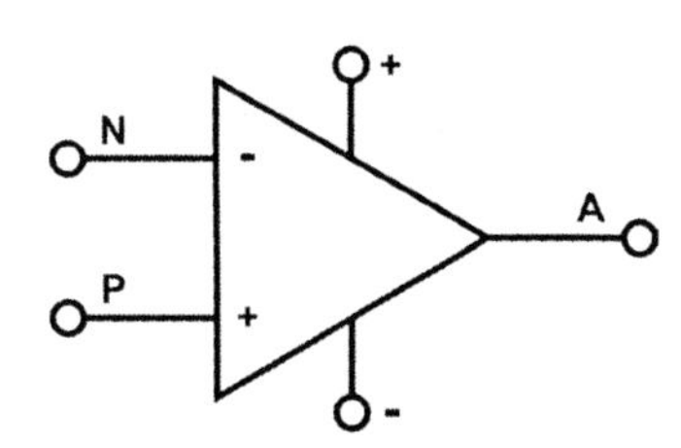

Der Operationsverstärker wird oft symmetrisch mit zwei identischen Gleichspannungen betrieben. Sehr gebräuchlich sind ±5V, ±12V und ±15V. Es gibt aber auch Anwendungen bei denen der Operationsverstärker mit nur einer Gleichspannung betrieben wird. Der Minusanschluss wird dann mit dem GND der Betriebsspannung verbunden. Je nach Operationsverstärkertyp kann man die Speisespannungsanschlüssen mit wenigen bis 100 V beschalten.
Wird der nichtinvertierende Eingang des Operationsverstärkers gesteuert, so ist die Ausgangsspannung zur Eingangsspannung gleichpolig. Wird der invertierende Eingang des Operationsverstärkers gesteuert, so ist die Ausgangsspannung zur Eingangsspannung gegenpolig.
Viele Operationsverstärker vertragen am Eingang nicht mehr Spannung als die Betriebsspannung beträgt. Aus diesem Grund müssen bei Versuchszwecken zuerst die Eingangssignale entfernt werden, bevor die Betriebsspannung abgeschaltet wird. Wenn dem Operationsverstärker externe Signalspannungen zugeführt werden, dann sollten Schutzschaltungen gegen Überspannungen eingebaut werden.

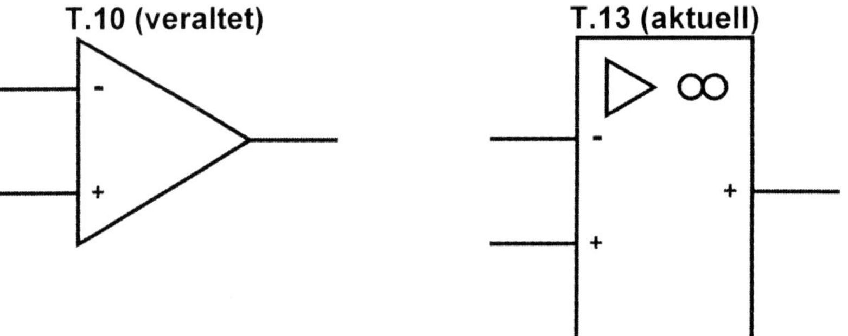

Idealer Operationsverstärker

Ein idealer Operationsverstärker hat einen unendlich großen Verstärkungsfaktor V, einen unendlich großen Eingangswiderstand R_e, einen Ausgangswiderstand R_a gleich Null und einen Frequenzbereich von Null bis unendlich. Außerdem ist der ideale Operationsverstärker vollkommen symmetrisch. Gleiche Spannungen an den beiden Eingängen ergeben einen Ausgangsspannung U_a von Null. Der Grund ist die Differenz U_{PN} zwischen den Eingangsspannungen, die Null ist. Vorausgesetzt die Amplitude und Phasenlage sind gleich. Man spricht dann von Gleichtaktaussteuerung. Die Verstärkung heißt dann Gleichtaktverstärkung. Sie ist gleich Null. Das Verhältnis zwischen dem Verstärkungsfaktor V und der Gleichtaktverstärkung wird Gleichtaktunterdrückung genannt. Sie ist unendlich groß.
Verzerrungen oder Rauschen, sowie die Abhängigkeit von der Umgebungstemperatur gibt es beim idealen Operationsverstärker nicht. Und zwischen Eingangs- und Ausgangsspannung besteht ein linearer Zusammenhang.

Realer Operationsverstärker

Beim Einsatz von Operationsverstärkern sind möglichst ideale Eigenschaften gewünscht. Leider kann man solche Operationsverstärker nicht herstellen. Einzig die Optimierung einiger Eigenschaften, hin zum idealen Wert, ist möglich. In vielen Anwendungen sind ideale Eigenschaften gar nicht nötig. Man geht dann in solchen Situationen von idealen Eigenschaften aus.

Vergleichstabelle

In der Vergleichstabelle kann man sehen, welche Eigenschaften bzw. Kenngrößen im idealen Operationsverstärker vorhanden und im realen Operationsverstärker möglich sind. Da die technische Entwicklung nicht stehen bleibt, sind diese Werte vielleicht nicht mehr aktuell.
Die Kenngrößen des realen Operationsverstärkers werden nur in besonders hochwertigen OPs erreicht. Sie werden in den meisten Anwendungen nicht gebraucht.

Kenngröße	**Idealer Operationsverstärker**	**Realer Operationsverstärker**
Verstärkungsfaktor V	unendlich	ca. 1.000.000
Eingangswiderstand R_e	unendlich Ω	1 MΩ bis 1000 MΩ
Untere Grenzfrequenz f_{min}	0 Hz	0 Hz
Unitity-Gain-Frequenz-Bandbreite	unendlich Hz	> 100 MHz
Gleichtaktverstärkung V_{Gl}	0	ca. 0,2
Gleichtaktunterdrückung G	unendlich	ca. 5.000.000
Rausch-Ausgangsspannung U_{rausch}	0 V	ca. 3 μV

Kenngrößen des Operationsverstärkers

Die nachfolgenden Begriffe sind beim Betrieb eines OP zu beachten. Es handelt sich dabei aber nur um einen Auszug der wichtigsten Begriffe. Die jeweiligen Werte sind dem Datenblatt des zu verwendeten Op zu entnehmen.

Offset-Spannung (engl. Input Offset Voltage)
Differenzspannung, die man eingangsseitig anlegen muss um am Ausgang eine Auslenkung aus der Ruhelage zu verhindern.

Offset-Strom (engl. Input Offset Current)
Differenz der Eingangströme, die bei ausgangsseitiger Ruhelage fließen.

Temperaturkoeffizient (engl. Temperature Drift)
Einfluss der Temperatur auf Offset-Spannung und -Strom.

Eingangsstrom (engl. Input Bias Current)
Mittelwert aus den Strömen, die im Ruhezustand in beiden Eingängen fließen.

Eingangswiderstand (engl. Input Resistance/Impedance)
Widerstand eines Eingangs gegen Null, wenn der andere Eingang mit Null verbunden ist.

Eingangsspannungsdifferenz (engl. Differential Input Voltage)
Bereich der zulässigen Eingangs-Differenzspannung.

Leerlauf-Spannungsverstärkung (engl. Open Loop Voltage Gain)
Die Leerlaufverstärkung (Open-Loop-Voltage-Gain oder einfach Open-Loop-Gain) eines OPs ist extrem hoch. Um eine vernünftige Verstärkung bei einer brauchbaren Grenzfrequenz zu erhalten, wird ein Teil der Ausgangangsspannung, z. B. mit einem einfachen Spannungsteiler, auf den invertierenden Eingang gegengekoppelt. Diese gegengekoppelte Verstärkung nennt man Closed-Loop-Voltage-Gain oder einfach Closed-Loop-Gain.

Ausgangswiderstand (engl. Output Resistance/Impedance)
Widerstand bei belastetem Ausgang. Gilt nur bei geringer Aussteuerung und ist frequenzabhängig.
In den Datenblättern steht kaum etwas über den Ausgangswiderstand. Das liegt daran, weil der Ausgangswiderstand durch die Gegenkopplung bestimmt wird. Wenn die gegengekoppelte Verstärkung in Relation zur Open-Loop-Voltage-Gain klein ist, dann regelt der OP so, dass der Ausgangswiderstand im zulässigen Laststrombereich und innerhalb der Aussteuergrenze vernachlässigbar
klein ist. Bei höheren Frequenzen nimmt die Open-Loop-Voltage-Gain ab und damit steigt der Ausgangswiderstand.

Ausgangsspannungshub (engl. Output Voltage Swing)
Ausgangsseitige Aussteuerbarkeit bevor die Begrenzung eintritt.

Gleichtaktunterdrückung (engl. Common Mode Rejection Ratio)
Dämpfung, die Auftritt bevor das Signal verstärkt wird.

Stromaufnahme (engl. Supply Current)
Der Strom, den die Versorgungsspannung ohne Ausgangslast liefern muss.

Verlustleistung (engl. Power Consumption)
Die Gleichstromleistung, die der Verstärker ohne Ausgangslast aufnimmt. In den Datenblättern ist die Strom- und Leistungsaufnahme bei Opamps ohne Last immer etwa gleich groß. Das hat damit zu tun, dass der Ruhestrom in den Endstufen, zwecks Niedrighalten des Klirrfaktors, einen großen Anteil ausmacht.

Nichtinvertierender Betrieb (non inverting mode)

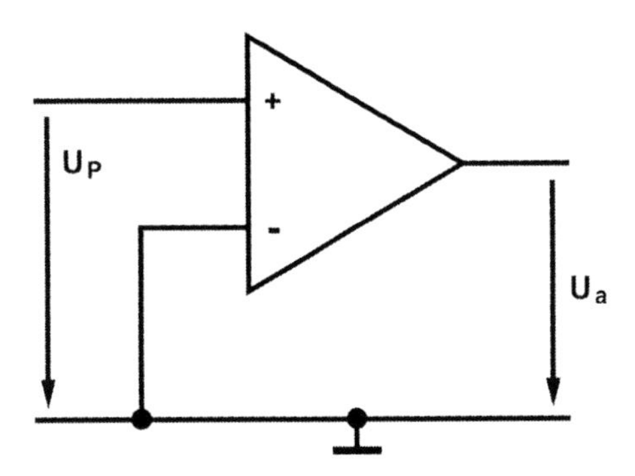

Invertierender Betrieb (inverting mode)

Im Zusammenhang mit dem invertierenden Betrieb liest man immer wieder, dass das Eingangssignal zum Ausgangssignal um 180° phasenverschoben ist (invertierender Operationsverstärker). Es handelt sich dabei um einen Irrtum. Obwohl es immer wieder zu lesen ist und immer wieder gesagt wird. Es ist falsch. Richtig ist, dass das Eingangssignal zum Ausgangssignal invertiert ist.

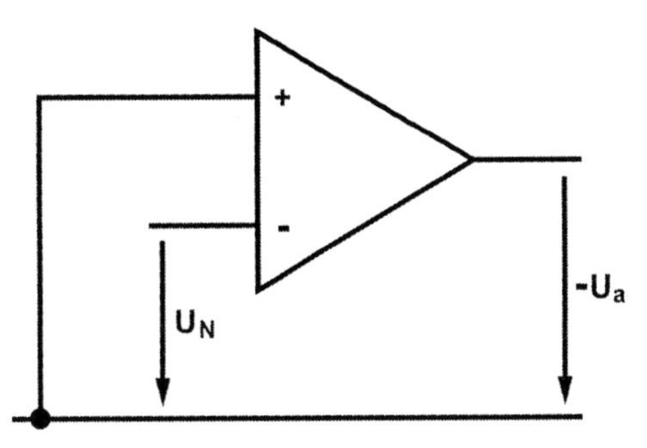

Also die Signale zueinander gegenpolig sind. Positives Signal am Eingang bedeutet negatives Signal am Ausgang. Negatives Signal am Eingang bedeutet positives Signal am Ausgang. Und diese Situation ist unabhängig von der Signalfrequenz.

Eine Phasenverschiebung von 180° würde dagegen bedeuten, dass das Eingangs- und Ausgangssignal um eine halbe Periode zueinander zeitversetzt wären. Dem ist nicht so.

Differenzbetrieb (differential mode)

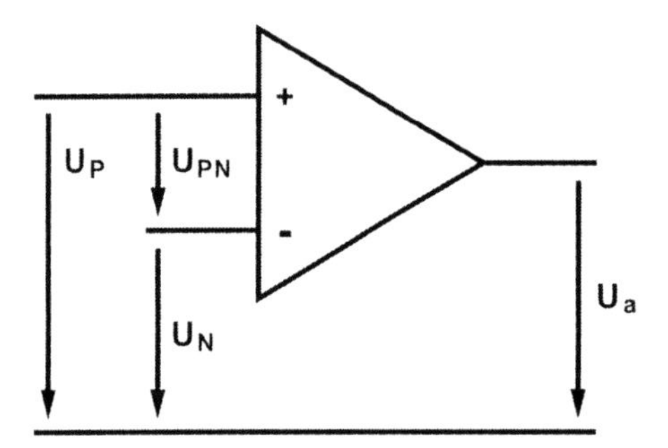

Gleichtaktbetrieb (common mode)

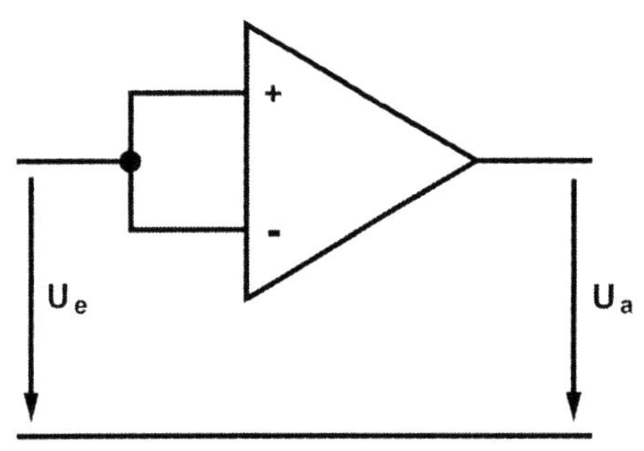

Den Gleichtaktbetrieb gibt es so nicht. Man stellt damit nur fest, ob die Gleichtaktunterdrückung richtig funktioniert. Wenn dem so ist, dann bekommt man nach dem Anlegen eines Eingangssignals am Ausgang keine Signal. Da jeder Operationsverstärker im Innern unsymmetrisch ist, liegt am Ausgang trotzdem ein Signal an. Dieser Betrieb ist also lediglich ein Testfall um die Gleichtaktunterdrückung zu prüfen.

Schmitt-Trigger

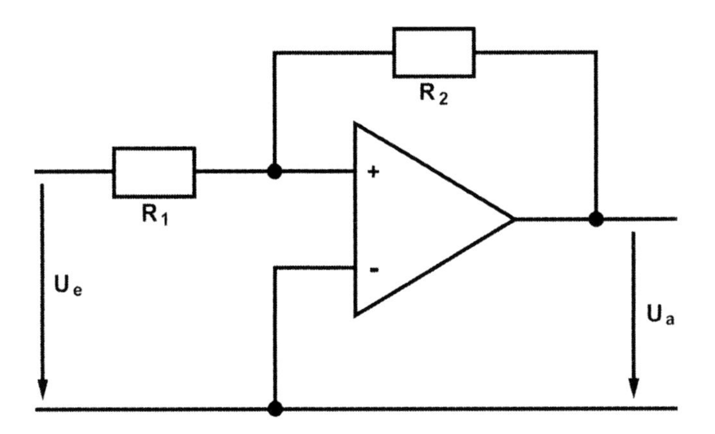

Der Schmitt-Trigger kann mit einem OP aufgebaut werden. Dabei wird der OP mit einem Widerstand R_2 mitgekoppelt. Die Schaltung arbeitet dann als Sinus-Rechteck-Wandler.
Eine solche Schaltung hat eine Trigger-Bedingung (Auslösung) bevor sie reagiert. Diese Schaltungsmaßnahmen gehen auf einen Mann namens Schmitt zurück. Daher die Bezeichnung Schmitt-Trigger.
Der Schmitt-Trigger funktioniert als Schwellwertschalter. Für die Spannungsschwellen sind die Widerstände R_1 und R_2 verantwortlich. Daher können die Schwellwerte exakt bestimmt und Störpegel ausgeblendet werden.
Durch geeignete Wahl der Widerstände kann man das Hysterese-Fenster beeinflussen.

Verlauf der Eingangs- und Ausgangsspannung

Die Ausgangsspannung eines Schmitt-Triggers kippt bei Erreichen eines bestimmten Eingangsspannungswertes von $-U_{ges}$ nach $+U_{ges}$. Sinkt die Eingangsspannung auf einen bestimmten Wert, so kippt die Ausgangsspannung zurück auf $-U_{ges}$.

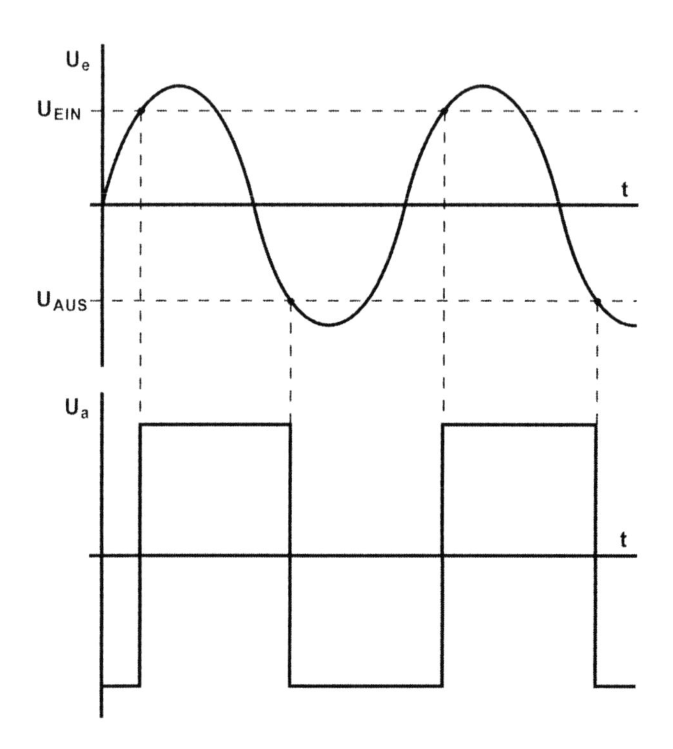

Übertragungskennlinie

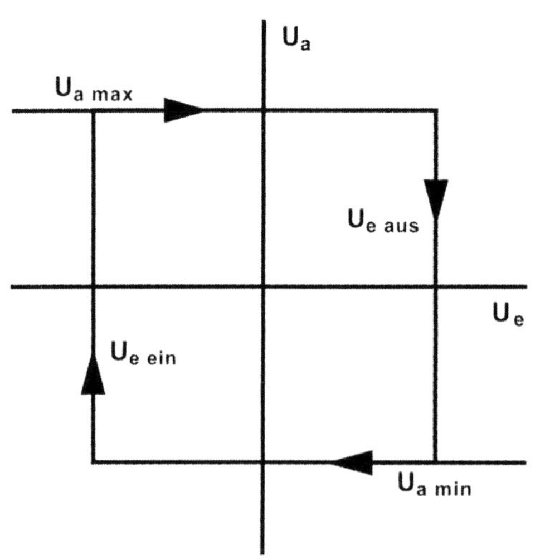

Die dargestellte Übertragungskennlinie bezieht sich auf die Schaltung oben. Die dargestellte Übertragungskennlinie nennt man Spannungshysterese oder Schalthysterese.
In ihr wird definiert ab welcher Eingangsspannung die Ausgangsspannung auf die maximale Ausgangsspannung $U_{A\ max}$ bzw. die minimale Ausgangsspannung $U_{A\ min}$ springt.
Bei Erhöhung der Eingangsspannung werden die Linien auf der waagerechten Achse länger!

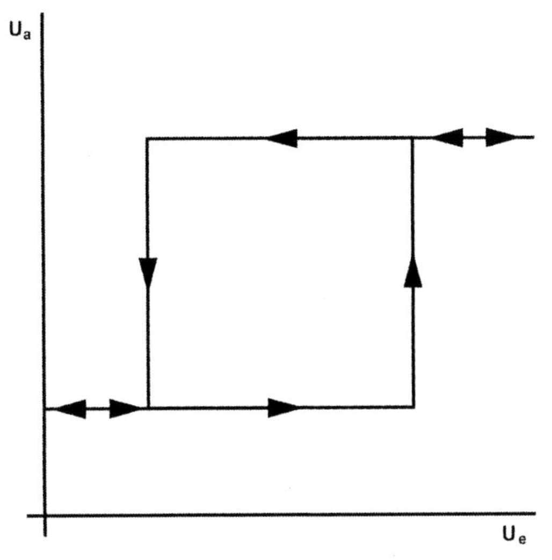

Nicht zwangsläufig müssen die Spannungswerte im negativen und positiven Bereich liegen. Deshalb ist auch diese Übertragungskennlinie denkbar.

Schaltzeichen

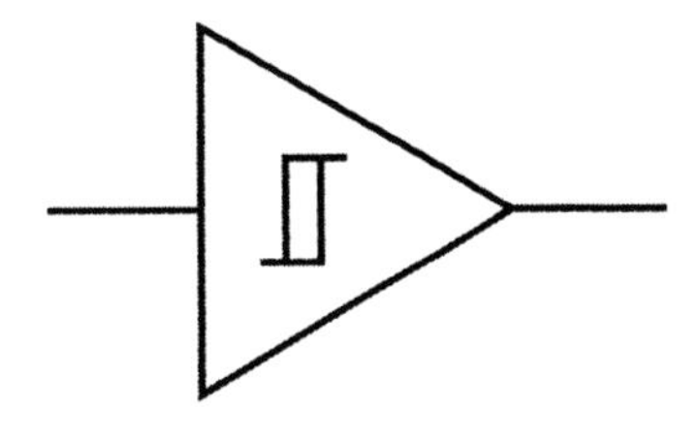

Anwendungen

Werden digitale Signale über lange Kabelstrecken geschickt, so verändert das Tiefpassverhalten der Kabel das Signal so stark, dass digitale Verknüpfungsglieder diese nicht mehr verarbeiten können. Ein Schmitt-Trigger gewinnt nun aus dem mangelhaften digitalen Signal die ursprüngliche Form wieder zurück.
Im Prinzip hat jede digitale Verarbeitungsschaltung einen Schmitt-Trigger als Eingangsstufe.
In größeren digitalen Schaltungen werden Schmitt-Trigger auch als Wiederaufbereiter und Signalverstärker verwendet.

Thyristor

Halbleiterbauelemente werden als Thyristoren bezeichnet, die mindestens drei pn-Übergänge haben. Und wenn von einem Sperrzustand in einen Durchlasszustand (oder umgekehrt) geschaltet werden kann.

Die Bezeichnung Thyristor ist der Oberbegriff für diese Art von Bauelementen. Anwendung finden sie in der Leistungselektronik für Drehzahl- und Frequenzsteuerung, Gleichrichtung und als Schalter.
In der Steuerungstechnik ist es oft notwendig einem Verbraucher eine gesteuerte Leistung zuzuführen. Die wirtschaftliche Steuerung ist mit einem Thyristor möglich.

Im allgemeinen Sprachgebrauch wird unter Thyristor die rückwärtssperrende Thyristortriode verstanden.

Vierschichtdiode (Thyristordiode)

Für die Vierschichtdiode werden auch die Bezeichnungen Thyristordiode oder Triggerdiode verwendet.
Die Vierschichtdiode ist ein Silizium-Einkristall-Halbleiter mit 4 Halbleiter-Schichten welchselnder Dotierung. Sie ist ein Schalter und hat einen hochohmigen und einen niederohmigen Zustand. Sie hat drei pn-Übergänge, wobei jeder pn-Übergang eine Diodenstrecke D_{I-III} darstellt. Die Anschlüsse werden als Anode (A) und Kathode (K) bezeichnet.
Im Stromkreis einer Vierschichtdiode muss mit einem Vorwiderstand R_V der Durchlassstrom begrenzt werden.

Schaltzeichen

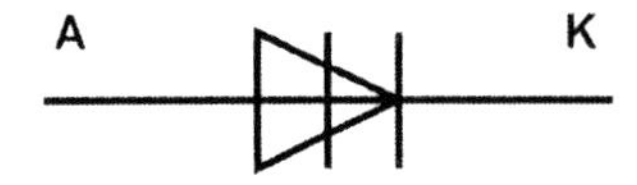

Vierschichtdiode im hochohmigen Zustand

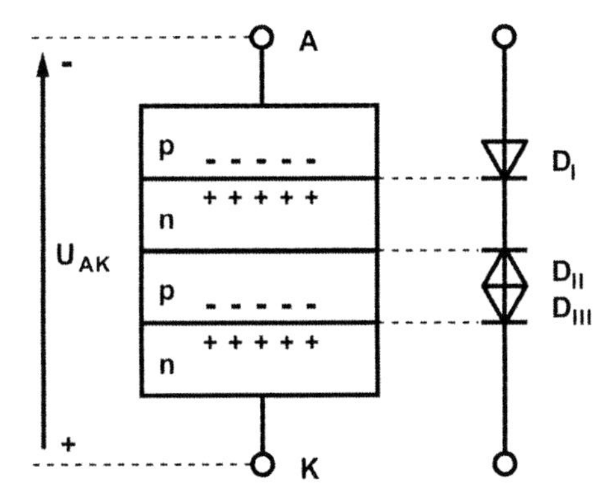

Liegt an der Anode negatives Potential, so sind die Diodenstrecken D_I und D_{III} in Sperrrichtung geschaltet. Die Diodenstrecke D_{II} ist in Durchlassrichtung geschaltet.
Es fließt ein sehr kleiner Sperrstrom I_R.

Vierschichtdiode im niederohmigen Zustand

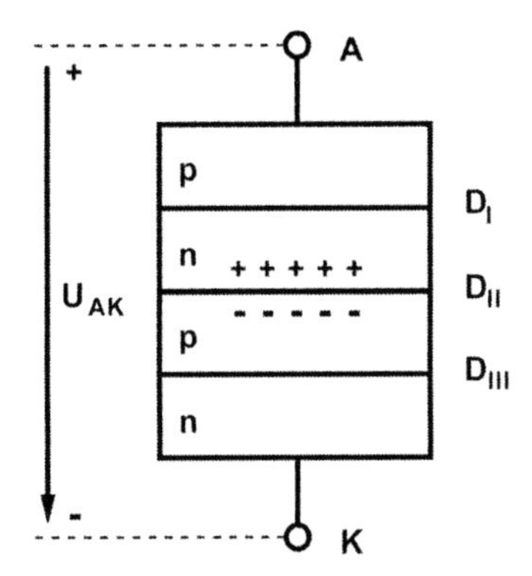

Liegt an der Anode positives Potential, so sind die Diodenstrecken D_I und D_{III} in Durchlassrichtung geschaltet. Die Diodenstrecke D_{II} ist in Sperrrichtung geschaltet. Die Vierschichtdiode sperrt auch bei dieser Polung, aber nur in einem bestimmten Spannungsbereich von U_{AK}.
Vergrößert man die Spannung U_{AK}, so wird die Vierschichtdiode plötzlich niederohmig (leitend).

Kennlinienfeld

Im Kennlinienfeld einer Vierschichtdiode unterscheidet man den **Sperrbereich**, den **Blockierbereich**, den **Übergangsbereich** und den **Durchlassbereich**.
Im Sperrbereich fließt ein sehr geringer Strom. Das ist dann der Fall, wenn die Spannung U_{AK} negativ ist. Bei der Sperrspannung U_{Rab} kommt es zu einem Durchbruch. Die Diode kann dabei zerstört werden.

Im Blockierbereich befindet sich die Vierschichtdiode in einem hochohmigen Zustand. Ist die Spannung U_{AK} positiv und hat die Schaltspannung U_S erreicht, geht sie in den niederohmigen Zustand über. Dieser Teil der Kennlinie ist der Übergangsbereich.

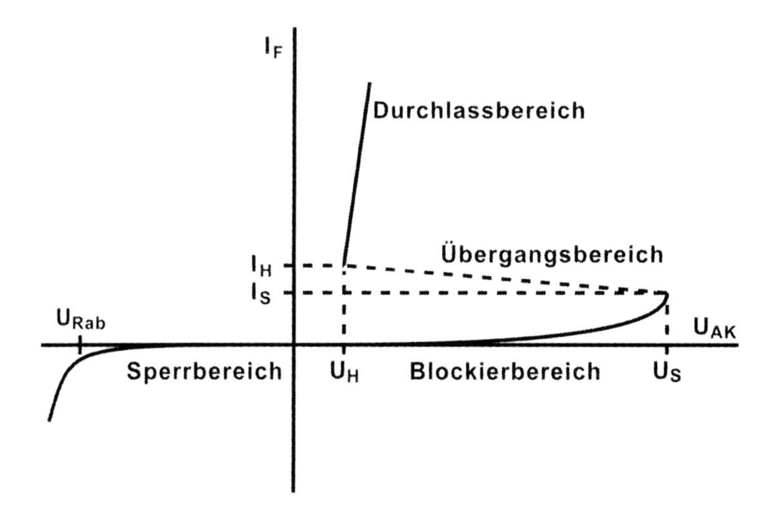

Der größte Teil einer Spannung fällt, aufgrund des niederohmigen Zustandes, an einen Vorwiderstand R_V ab. Die Spannung an der Vierschichtdiode sinkt bis auf die Haltespannung U_H ab. Wird die Haltespannung U_H und der Haltestrom I_H (Wert wegen Exemplarstreuung ungenau) unterschritten, wird die Vierschichtdiode wieder hochohmig.
Im Durchlassbereich ist die Vierschichtdiode niederohmig. Die geringe Haltespannung steigt mit zunehmenden Haltestrom. Der Durchlassstrom I_F muss mit einem Vorwiderstand R_V begrenzt werden.

Anwendungen

- in Zähler- und Impulsschaltungen
- in Schaltstufen der elektronischen Fernsprechvermittlungstechnik
- in Verknüpfungsglieder der Digitaltechnik
- Ansteuerung von Thyristoren
- im Bereich kleiner Leistungen

Thyristoreffekt

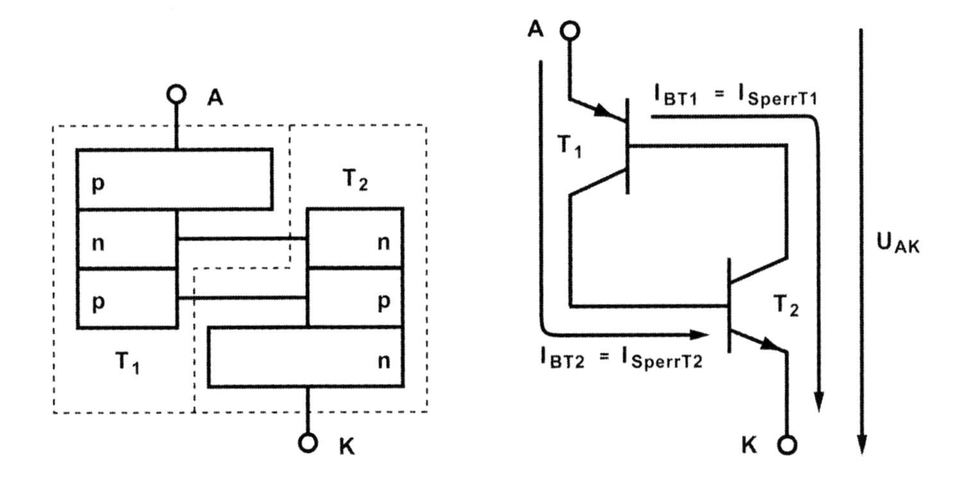

Um den Thyristoreffekt zu verstehen, stellt man sich die Ersatzschaltung der Vierschichtdiode aus zwei gegeneinander geschaltete Transistoren vor.
Ist die Spannung U_{AK} positiv und wird erhöht, fließen Sperrströme in die Transistoren T_1 und T_2. Der Sperrstrom von T_1 ist der Basisstrom von T_2. Und der Sperrstrom von T_2 ist der Basisstrom von T_1.
Ab einem bestimmten Spannungswert von U_{AK}, der Schaltspannung U_S, wird der Sperrstrom eines Transistors so groß, dass er den anderen Transistor aufsteuert. Beide Transistoren steuern sich so gegenseitig sehr schnell auf.
Die Vierschichtdiode wird leitend. Der Thyristoreffekt ist eingetreten.

Thyristor (rückwärtssperrende Thyristortriode)

Der Thyristor ist ein Einkristall-Halbleiter mit vier oder mehr Halbleiterschichten wechselnder Dotierung. Er ist ein Schalter und hat einen hochohmigen und einen niederohmigen Zustand. Für das Umschalten von einem Zustand in den anderen ist ein Steueranschluss vorhanden.
Der Thyristor (Thyristortriode) hat neben dem Steueranschluss (G) auch eine Anode und eine Kathode.

Schaltzeichen

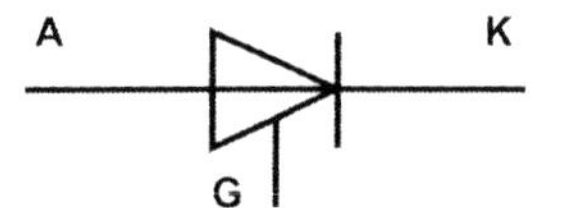

Thyristor, allgemein

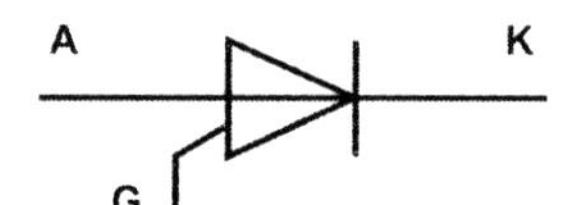

Thyristor, anodenseitg steuerbar, n-gesteuert

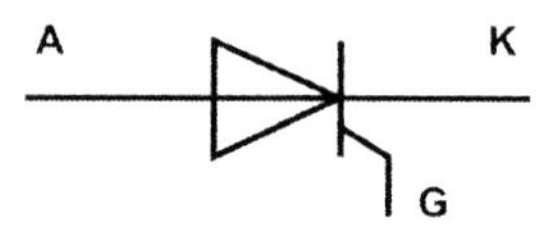

Thyristor, kathodenseitig steuerbar, p-gesteuert

Der p-gesteuerte Thyristor ist der am meisten verwendete Thyristortyp. Auf ihn beziehen sich die folgenden Erklärungen und Bilder.

Funktionsprinzip

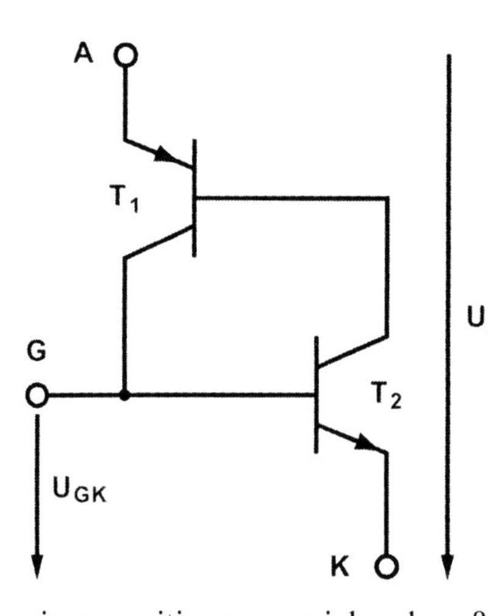

Der Thyristor hat 3 pn-Übergänge (pnpn). An der letzten, kathodenseitigen p-Schicht ist der Steueranschluss angebracht. Ist dieser unbeschaltet, dann funktioniert der Thyristor genauso wie ein Vierschichtdiode.
Auch der Thyristoreffekt tritt bei diesem Bauteil auf. Das gegenseitige Aufsteuern der Transistoren T_1 und T_2 in der Thyristor-Ersatzschaltung kann jedoch vorzeitig hervorgerufen werden.
Gibt man auf den Steueranschluss G einen positiven, ausreichend großen und genügend lange andauernden Impuls, schaltet der Thyristor in den niederohmigen Zustand. Er bleibt dort solange bis der Haltestrom unterschritten wird. Dann schaltet er in den hochohmigen Zustand zurück.
Im niederohmigen Zustand kann der Thyristor einen Widerstandswert von wenigen Milliohm haben. Es muss deshalb ein ausreichend großer Widerstand im Stromkreis des Thyristors geschaltet sein, um den auftretenden Strom zu begrenzen.

Kennlinienfeld

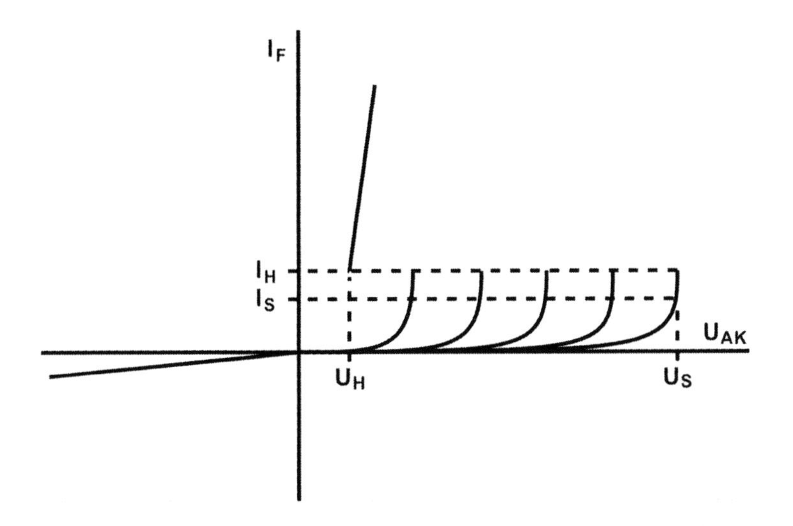

In der Strom-Spannungs-Kennlinie einer Thyristortriode wird die Angabe der Mindeststeuerströme I_G gemacht. Überschreitet die Spannung U_{AK} die (Nullkipp-) Schaltspannung U_S, dann schaltet sich der Thyristor in den niederohmigen Zustand.
Einen schnellen Spannungsanstieg von U_{AK} sollte man vermeiden. Denn der Thyristor kann dadurch auch ohne Steuerimpuls vorzeitig in den niederohmigen Zustand kippen.

Anwendungen

- kontaktloser Schalter im Wechselstromkreis
- steuerbarer Gleichrichter

Thyristortetrode

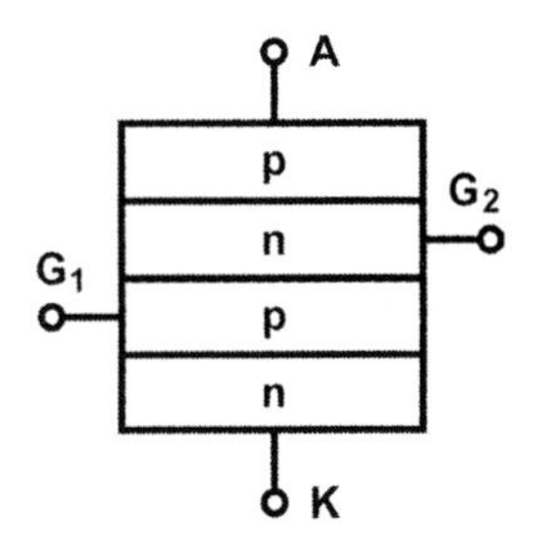

Die Thyristortetrode ist eine Weiterentwicklung des Thyristors bzw. der Thyristortriode. Sie hat neben den Anschlüssen für die Anode (A) und Kathode (K) auch zwei Steueranschlüsse G_1 und G_2.
Die Steuerelektrode des Thyristors verliert nach erfolgter Zündung ihre Wirkdung. Der Thyristor kann mit der Steuerelektrode nicht in den hochohmigen Zustand geschaltet werden. Anders bei

der Thyristortetrode. Über den Steueranschluss G_1 kann die Thyristortetrode mit einem positiven Strom oder mit dem Steueranschluss G_2 mit einem negativen Strom in den niederohmigen Zustand geschaltet werden.
Zum Zurückschalten in den hochohmigen Zustand müssen die Steuerströme an den Steueranschlüssen umgekehrt gepolt werden.
Das Schalten in den niederohmigen bzw. hochohmigen Zustand ist über einen Steueranschluss oder über beide gleichzeitig möglich.
Thyristortetroden haben die negative Eigenschaft schon ohne Steuerstrom in den niederohmigen Zustand zu schalten. Steigt die Spannung U_{AK} an den Anschlüssen A und K zu schnell an, schaltet die Thyristortetrode gelegentlich vor dem Erreichen der Nullspannung in den niederohmigen Zustand. Dieses Verhalten wird mit schaltungstechnischen Maßnahmen vorgebeugt.

Schaltzeichen

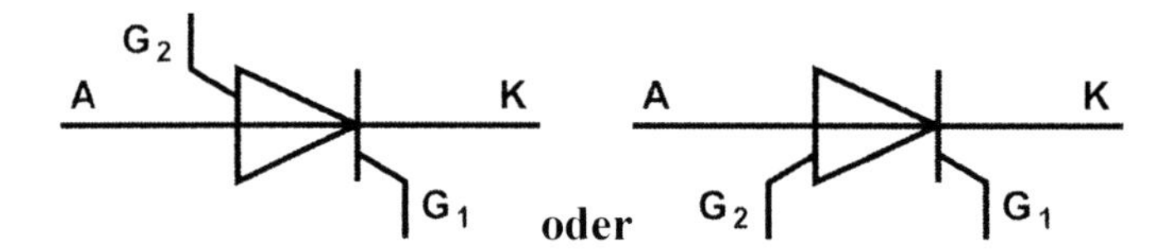

Anwendungen

- Steuerschaltungen mit kleinen Stromstärken bis etwa 5 A
- Digitaltechnik (Speicher, Zähler, ...)

GTO-Thyristor

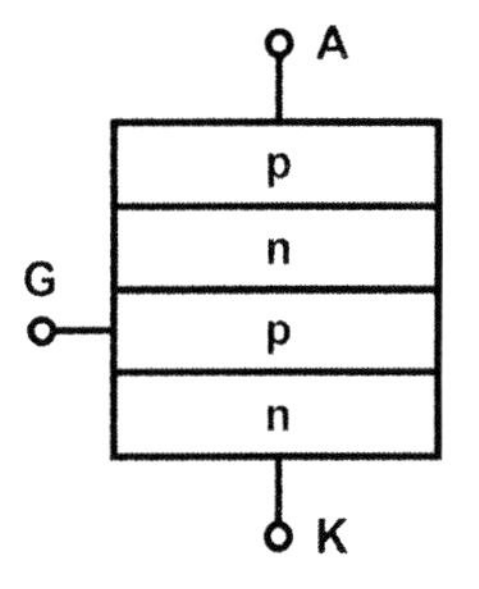

Die GTO-Thyristoren sind Vierschicht-Halbleiterbauelemente mit wechselnder Dotierung. Die Dotierung der Schichten ist sehr unsymmetrisch. Durch diese Maßnahme ist es möglich den GTO-Thyristor (GTO = Gate turn off = Gate schaltet ab) mit einem negativen Steuerstrom abzuschalten.
Der GTO-Thyristor kann über den Gate vom niederohmigen in den hochohmigen Zustand geschaltet werden. Dazu ist ein Abschaltstrom notwendig, der etwa 20% bis 30% des Laststromes beträgt. Dazu ist jedoch eine äußerst leistungsfähige Steuerschaltung erforderlich.

Schaltzeichen

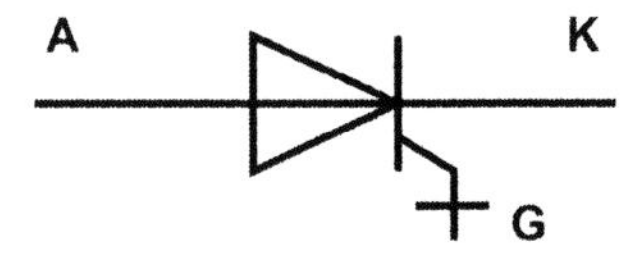

Anwendungen

Schaltungen, die Gleichspannung in Wechselspannung umwandeln (Wechselrichterschaltungen).
GTO-Thyristoren finden sich in Schaltungen mit denen Ströme bis zu 1000 A geschaltet werden müssen.

Diac - Diode Alternating Current Switch

Der Diac ist ein Halbleiterbauelement mit Schaltereigenschaften. Er hat einen hochohmigen und einen niederohmigen Zustand.
Der Diac schaltet bei der Durchbruchspannung U_{BO} vom hochohmigen in den niederohmigen Zustand. Das Kippen in den niederohmigen Zustand erfolgt bei beiden Stromrichtungen.
Man spricht beim Diac deshalb auch von einem bidirektionalen Schalter.

Beim Diac unterscheidet man zwischen dem Dreischicht- und Fünfschicht-Diac:

- Zweirichtungsdiode (Dreischicht-Diac)
- Zweirichtungs-Thyristordiode (Fünfschicht-Diac)

Zweirichtungsdiode

Die Zweirichtungsdiode ist der Dotierungsfolge des Transistors am ähnlichsten. Sie hat drei Schichten wechselnder Dotierung. Üblicherweise wird pnp verwendet. npn ist aber genauso möglich.

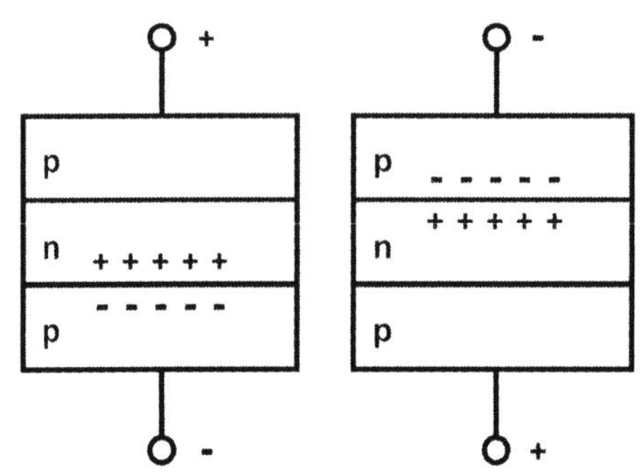

Wie man die Zweirichtungsdiode polt, spielt keine Rolle. Einer der beiden pn-Übergänge wird immer in Sperrrichtung betrieben.
Ab der Durchbruchspannung U_{BO} bricht der sperrende pn-Übergang durch. Danach befindet sich die Diode in einem niederohmigen Zustand.
Wird eine bestimmte Spannung, die Haltespannung U_H, unterschritten, kippt die Zweirichtungsdiode in den hochohmigen Zustand zurück.

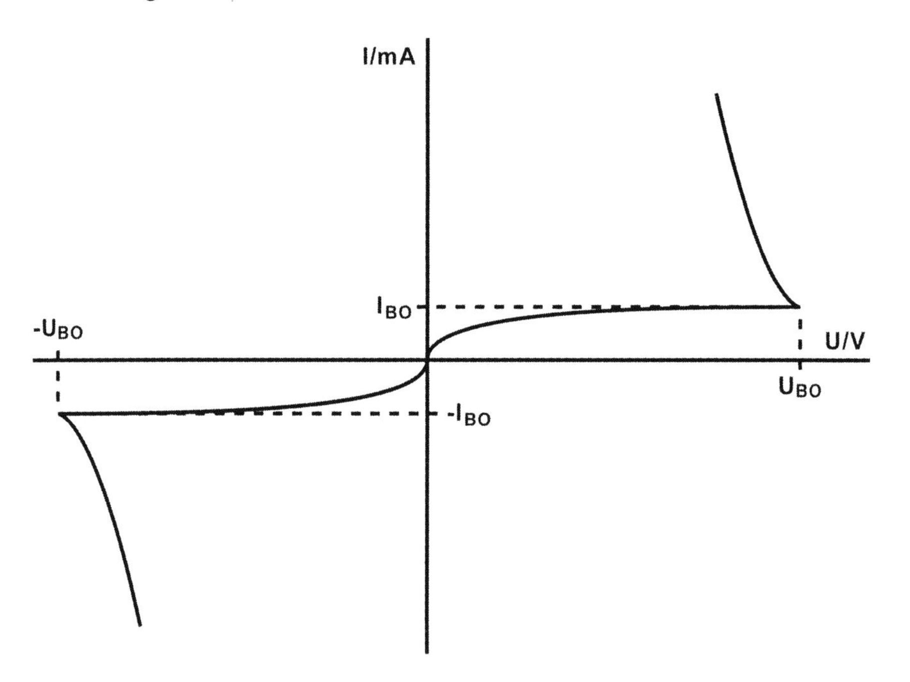

Schaltzeichen

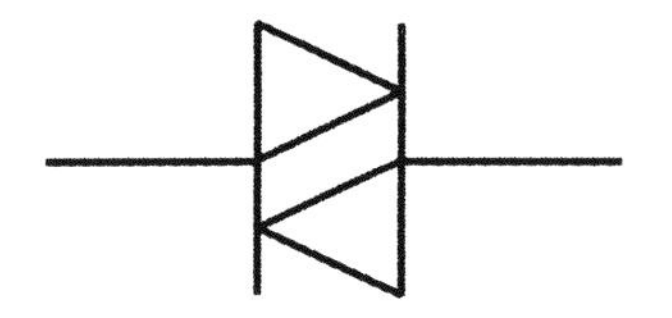

Zweirichtungs-Thyristordiode

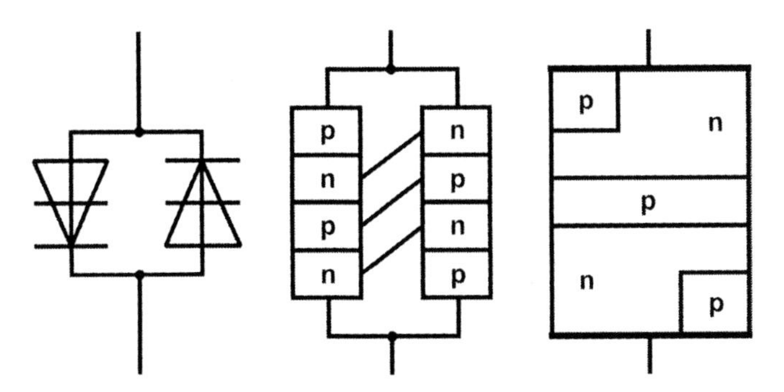

Eine Zweirichtungs-Thyristordiode ist vom Prinzip her eine Antiparallelschaltung von zwei Thyristordioden (Bild links). Verbindet man die einzelnen Schichten miteinander (Bild Mitte), so ergibt sich ein Fünfschicht-Halbleiterbauelement (Bild rechts).

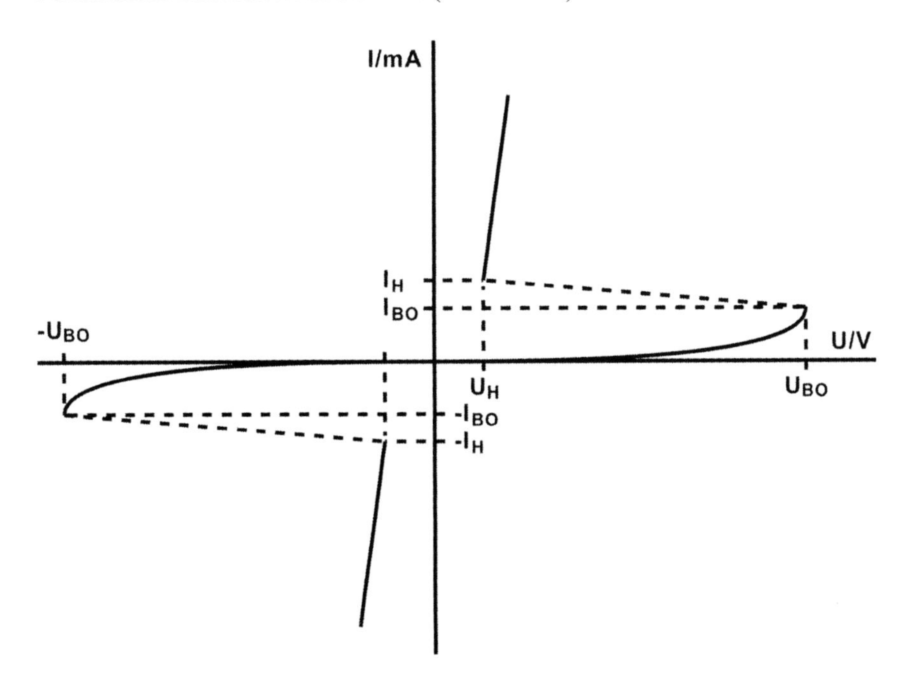

Die Eigenschaften einer Zweirichtungs-Thyristordiode entspricht einer Antiparallelschaltung aus zwei Thyristordioden. Ab der Durchbruchspannung U_{BO} geht das Halbleiterbauelement in den

niederohmigen Zustand über.
Wird die Haltespannung U_H unterschritten, kippt es wieder in den hochohmigen Zustand zurück.

Schaltzeichen

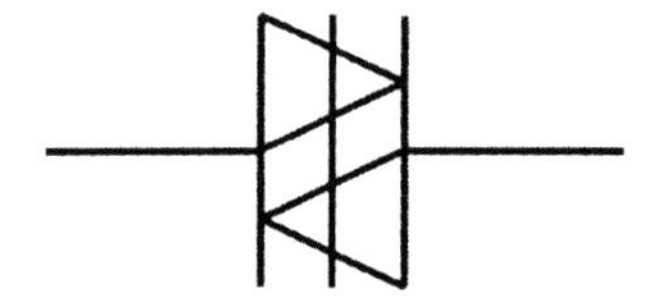

Anwendungen des Diac

- kontaktlosere Schalter für kleine Ströme
- Triac-Ansteuerung

Triac - Triode Alternating Current Switch

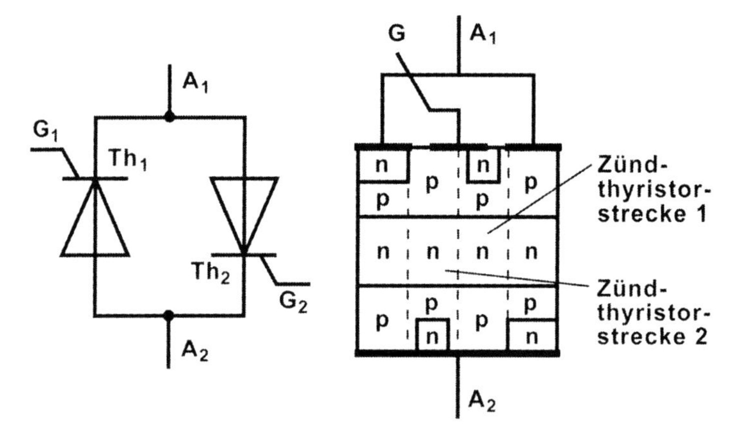

Der Triac ist vom Prinzip her eine Antiparallelschaltung von zwei Thyristoren. Dadurch ist es möglich beide Halbwellen einer Wechselspannung zu steuern. Weil aber für jeden Thyristor ein eigener Steueranschluss (G_1 und G_2) vorhanden ist und dadurch der Schaltungsaufwand verhältnismäßig groß ist, wurde ein neues Halbleiterbauelement entwickelt: der Triac.
Neben der Steuerelektrode G hat der Triac zwei Anoden. Die Anode A_2 ist

direkt mit dem Gehäuse verbunden.
Damit für die beiden Thyristoren ein Steueranschluss ausreicht, sind in dem Triac zwei Zünd- oder Hilfsthyristorenstrecken eingebaut, damit er mit positivem und negativem Steuerimpuls in den niederohmigen Zustand gekippt werden kann.

Triggermodus (Steuerarten)

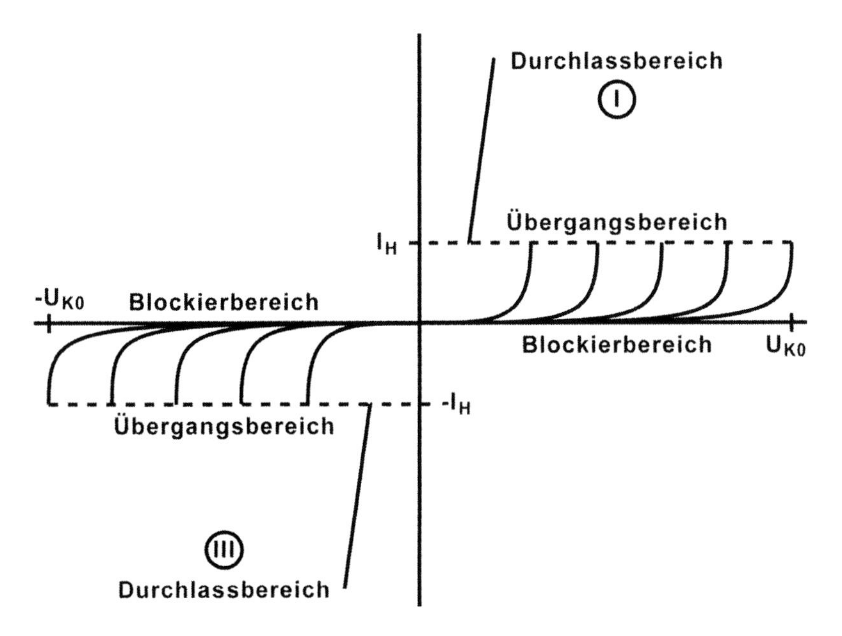

Triacs werden meist mit der I^+- oder III^--Steuerung betrieben. Die Steuerempfindlichkeit ist bei diesen beiden Steuerarten besonders groß. Bei den beiden anderen Steuerarten sind etwa doppelt so große Steuerimpulse notwendig.
Die Steuerelektrode verliert nach der Zündung des Triacs seine Wirksamkeit. Er bleibt im niederohmigen Zustand, bis die Haltespannung U_H unterschritten wird. Dann kippt er in den hochohmigen Zustand.

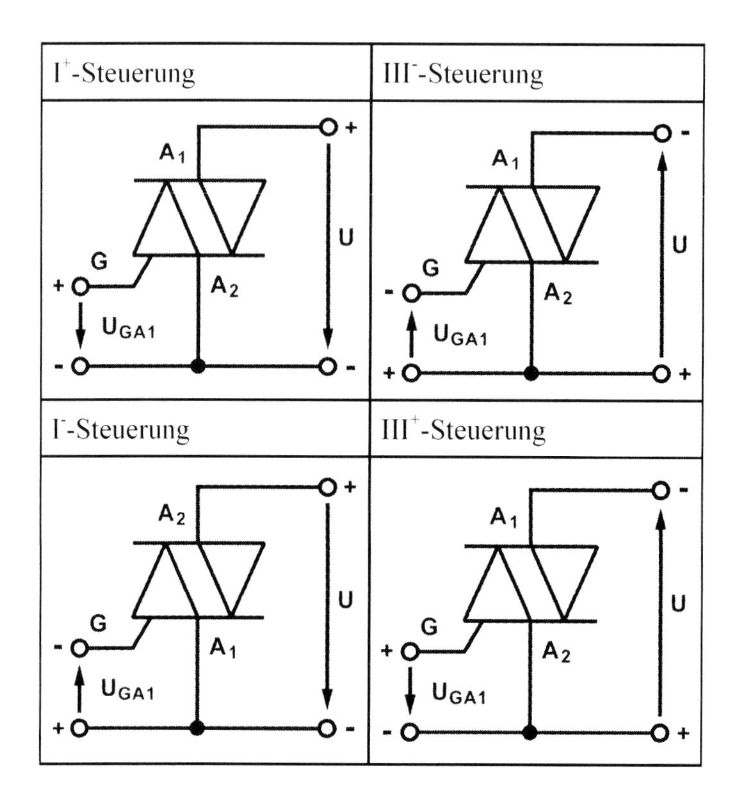

Schaltzeichen

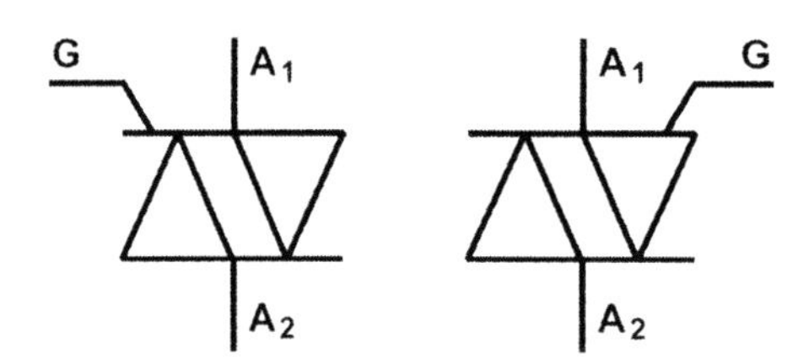

Anwendungen

Triac-Schaltungen erzeugen durch das Verformen von Strom- und Spannungssignalen Oberwellen. Die Frequenzen reichen bis in den Rundfunkbereich und erzeugen dort Störungen.
Triac-Schaltungen müssen in jedem Fall mit Kondensatoren und Drosseln entstört werden.

- Lichtsteuerungen aller Art
- Motorsteuerung, Drehzahlsteuerung
- fast leistungslose Steuerung von Wechselstromleistung möglich
- Steuerung von Elektrowärmegeräte
- Dimmer

Schaltungstechnik

Grundschaltungen

Transistorschaltungen

Stabilisierungsschaltungen

Anwendungen mit Operationsverstärker

Reihenschaltung von Widerständen

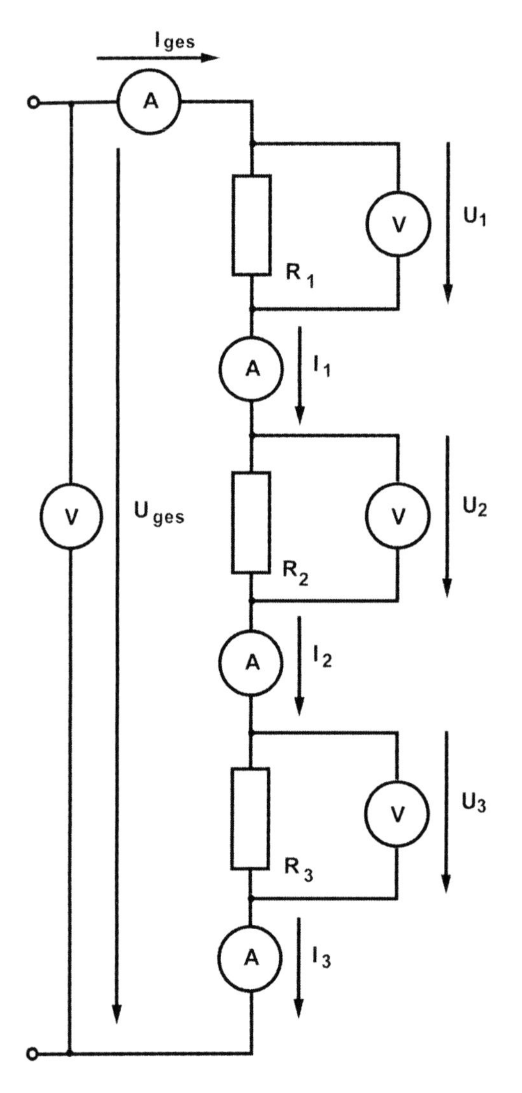

Eine Reihenschaltung von Widerständen ist dann gegeben, wenn durch alle Widerstände der gleiche Strom fließt. In der Reihenschaltung unterscheidet man zwischen der Spannung U_{ges} der Spannungsquelle und den Spannungsabfällen an den Widerständen.

Manchmal nennt man die Reihenschaltung auch Serienschaltung. Ganz egal wie, die Widerstände sind immer hintereinander geschaltet.

Verhalten des Stroms

Der Strom in der Reihenschaltung von Widerständen ist in allen Widerständen gleich groß.

$$I_{ges} = I_1 = I_2 = I_3 = ...$$

Verhalten der Spannungen

Die Gesamtspannung U_{ges} teilt sich an den Widerständen in der Reihenschaltung auf. Sie Summe der Teilspannungen ist gleich der Gesamtspannung.

$$U_{ges} = U_1 + U_2 + U_3 + ...$$

Widerstand

Der Gesamtwiderstand der Reihenschaltung setzt sich aus den einzelnen Reihenwiderständen zusammen. Weil der Gesamtwiderstand in Summe die Teilwiderstände ersetzt, wird er auch als Ersatzwiderstand R_{ers} (R_E) bezeichnet.

$$R_{ges} = R_1 + R_2 + R_3 + ...$$

Verhältnisse

Da der Strom in der Reihenschaltung überall gleich groß ist, verursachen die ungleichen Widerstände unterschiedliche Spannungsabfälle/Teilspannungen. Die Spannungen verhalten sich wie die dazugehörigen Widerstände.
Am größten Widerstand fällt der größte Teil der Gesamtspannung ab. Am kleinsten Widerstand fällt der kleinste Teil der Gesamtspannung ab.

$$I = \frac{U_{ges}}{R_{ges}} = \frac{U_1}{R_1} = \frac{U_2}{R_2} = \frac{U_3}{R_3} = ...$$

Parallelschaltung von Widerständen

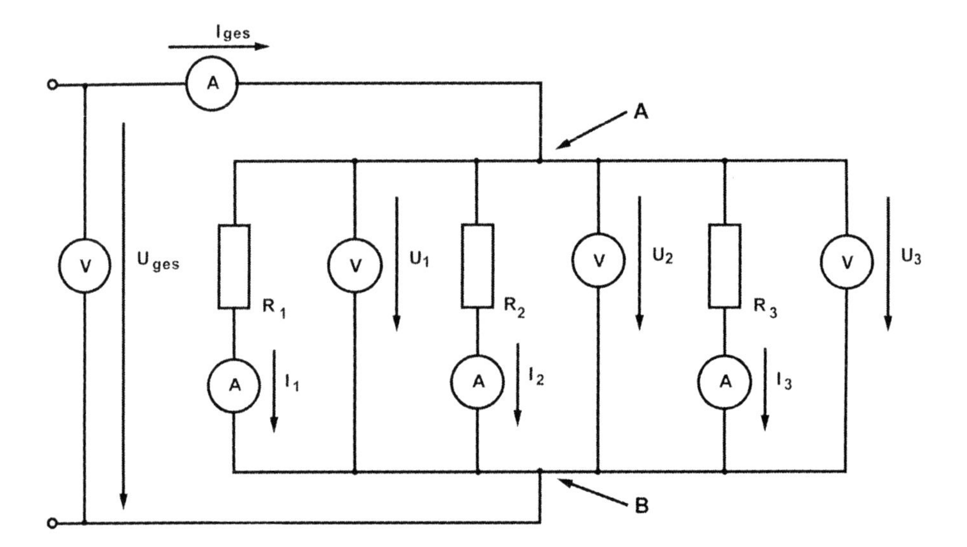

Eine Parallelschaltung von Widerständen ist dann gegeben, wenn der Strom sich an den Widerständen aufteilt und an allen Widerständen die gleiche Spannung anliegt.
An Punkt A teilt sich der Strom auf und an Punkt B fließt er wieder zusammen. Zwischen Punkt A und Punkt B liegt die Gesamtspannung an.

Verhalten der Spannungen

In der Parallelschaltung liegt an allen Widerständen die gleiche Spannung an.

$$U_{ges} = U_1 = U_2 = U_3 = \ldots$$

Verhalten des Stroms

Der Gesamtstrom I_{ges} teilt sich am Verzweigungspunkt der Widerstände in mehrere Teilströme auf. Die Summe der Teilströme ist gleich der Summe des Gesamtstrom I_{ges}.

$$I_{ges} = I_1 + I_2 + I_3 + \ldots$$

Widerstand

Der Gesamtwiderstand der Parallelschaltung ist kleiner als der kleinste Einzelwiderstand. Durch jeden Parallelwiderstand steigt der Gesamtstrom an. Bei gleichbleibender Spannung bedeutet das die Verkleinerung des Gesamtwiderstands.

$$\frac{1}{R_{ges}} = \frac{1}{R_1} + \frac{1}{R_2} + \frac{1}{R_3} + ...$$

Oder anders definiert: Mit jedem weiteren Parallelwiderstand leitet der Stromkreis besser. Es steigt der Leitwert.

$$G_{ges} = G_1 + G_2 + G_3 + ...$$

$$R_{ges} = \frac{R_1 \cdot R_2}{R_1 + R_2}$$

Wenn nur zwei Widerstände Parallelgeschaltet sind, dann kann die Formel zur Berechnung des Gesamtwiderstands auch vereinfacht werden.

Verhältnisse am Beispiel zweier parallel geschalteter Widerstände

$$\frac{R_1}{R_2} = \frac{I_2}{I_1}$$

Da die Spannung in der Parallelschaltung überall gleich groß ist, verursachen die unterschiedlichen Widerstände unterschiedliche Teilströme. Die Ströme verhalten sich umgekehrt zu ihren Widerständen. In hochohmigen Widerständen fließt ein kleiner Strom. In niederohmigen Widerständen fließt ein höherer Strom.
Die Ströme verhalten sich umgekehrt zu ihren Widerstandswerten!

Gemischte Schaltung mit Widerständen

Eine Schaltung, die aus einer Parallelschaltung und einer Reihenschaltung besteht, nennt man gemischte Schaltung. Manchmal wird auch der Begriff Gruppenschaltung verwendet.
Gemischte Schaltungen können auch aus Kondensatoren und Spulen bestehen. Obwohl die Berechnung von Reihenschaltung und Parallelschaltung unterschiedlich ist, ist die Vorgehensweise bei der

Berechnung von Gesamtkapazität (Kondensator) und Gesamtinduktivität (Spule) gleich.

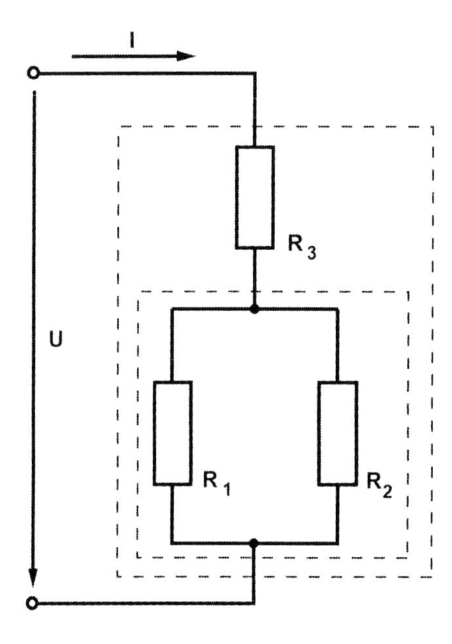

Erweiterte Reihenschaltung

Die erweiterte Reihenschaltung bestehe aus einer Parallelschaltung der Widerstände R_1 und R_2. Die Reihenschaltung in dieser gemischten Schaltung bildet sich aus dem Widerstand R_3 und der besagten Parallelschaltung.
Soll der Gesamtwiderstand der Schaltung berechnet werden, muss zuerst der Gesamtwiderstand aus der Parallelschaltung von R_1 und R_2 berechnet werden. Danach werden die Widerstandswerte aus R_3 und Parallelschaltung nur noch addiert.

Erweiterte Parallelschaltung

Die erweiterte Parallelschaltung besteht aus einer Reihenschaltung der Widerstände R_1 und R_2. Die Parallelschaltung in dieser gemischten Schaltung bildet sich aus dem Widerstand R_3 und der gesagten Reihenschaltung.
Soll der Gesamtwiderstand dieser Schaltung berechnet werden, so muss erst der Gesamtwiderstand der Reihenschaltung aus R_1 und R_2 berechnet werden. Danach wird die Parallelschaltung aus den Widerstandswerten R_3 und der Reihenschaltung berechnet.

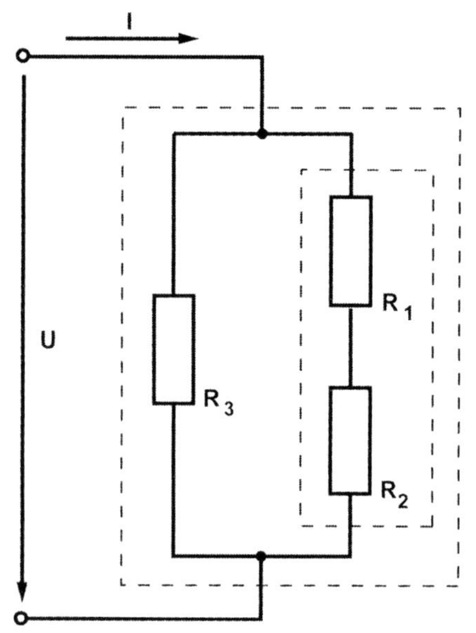

Reihenschaltung von Kondensatoren

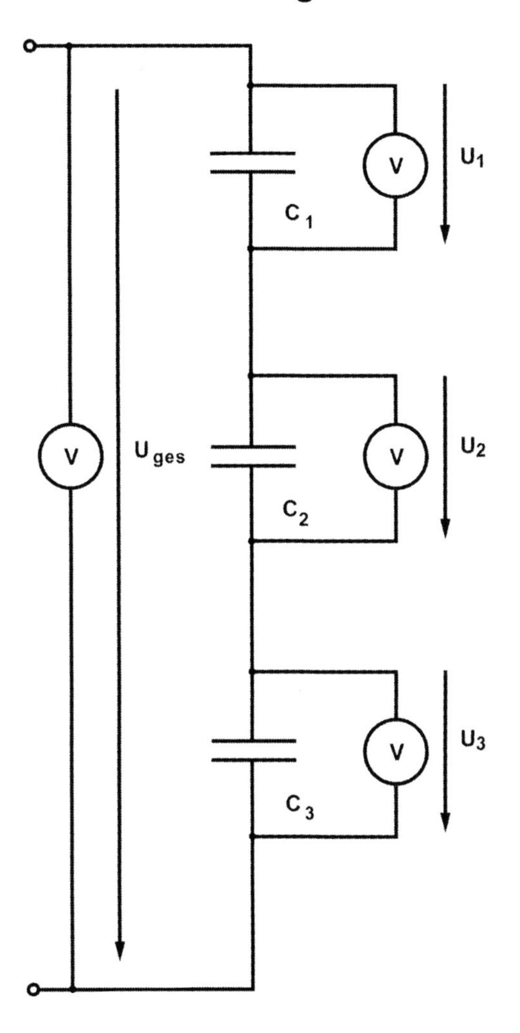

Eine Reihenschaltung von Kondensatoren ist dann gegeben, wenn durch alle Kondensatoren der gleiche Strom fließt.
Die Reihenschaltung wirkt wie eine Kapazitätsverringerung, vergleichbar mit einer Vergrößerung des Plattenabstands bei gleicher Plattenfläche.
Manchmal nennt man die Reihenschaltung auch Serienschaltung. Egal wie, die Kondensatoren werden immer hintereinander geschaltet.

- Häufig ist eine berechnete Kapazität als Kondensator nicht vorhanden. Stattdessen werden zwei oder mehr Kondensatoren in Reihe geschaltet, um auf den berechneten Wert zu kommen.
- Bei hohen Spannungen werden mehrere Kondensatoren in Reihe geschaltet, um die Gefahr eines Durchschlagens zu verhindern. Dabei ist hilfreich, dass sich die Gesamtspannung an den Kondensatoren aufteilt.

Verhalten der Spannungen

Die Gesamtspannung U_{ges} teilt sich an den Kondensatoren in der Reihenschaltung auf. Die Summe der Teilspannung ist gleich der Gesamtspannung. An der kleinsten Kapazität fällt die größte Spannung ab. An der größten Kapazität fällt die kleinste Spannung ab.

$$U_{ges} = U_1 + U_2 + U_3 + \ldots$$

Verhalten der Kapazität

$$\frac{1}{C_{ges}} = \frac{1}{C_1} + \frac{1}{C_2} + \frac{1}{C_3} + \ldots$$

Die Gesamtkapazität der Reihenschaltung ist kleiner als die kleinste Einzelkapazität. Durch jeden weiteren Reihenkondensator sinkt die Gesamtkapazität.

Verhalten der Ladungen

Die Ladungen der Kondensatoren sind gleich groß.

$$Q_{ges} = Q_1 = Q_2 = Q_3 = \ldots$$

Reihenschaltung von zwei Kondensatoren

Sind nur zwei Kondensatoren in Reihe geschaltet, dann lässt sich die Gleichung zur Berechnung der Kapazität vereinfachen.

$$\frac{1}{C_{ges}} = \frac{1}{C_1} + \frac{1}{C_2} = \frac{C_1 + C_2}{C_1 \bullet C_2} \qquad C_{ges} = \frac{C_1 \bullet C_2}{C_1 + C_2}$$

Parallelschaltung von Kondensatoren

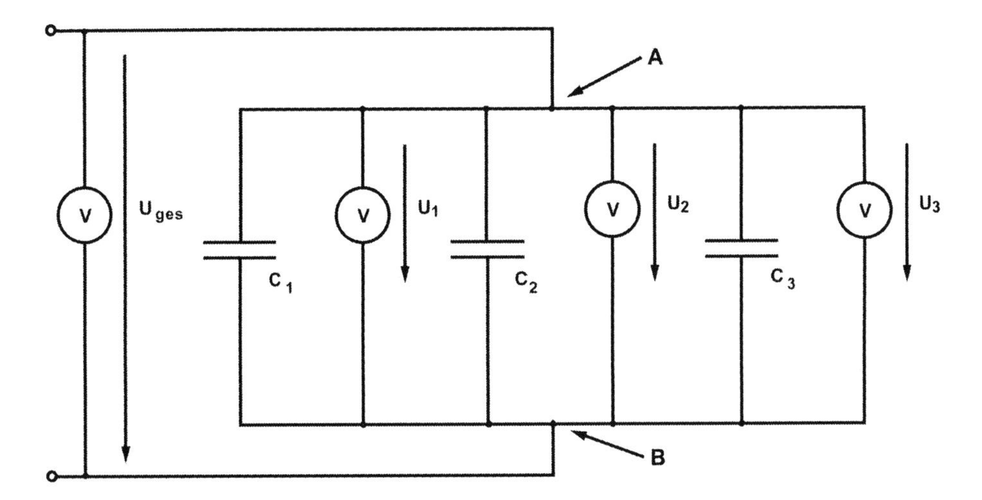

Eine Parallelschaltung von Kondensatoren ist dann gegeben, wenn der Strom sich an den Kondensatoren aufteilt und an den Kondensatoren die gleiche Spannung anliegt.
An Punkt A teilt sich der Strom auf und an Punkt B fließt er wieder zusammen. Zwischen Punkt A und Punkt B liegt die Gesamtspannung an. Kondensatoren werden sehr häufig parallelgeschaltet, um die Kapazität zu erhöhen. Ein Drehkondensator besteht z. B. aus parallelgeschalteten Kondensatoren.

Verhalten der Spannungen

In der Parallelschaltung von Kondensatoren liegen an allen Kondensatoren die gleiche Spannung an.

$$U_{ges} = U_1 = U_2 = U_3 = \ldots$$

Verhalten der Kapazität

$C_{ges} = C_1 + C_2 + C_3 + \ldots$ Da der Strom die Kondensatoren auflädt, ist die Gesamtkapazität aller Kondensatoren größer als bei jedem einzelnen Kondensator. Die Gesamtkapazität ist gleich der Summe der Einzelkapazitäten.

Verhalten der Ladungen

Die Ladung verhält sich gleich, wie die Kapazität. Die Gesamtladung ist gleich der Summe der Einzelladungen.

$$Q_{ges} = Q_1 + Q_2 + Q_3 + ...$$

Spannungsteiler

Ein Spannungsteiler besteht im Regelfall aus zwei Widerständen, an denen sich die Gesamtspannung U_{ges} in zwei Teilspannungen aufteilt. Die Grundform ist der unbelastete Spannungsteiler.
Spannungsteiler werden verwendet, um Arbeitspunkte (Spannungsverhältnisse) an aktiven Bauelemente einzustellen. Zum Beispiel bei einer Transistor-Verstärkerschaltung. Dabei wird nur ein kleiner Stromfluss erzeugt. Hauptsächlich werden mit einem Spannungsteiler Spannungspotentiale erzeugt, die geringer sind als die Gesamtspannung.

Unbelasteter Spannungsteiler

Ein unbelasteter Spannungsteiler besteht aus zwei in Reihe geschalteten Widerständen R_1 und R_2. Die Strom- und Spannungsverteilung in unbelasteten Spannungsteilern ist identisch mit der Reihenschaltung. Hier gelten dieselben Formeln und Regeln.

Belasteter Spannungsteiler

Ein belasteter Spannungsteiler besteht aus der Reihenschaltung der Widerstände R_1 und R_2. Zusätzlich wird einer der beiden Widerstände durch einen Verbraucher, in diesem Fall vom Widerstand R_L, belastet. Die Schaltung wird von einer Reihenschaltung zu einer gemischten Schaltung aus Parallelschaltung ($R_2 \| R_L$) und Reihenschaltung ($R_1 + (R_2 + R_L)$).

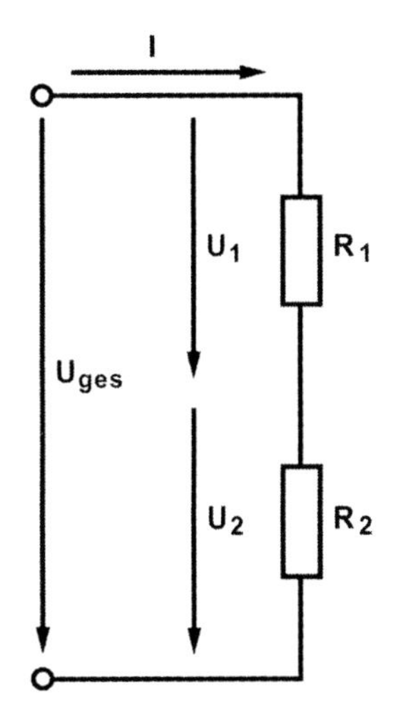

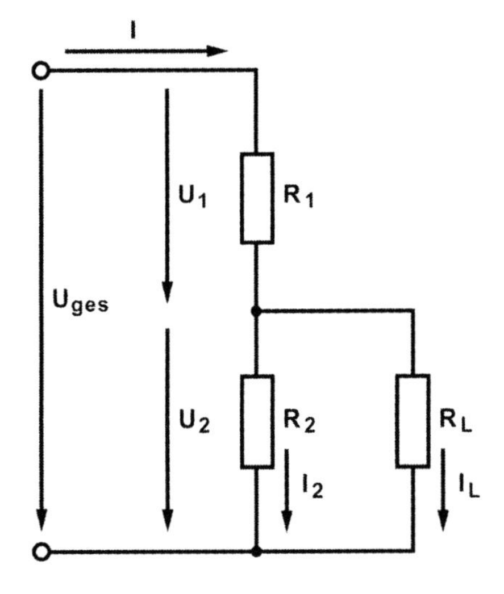

Die folgenden Formeln dienen zur Berechnung der Teilspannungen (Spannungsteilerregeln). Sie gelten aber nur, wenn durch beide Widerstände der selbe Strom fließt, also ein unbelasteter Spannungsteiler vorliegt. In diesem Fall berechnet man die Teilspannung über den Dreisatz aus.

$$U_1 = \frac{U_{ges} \bullet R_1}{R_1 + R_2}$$

$$U_2 = \frac{U_{ges} \bullet R_2}{R_1 + R_2}$$

Die folgende Formel dient zur Berechnung des Parallelwiderstandes im belasteten Spannungsteiler.

$$R_{2L} = \frac{R_2 \bullet R_L}{R_2 + R_L}$$

Wird der Spannungsteiler mit einem Widerstand belastet, so finden in der Schaltung folgende Änderungen statt:

- Der Gesamtwiderstand der Schaltung wird kleiner.
- Aufgrund dessen steigt der Gesamtstrom I_{ges}.
- Der Spannungsabfall U_1 am Widerstand R_1 wir größer.
- Die Teilspannung U_2 am Widerstand R_2 wird kleiner.

Veränderliche Verbraucher können durch niederohmige Spannungsteiler mit einer einigermaßen stabilen Spannung versorgt werden. Allerdings darf ein Spannungsteiler nicht durch einen sehr kleinen Widerstand belastet werden. Das führt zu Veränderungen in der Strom- und Spannungsverteilung innerhalb der Schaltung. Dadurch wird der Spannungsteiler unbrauchbar.

Widerstandsbrücke / Wheatstone Messbrücke

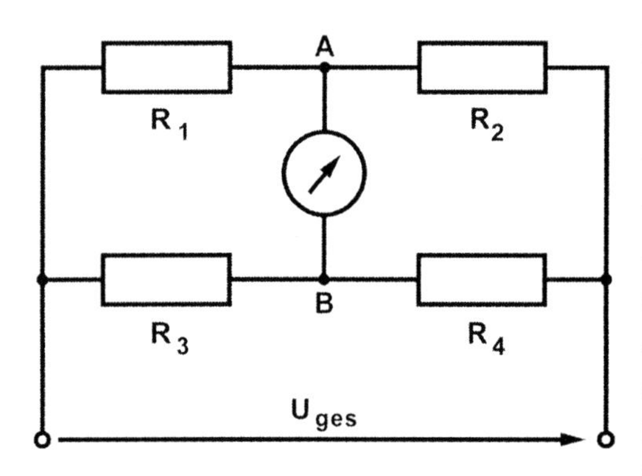

Die Widerstandsbrücke ist eine Schaltung aus zwei parallelgeschalteten Spannungsteilern. Die Verbindung zwischen A und B wird als Brücke bezeichnet. Die Gesamtspannung teilt sich an den Widerständen auf. Wenn das Verhältnis der Spannungsteilerwiderstände gleich groß ist, dann haben beide Punkte gleiches Potential. Besteht zwischen diesen beiden Punkten ein Potentialunterschied, so fließt ein Strom von A nach B bzw. umgekehrt. Die Veränderung der Gesamtspannung hat keine Auswirkung auf die Potentialdifferenz zwischen Punkt A und B.

Brückengleichung

$$\frac{R_1}{R_2} = \frac{R_3}{R_4}$$

Bei der Formel handelt es sich um eine Abgleichbedingung. Wenn diese Bedingung erfüllt ist, dann ist die Schaltung abgeglichen. Das heißt, die Widerstandsverhältnisse müssen gleich sein.
Wird nur einer der Widerstände verändert, so ist die Brücke zwischen Punkt A und B aus dem Gleichgewicht. Die Widerstandsverhältnisse sind ungleich. Es fließt ein Ausgleichsstrom.

Anwendungen

Da die Brückenschaltung äußerst empfindlich ist, eignet sie sich zur genauen Bestimmung von Widerständen. Sie wird auch Wheatstonesche Messbrücke genannt.

Die Anwendungen sind hauptsächlich in der Messtechnik und Regelungstechnik zu finden. Dazu wird ein Festwiderstand durch ein Halbleiterbauelement ausgetauscht. Der Halbleiter reagiert auf Spannungsänderungen, Temperatur, Licht oder ähnliches. Auf diese Weise lassen sich Änderungen durch einen Stromfluss bzw. Potentialänderung zwischen Punkt A und B zur Auswertung nutzen.

Passives Hochpassfilter

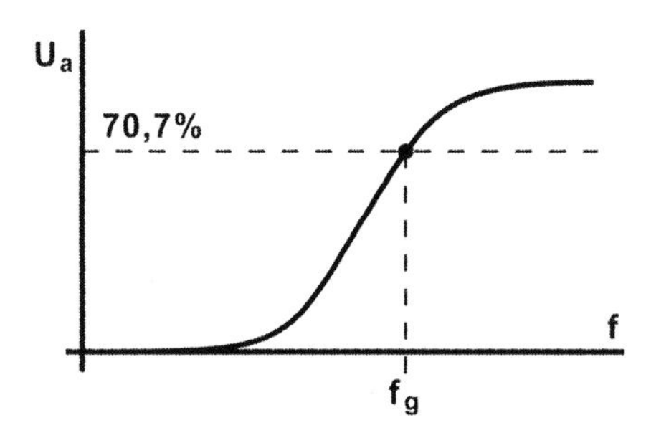

Ein Hochpass lässt Spannungen/Amplituden mit hohen Frequenzen durch. Das passiv steht für das fehlende verstärkende Element. Das Diagramm zeigt den Verlauf der Ausgangsspannung in Abhängigkeit der Frequenz.
Die hier dargestellten Schaltungen dienen nur der theoretischen Betrachtung. In der Praxis können sie nur bedingt eingesetzt werden. Es gelten ähnliche Bedingungen, wie bei einem Spannungsteiler mit Widerständen.

CR-Glied

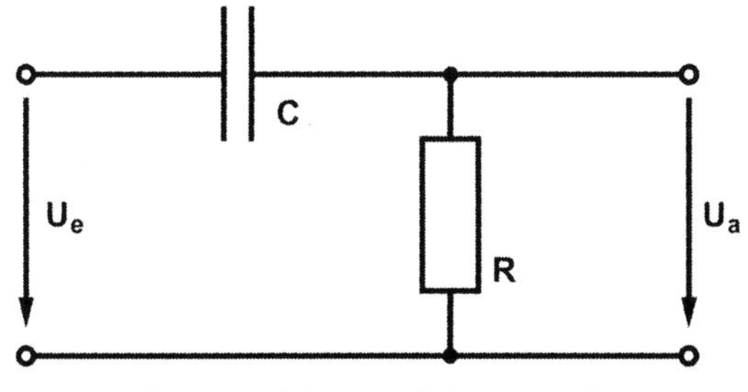

Bei einer sinusförmigen Eingangsspannung U_e hat der Kondensator bei tiefen Frequenzen einen großen Wechselstromwiderstand. Am Widerstand R fällt fast keine Spannung ab.
Bei hohen Frequenzen ist der Wechselstromwiderstand des Kondensators gering und die Eingangsspannung fällt fast nur über den Widerstand R ab.

$$f_g = \frac{1}{2\pi \cdot R \cdot C}$$

Frequenzen über der Grenzfrequenz f_g gelten als durchgelassene Frequenzen.
Bei der Grenzfrequenz besteht zwischen U_e und U_a eine Phasenverschiebung von 45°.

RL-Glied

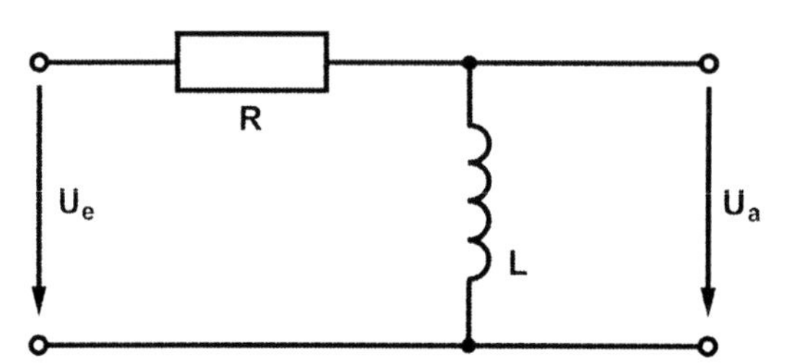

Bei hohen Frequenzen hat die Spule einen großen Wechselstromwiderstand. Dadurch fällt an ihr eine größere Spannung ab:

$U_a \approx U_e$

Bei tiefen Frequenzen ist der Wechselstromwiderstand der Spule sehr gering. An ihr fällt sehr wenig Spannung ab:

$$U_a \approx 0$$

$$f_g = \frac{R}{2\pi \bullet L}$$

Frequenzen über der Grenzfrequenz f_g gelten als durchgelassene Frequenzen.
Bei Grenzfrequenz beträgt die Phasenverschiebung zwischen der Eingangs- und Ausgangsspannung 45°.

Passives Tiefpassfilter

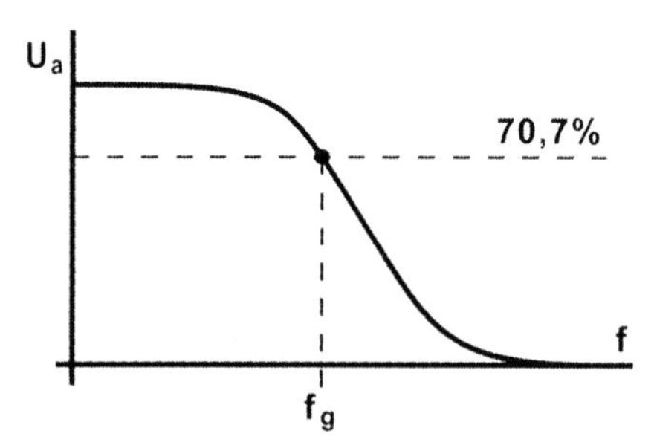

Ein Tiefpass lässt Spannungen/Amplituden mit tiefen Frequenzen durch. Das passiv bezieht sich auf das fehlende verstärkende Element. Das Diagramm zeigt den Verlauf der Ausgangsspannung in Abhängigkeit der Frequenz.
Die hier dargestellten Schaltungen dienen nur der theoretischen Betrachtung. In der Praxis können diese nur bedingt eingesetzt werden. Es gelten ähnliche Bedingungen, wie bei einem Spannungsteiler mit Widerständen.

RC-Glied

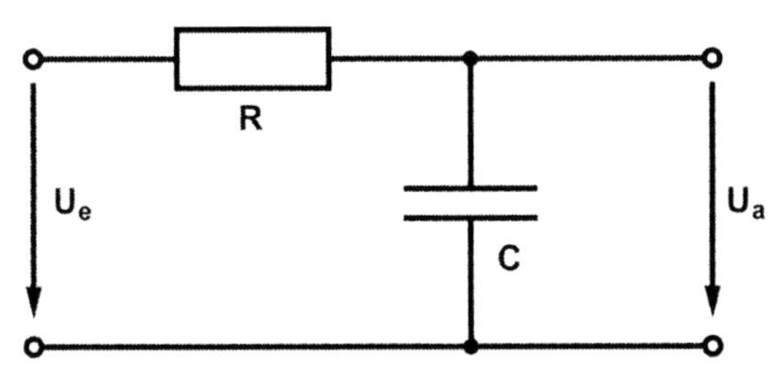

Bei einer sinusförmigen Eingangsspannung U_e hat der Kondensator bei tiefen Frequenzen einen großen Wechselstromwiderstand. Der Widerstand R kann vernachlässigt werden. Am Ausgang liegt die volle Eingangsspannung.
Bei hohen Frequenzen ist der Wechselstromwiderstand des Kondensators gering. Die Eingangsspannung fällt fast ganz über den Widerstand R ab.

$$f_g = \frac{1}{2\pi \bullet R \bullet C}$$

Frequenzen unter der Grenzfrequenz f_g gelten als durchgelassene Frequenzen.
Bei der Grenzfrequenz besteht zwischen U_e und U_a eine Phasenverschiebung von 45°.

LR-Glied

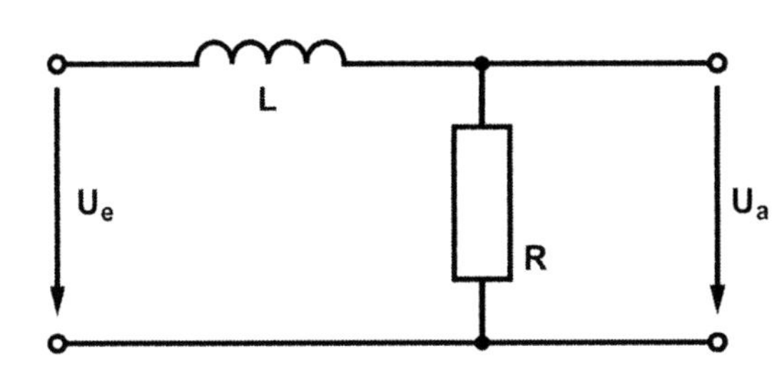

Bei tiefen Frequenzen ist der Wechselstromwiderstand der Spule sehr gering. An ihr fällt kaum Spannung ab:

$$U_a \approx U_e$$

Bei hohen Frequenzen ist der Wechselstromwiderstand der Spule besonders groß. An ihr fällt fast die gesamte Eingangsspannung ab:

$$U_a \approx 0$$

$$f_g = \frac{R}{2\pi \bullet L}$$

Frequenzen unter der Grenzfrequenz f_g gelten als durchgelassene Frequenzen.
Bei Grenzfrequenz beträt die Phasenverschiebung zwischen Eingangs- und Ausgangsspannung 45°.

Impulsformerstufen

Impulsformerstufen haben die Aufgabe eine Wechselspannung (Sinus, Dreieck, Rechteck) so zu verformen/verändern, dass aus dem Ursprungssignal ein anderes wird.
Die hier dargestellten Schaltungen dienen nur der theoretischen Betrachtung. In der Praxis können sie nur bedingt eingesetzt werden. Es gelten ähnliche Bedingungen, wie bei einem Spannungsteiler mit Widerständen.

CR-Glied als Differenzierglied

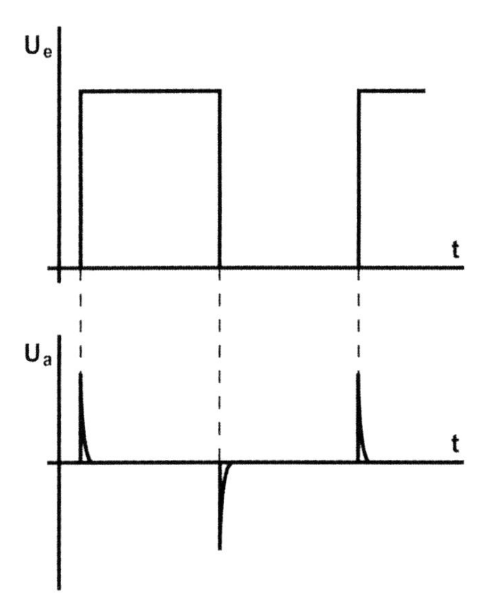

Das Differenzierglied funktioniert als Impulsformerstufe. Das CR-Glied als Impulsformerstufe erzeugt aus einer Rechteckspannung am Eingang eine impulsartige Wechselspannung am Ausgang der Schaltung.
Wenn die Impulsdauer der Eingangsspannung viel größer ist als 5 T, dann werden kurze Impulse in Höhe von U_e erzeugt.
Anwendung findet diese Schaltung bei flankengesteuerten Bausteinen der Digitaltechnik.

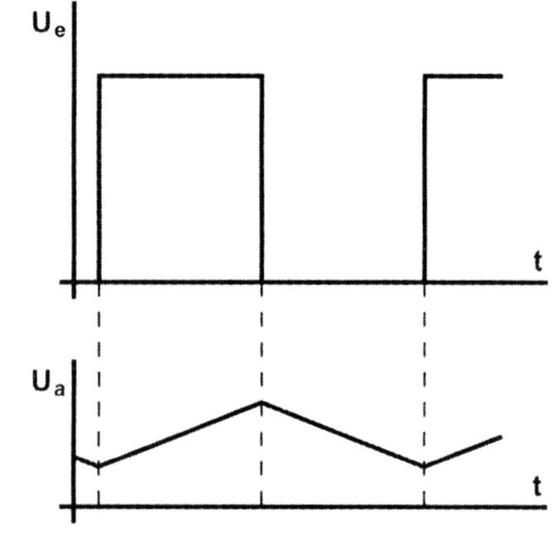

RC-Glied als Integrierglied

Das Integrierglied funktioniert als Impulsformerstufe. Das RC-Glied als Impulsformerstufe erzeugt aus einer Rechteckspannung am Eingang eine dreieckähnliche Mischspannung am Ausgang der Schaltung.
Das RC-Glied hat Sieb- und

Glätteigenschaften, die in der Spannungsstabilisierung zum Einsatz kommt. Wenn die Impulsdauer der Eingangsspannung viel kleiner ist als 5 T, dann summiert die Schaltung die Impulse zu einer Gleichspannung.

Weitere Impulsformer

- Begrenzer-Schaltungen
- Clipper-Schaltungen
- Impulsdehner-Schaltungen
- Schmitt-Trigger

Spannungsverdopplerschaltungen

Spannungsverdopplung ist eine Art der Gleichrichtung, bei der die Ausgangsgleichspannung größer ist als der Scheitelwert der Eingangswechselspannung.

Einpuls-Verdopplerschaltung D1 / Villard-Schaltung

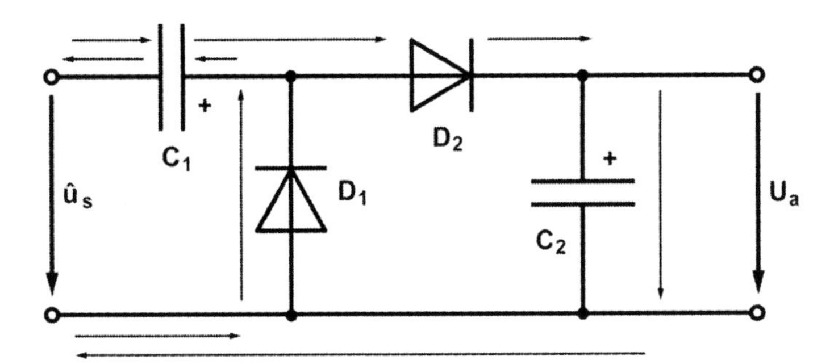

Die eigentliche Villardschaltung besteht nur aus dem Elektrolytkondensator C_1 und der Diode D_1. Die nachgeschaltete Diode D_2 und der Elektrolytkondenstor C_2 stammen von Greinacher.
Die Schaltung besteht aus einer Einweg-Gleichrichterschaltung (C_1 und D_1), der ein Kondensator und eine Diode (C_2 und D_2) nachgeschaltet wurde. Während einer Halbwelle werden die Elektrolytkondensatoren C_1 und C_2 aufgeladen. Bei der nächsten Halbwelle addiert sich diese Spannung zur Ausgangsspannung. Damit der Kondensator C_2 sich nicht wieder über den Kondensator C_1 entlädt, wird die Dioden D_2 als Entladesperre in

Sperrrichtung geschaltet.
Die Formel zur Berechnung der Ausgangsgleichspannung lautet:

$$U_a \approx 2 \cdot \hat{u}_s$$

Die folgende Formel ist für Berechnung der Größe der Elektrolytkondensatoren bei einem bestimmten Laststrom gedacht.

$$C = \frac{34\ sek. \cdot (n+2) \cdot I}{U}$$

Der Strom I und die Spannung U entsprechen den Scheitelwerten. n ist die Anzahl der Stufen (Diode-Diode-Kondensator-Kombination). Die Konstante 34 wird in Sekunden angegeben. Das Ergebnis hat die Einheit As/V (Amperesekunden pro Volt).

Zweipuls-Verdopplerschaltung D2 (nach DIN 41761) / Delon-Schaltung oder Greinacher-Schaltung

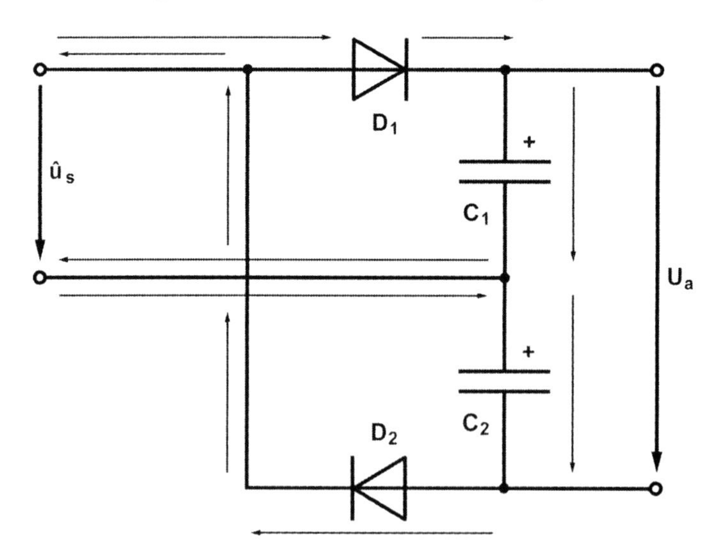

Die Schaltung besteht aus zwei Einweg-Gleichrichterschaltungen (Diode), denen jeweils ein Kondensator als Last nachgeschaltet ist.
Die Gleichrichterdiode D_1 erzeugt eine Gleichspannung aus der positiven

Halbwelle, die Gleichrichterdiode D_2 aus der negativen Halbwelle, der Eingangswechselspannung. Die Gleichrichterdioden D_1 und D_2 müssen dabei eine Sperrspannung vom doppelten Scheitelwert der Eingangswechselspannung vertragen können.
Die beiden Lastkondensatoren werden abwechselnd, fast auf den Scheitelwert, der Wechselspannung aufgeladen. Durch ihre Zusammenschaltung entsteht ein doppelter Scheitelwert.
Am Ausgang der Schaltung liegt eine Gleichspannung, die im unbelasteten Zustand ungefähr den doppelten Scheitelwert hat.
Die Formel dazu lautet:

$$U_a \approx 2 \cdot \hat{u}_s$$

Anwendung der Spannungsverdopplerschaltungen:

- In Messgeräten zur Anzeige von Spitze-Spitze-Spannungswerte
- Für kleine Speisespannungen
- Spannungsverdoppler werden z. B. in Fernsehgeräten verwendet, wenn die Röhre eine hohe Anodenspannung (ca. 400 V) benötigt.

Spannungsvervielfacherschaltungen

Spannungsvervielfachung ist eine Art der Gleichrichtung, bei der die Ausgangsgleichspannung größer ist als der Scheitelwert der Eingangswechselspannung.

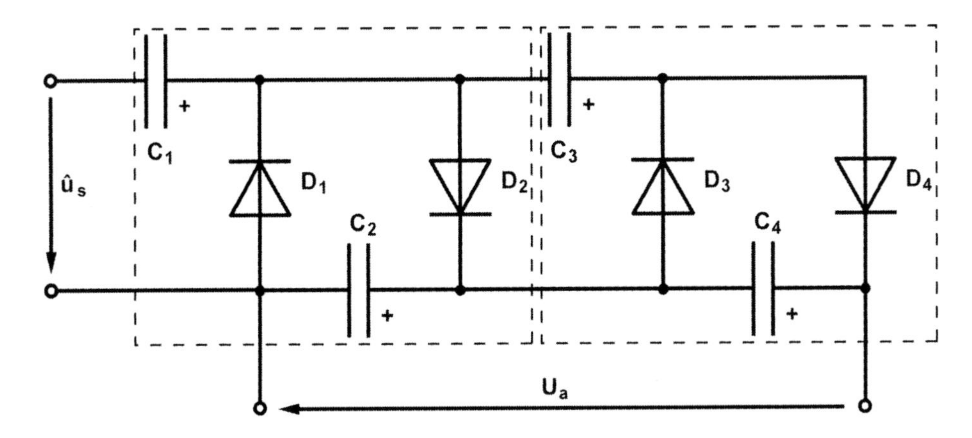

Die hier abgebildete Schaltung ist eine zweistufige Spannungsvervielfacherschaltung. Je zwei Dioden und zwei Kondensatoren sind eine Stufe. Jede Stufe ist eine Villardschaltung.
Durch die Kombination von 2 Villardschaltungen (Einpuls-Verdopplerschaltung) erhält man eine Spannungsvervielfacherschaltung.
An der Diode D_2 der ersten Villard-Schaltung liegt die Spannung an, die zur Speisung der nachgeschalteten Villard-Schaltung verwendet wird.
Daraus ergibt sich die Formel:

$$U_a \approx 2 \bullet 2 \bullet \hat{u}_s$$

Jede weitere Stufe erhöht die im Leerlauf vorhandene Ausgangsspannung U_a um etwa das Doppelte.
Daraus ergibt sich die Formel:

$U_a \approx 2 \bullet n \bullet \hat{u}_s$ n ist die Anzahl der Stufen.

Bei den Spannungsvervielfacherschaltungen müssen folgende Dinge beachtet werden:

- Der Strom, der durch die Gleichrichterdioden fließt, erhöht sich mit der Anzahl n der Stufen.
- Der Eingangsstrom ist n-mal so groß wie der Laststrom.
- Die Spannungsvervielfacherschaltung ist eine Gleichspannungsquelle mit einem hohen Innenwiderstand.
- Der Innenwiderstand steigt mit der Anzahl der Stufen. Er verringert sich mit der Vergrößerung der Kondensatorwerte.
- Die verwendeten Kondensatoren müssen eine Spannung von $2 \bullet \hat{u}_S$ vertragen.
- Die Stromentnahme ist sehr gering.
- Nach dem Einschalten einer Spannungsvervielfacherschaltung vergeht etwas Zeit, bis alle Kondensatoren aufgeladen sind.
- Bei der Stromentnahme wird der am Ende liegende Kondensator zuerst entladen.
  Dieser wird vom vorgeschalteten Kondensator wieder aufgeladen.

Anwendung der Spannungsvervielfacherschaltung:

- Hochspannungserzeugung für elektrostatische Staubfilter
- Hochspannungserzeugung für Fernsehbildröhren

Grundschaltungen des Transistors

Die Grundschaltungen des Transistors sind in der Regel Verstärkerschaltungen. Die folgenden Grundschaltungen beziehen sich auf den bipolaren Transistor mit NPN-Schichtenfolge.
Alle Grundschaltungen haben als Eingang die Basis-Emitter-Strecke. Der Ausgang wird immer vom Kollektorstrom durchflossen. Der gemeinsame Bezug (Anschluss) von Eingang und Ausgang ist der Namensgeber für die Grundschaltung.

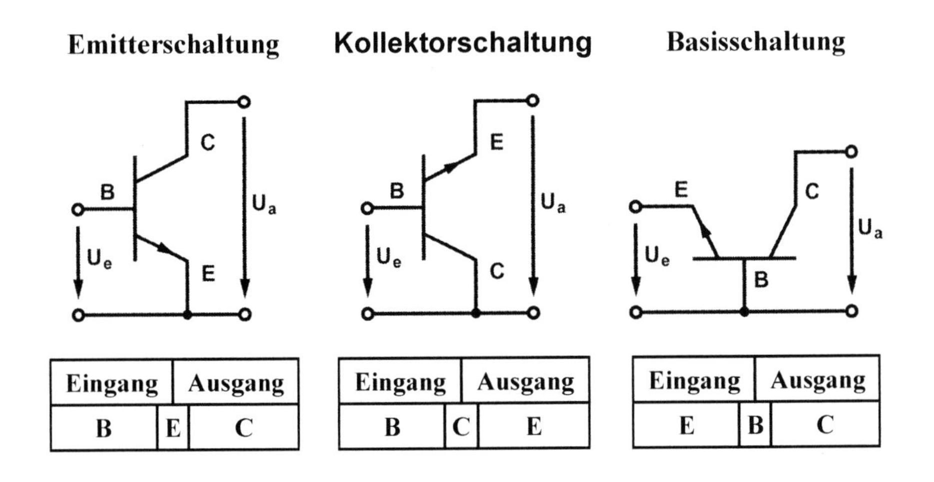

Emitterschaltung:

Eingang		Ausgang
B	E	C

Kollektorschaltung:

Eingang		Ausgang
B	C	E

Basisschaltung:

Eingang		Ausgang
E	B	C

Alle drei Schaltungen haben zwei Eingangs- und zwei Ausgangsklemmen. Solche Schaltungen werden als Vierpole bezeichnet. Sie werden mit Hilfe der Vierpolparameter berechnet.
Neben diesen drei Grundschaltungen gibt es noch weitere Grundschaltungen mit zwei oder mehr Transistoren. Eine davon ist die Darlington-Schaltung mit zwei Transistoren. Eine weitere ist der Differenzverstärker. Mehr sollen in den weiteren Ausführungen keine Rolle spielen.

Übersicht

Schaltung	Emitterschaltung	Basisschaltung	Kollektorschaltung
Eingangs-widerstand r_e	100 Ω ... 10 kΩ	10 Ω ... 100 Ω	10 kΩ ... 100 kΩ
Ausgans-widerstand r_a	1 kΩ ... 10 kΩ	10 kΩ ... 100 kΩ	10 Ω ... 100 Ω
Spannungs-verstärkung v_U	20 ... 100 fach	100 ... 1000 fach	<=1
Gleichstrom-verstärkung B	10 ... 50 fach	<=1	10 ... 4000 fach
Phasen-verschiebung	180°	0°	0°
Temperatur-abhängigkeit	groß	klein	klein
Leistungs-verstärkung v_P	sehr groß	mittel	klein
Grenzfrequenz f_g	niedrig	hoch	niedrig
Anwendungen	NF- und HF-Verstärker, Leistungsverstärker, Schalter	HF-Verstärker	Anpassungsstufen, Impedanzwandler

Arbeitspunkteinstellung

Damit eine Transistorschaltung funktioniert, müssen Spannungs- und Stromwert richtig eingestellt werden. So müssen je nach Transistortyp Kollektor- und Basisstromwerte beachtet werden. Diese Werte werden als Arbeitspunkte bezeichnet. Der Arbeitspunkt ist temperaturabhängig. Je nach Anwendung des Transistors und Ort des Betriebs, kann die Temperatur auf die Transistorschaltung einwirken und den Arbeitspunkt verschieben.
Das Verschieben des Arbeitspunktes führt am Ausgang der Schaltung zu nichtlineare Verzerrungen der Spannung.

Emitterschaltung

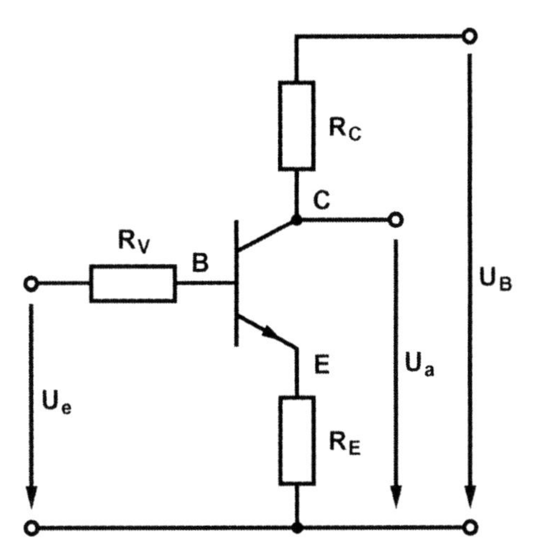

Die Emitterschaltung besteht im wesentlichen aus einem Transistor, dem Kollektorwiderstand R_C, der Eingangssignalquelle mit dem Basis-Vorwiderstand R_V und der Betriebsspannung $+U_B$. Der Kollektoranschluss ist der Ausgang. Der Emitter ist der gemeinsame Bezugspunkt von Eingangs- und Ausgangsspannung. Deshalb wird diese Schaltung Emitterschaltung genannt.

Strom- und Spannungsverteilung

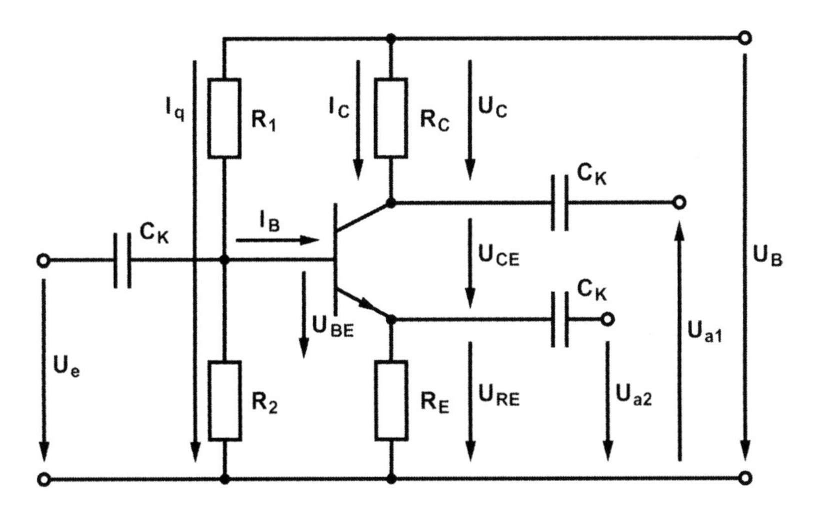

Die Emitterschaltung ist eine Universal-Verstärkerschaltung, die im niederfrequenten Bereich zur Erzeugung sehr hoher Spannungsverstärkungen genutzt wird. Bei höheren Frequenzen macht sich die Frequenzabhängigkeit der Wechselspannungsverstärkung ß und der Basis-Emitter-Widerstand r_{BE} bemerkbar.

Wird die Emitterschaltung mit dem Emitterwiderstand R_E betrieben, spricht man von Stromgegenkopplung. So kann der Emitteranschluss als Ausgang genutzt werden. Die Ausgangsspannungen U_{a1} und U_{a2} sind gleich groß. Bei $R_C = R_E$ sind sie zueinander um 180° phasenverschoben. Die Ausgangsspannung ist in der ursprünglichen Emitterschaltung nicht vorgesehen. Zur Vervollständigung ist sie hier dargestellt.

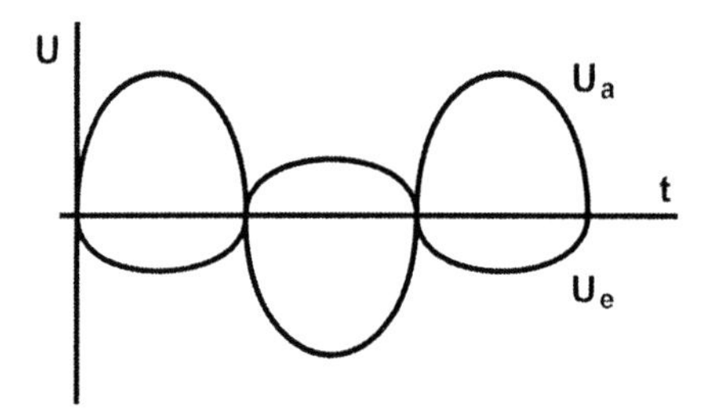

Der Widerstand R_E wird nur zur thermischen Stabilisierung und Arbeitspunktstabilisierung benötigt und hat für die Funktion der Emitterschaltung keine Bedeutung.
Über den Spannungsteiler R_1 und R_2 wird der Arbeitspunkt eingestellt. Dadurch erhält der Transistor die Basis-Emitter-Spannung $U_{BE} = 0{,}7$ V.
Der Widerstand R_C begrenzt den Kollektorstrom I_C für den Transistor.
Die Koppelkondensatoren C_K trennen das Wechselstromsignal von der Gleichspannung.
Während des Betriebs der Schaltung bildet sich in der Schaltung eine Mischspannung; ein Gleichspannungsanteil wird vom Wechselspannungsanteil überlagert. Es findet dabei eine Phasenverschiebung um 180° zwischen dem Eingangs- und Ausgangssignal statt. Der Eingangswiderstand r_e und der Ausgangswiderstand r_a sind jeweils hochohmig.

Koppelkondensator C_K

Wird Wechselspannung verstärkt, so muss die Schaltung über die Koppelkondensatoren C_K mit der Signalquelle und der Last verbunden werden. Über die Koppelkondensatoren fließt kein Gleichstrom. Damit hat die Signalquelle bzw. Last keinen Einfluss auf den Arbeitspunkt. Die Spannungen des Arbeitspunktes lassen sich so unabhängig von den Gleichspannungen der Signalquelle und Last wählen.
Die Koppelkondensatoren bilden mit dem Ausgangswiderstand der Signalquelle bzw. mit dem Eingangswiderstand der Last einen Hochpass.

Die Koppelkondensatoren müssen so dimensioniert werden, dass die kleinste Frequenz des zu übertragenden Signals noch durch den Hochpass hindurch kommt. Gleichspannungen (0 Hz) gelangen nicht hindurch.

Kollektorwiderstandes R_C

$$R_C = \frac{U_B - U_{CE}}{I_C}$$

Gleichstromverstärkung B

Der Transistor verstärkt den Gleichstromanteil der Eingangsspannung U_e. Die Gleichstromverstärkung beträgt 10...50.

$$B = \frac{I_C}{I_B}$$

Querstrom I_q

Der Querstrom I_q wird etwa 3 bis 10 mal größer gewählt als der Basisstrom I_B.

$$I_q \geq 10 \cdot I_B$$

Arbeitspunktstabilisierung mit Spannungsteiler

- Der Arbeitspunkt muss exakt eingestellt werden und ist abhängig von der Toleranz der Bauteilwerte.
- Die U_{BE}- Spannung ist temperaturabhängig.
- Der Spannungsteiler senkt den Eingangswiderstand r_e der Schaltung.

$$R_1 = \frac{U_B - U_{BE}}{I_q + I_B} \qquad R_2 = \frac{U_{BE}}{I_q}$$

Arbeitspunkteinstellung mit Basis-Vorwiderstand

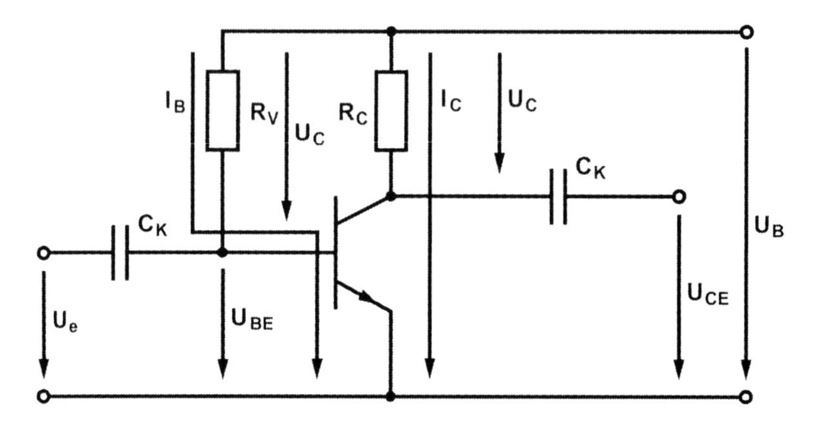

- Da R_V in der Regel sehr hochohmig ist, wird bei Erwärmung des Transistors, der Basisstrom I_B konstant bleiben.
- Der Widerstand R_V hat keinen nennenswerten Einfluss auf den Eingangswiderstand der Schaltung.
- Diese Schaltung eignet sich als Mikrofonverstärker. Wichtig sind dabei die zwei Koppelkondensatoren.
- Die Gleichstromverstärkung B ist temperaturabhängig.
- Der Arbeitspunkt muss durch veränderbaren Vorwiderstand R_V eingestellt werden.
- Der Vorwiderstand R_V bestimmt den Basisstrom I_B.

Formeln zur Berechnung des Vorwiderstandes R_V

$$U_{RV} = U_B - U_{BE} \qquad R_V = \frac{U_{RV}}{I_B}$$

Anwendungen der Emitterschaltung

- NF- und HF-Verstärker
- Leistungsverstärker
- Schalter

Emitterschaltung mit Stromgegenkopplung

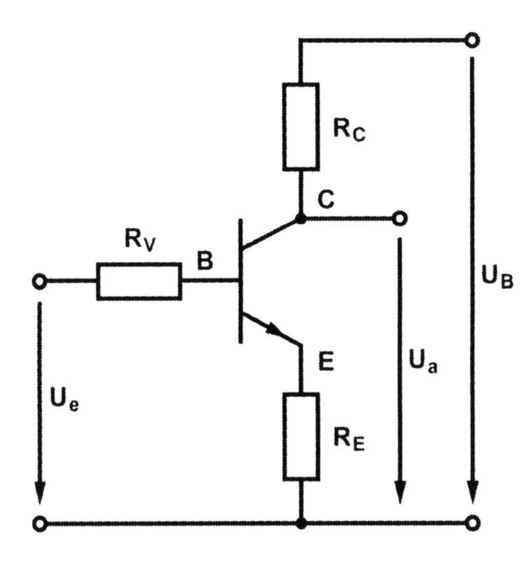

Die Emitterschaltung mit Stromgegenkopplung besteht aus einem Transistor, einem Kollektorwiderstand R_C, der Eingangssignalquelle mit Basis-Vorwiderstand R_V, der Betriebsspannung $+U_B$ und einem zusätzlichen Widerstand R_E zwischen Emitter und Bezugspunkt. Er wird Emitterwiderstand R_E genannt.
Bei der Gegenkopplung handelt es sich um eine Gleichstromgegenkopplung.

Strom- und Spannungsverteilung

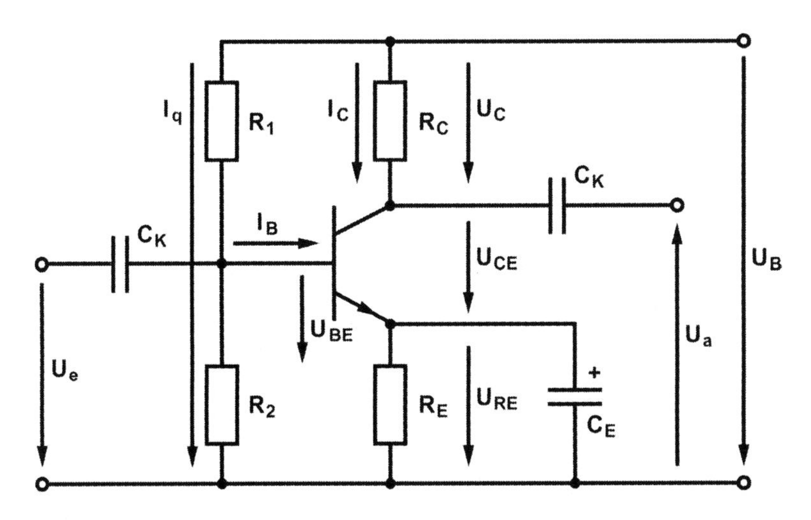

Da die Temperaturabhängigkeit der Emitterschaltung groß ist, hat das die Erwärmung des Transistors zur Folge. Gleichzeitig steigen Basisstrom, Kollektorstrom und Emitterstrom an ($I_E = I_C + I_B$).
Am Emitterwiderstand R_E fällt eine Spannung ab, die der Eingangsspannung U_e entgegen wirkt. Dadurch verringert sich der Basisstrom. Der Kollektorstrom und Emitterstrom sinken und die

Emitterspannung verringert sich. Die Basis-Emitter-Spannung U_{BE} steigt wieder an. Diese Reglung tritt bei jeder Stromänderung im Transistor auf und wird als Stromgegenkopplung bezeichnet.

Durch die Stromgegenkopplung des Eingangssignals ergeben sich folgende Eigenschaften der Schaltung:

- Verringerung der Temperaturabhängigkeit.
- Es entsteht ein sauberes, verzerrungsfreies Ausgangssignal.
- Die Spannungsverstärkung sinkt.
- Die Spannungsverstärkung kann von R_C und R_E festgelegt werden.

  $$V_U = \frac{R_C}{R_E}$$

- Der Eingangswiderstand r_e der Schaltung steigt.

Emitterschaltung ohne Gegenkopplung (siehe Schaltung)

Der Kondensator C_E führt zu einem wechselstrommäßigen Kurzschluss am Widerstand R_E, der den Ausgangswiderstand auf wenige Ohm verringert. Daraus erfolgt eine Verstärkung um das 10-fache.
Der Kondensator C_E hat dabei keinen Einfluss auf die Gleichstromeinstellungen.

$$V_U = \frac{\beta \cdot R_C}{r_{BE}} \qquad r_{BE} = \frac{U_t}{I_B}$$

U_t = Temperaturspannung = 40 mV

Kollektorschaltung (Emitterfolger)

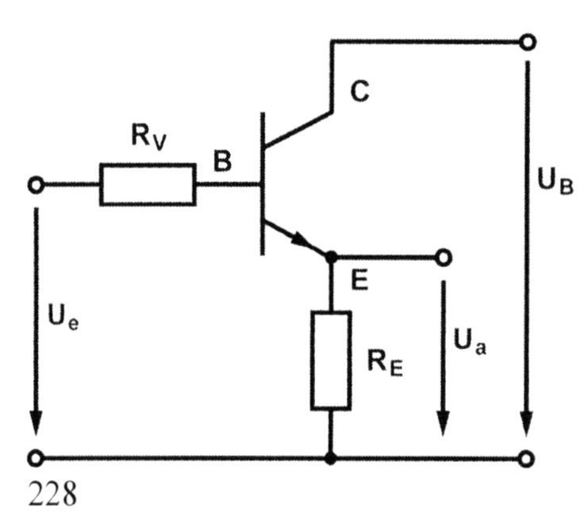

Die Kollektorschaltung besteht aus einem Transistor, dem Emitterwiderstand R_E, dem Basis-Vorwiderstand R_V und der Betriebsspannung U_B. Der Emitter ist der Ausgang. Der Kollektor ist für Eingangs- und Ausgangsspannung über die Betriebsspannung U_B der gemeinsame Bezugspunkt. Deshalb wird sie Kollektorschaltung oder Emitterfolger genannt.

Strom- und Spannungsverteilung

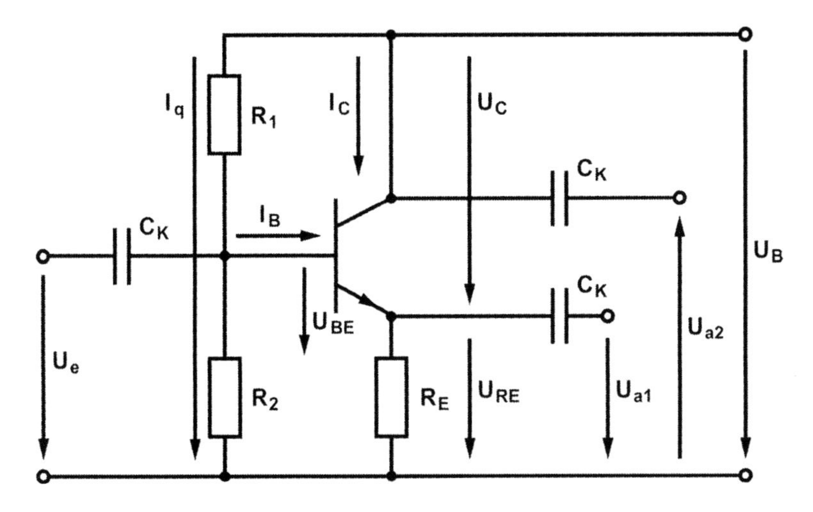

Über die Widerstände R_1, R_2 und R_E wird der Arbeitspunkt eingestellt. Durch den Widerstand R_E wird der Arbeitspunkt immer mit Gegenkopplung stabilisiert.
Eine Phasenverschiebung zwischen der Eingangsspannung U_e und der Ausgangsspannung U_a tritt nicht auf. Wird die Ausgangsspannung U_{a2} am Kollektor abgegriffen, erreicht man eine Phasenverschiebung zwischen U_{a1} und U_{a2}. Beide Ausgangsspannungen sind gleich groß.

Eingangswiderstand r_e

$r_e = \frac{u_e}{i_e}$ Die Kollektorschaltung hat einen großen Eingangswiderstand r_e, der sich durch die Widerstände R_1, R_2, $R_E \parallel R_L$ und der Wechselstromverstärkung ß bildet.

Ausgangswiderstand r_a

$r_a = \frac{u_a}{i_C}$ Die Kollektorschaltung hat einen kleinen Ausgangswiderstand r_a. Der Strom I_C ist als Ausgangsstrom i_a zu verstehen.

Spannungsverstärkung v_U

$$V_U = \frac{u_a}{u_e} \approx 1$$

Die Spannungsverstärkung v_u beträgt ungefähr 1. Dadurch eignet sich die Kollektorschaltung besonders als Impedanzwandler zwischen hochohmigen Signalquellen und niederohmigen Verbrauchern.

Anwendungen der Kollektorschaltung

- Impedanzwandler
- Bootstrap-Schaltung
- Darlington-Schaltung

Basisschaltung

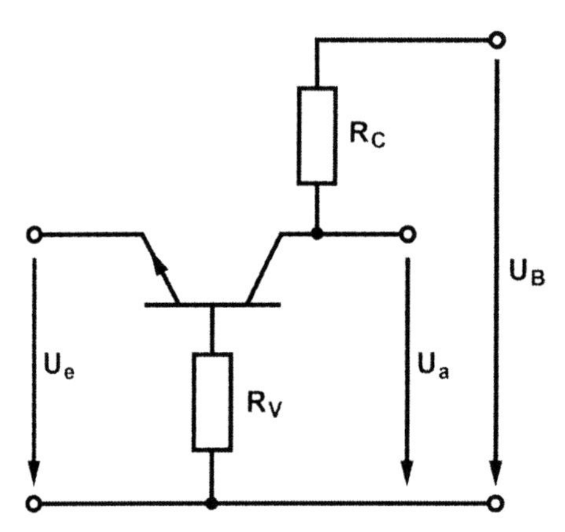

Die Basisschaltung besteht aus einem Transistor, dem Kollektorwiderstand R_C, dem Basis-Vorwiderstand R_V und der Betriebsspannung U_B. Der Kollektor ist der Ausgang. Der Emitter ist der Eingang. Die Basis ist der gemeinsame Bezugspunkt. Deshalb wird die Schaltung Basisschaltung genannt.

Strom- und Spannungsverteilung

Diese Schaltung ist etwas anders gezeichnet, als man es kennt. Diese Art der Darstellung zeigt die Ähnlichkeit zur Emitterschaltung. Die Basisschaltung entspricht grundsätzlich der Emitterschaltung mit Stromgegenkopplung und der Arbeitspunkteinstellung.
Eine Phasenverschiebung zwischen Eingangsspannung U_e und Ausgangsspannung U_a tritt nicht auf.
Über den Kondensator C_B liegt der Basisanschluss des Transistors auf 0 V.
Die Kondensatoren C_1 und C_2 trennen das Signal von der Gleichspannung.

Der Spannungsteiler R_1 und R_2 dient zur Begrenzung des Basisstroms I_B bei Übersteuerung. Im Normalbetrieb haben die Widerstände keinen Einfluss.

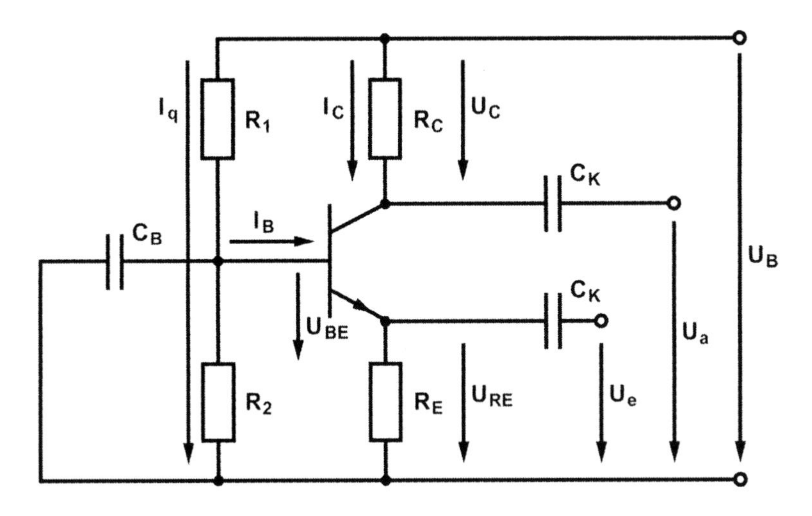

Eingangswiderstand r_e

$r_e \approx \frac{r_{BE}}{\beta}$ Der Eingangswiderstand r_e der Basisschaltung ist sehr klein.

Ausgangswiderstand r_a

$r_a \approx R_C$ Der Ausgangswiderstand r_a der Basisschaltung ist hoch. Bei niederen Frequenzen, entspricht er etwa dem Kollektorwiderstand R_C.

Spannungsverstärkung v_U

Die Basisschaltung hat eine hohe Spannungsverstärkung v_U von ca. 100 bis 1000. Sie entspricht der Emitterschaltung.
Die Gleichstromverstärkung B beträgt ungefähr 1.

Anwendungen der Basisschaltung

Die Basisschaltung eignet sich für die Verstärkung von Hochfrequenzsignalen.

Betriebsarten der Transistor-Verstärker

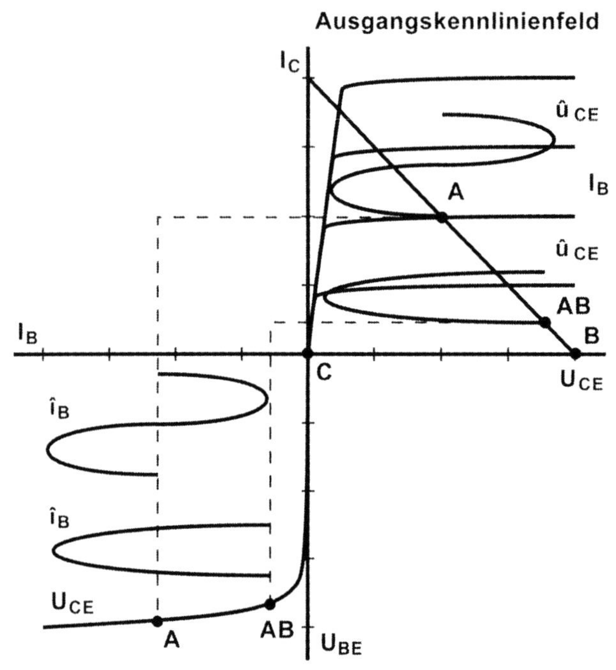

A-Betrieb

Ein Transistor-Verstärker im A-Betrieb hat nur eine geringe Spitze-Spitze-Ausdehnung. Der Arbeitspunkt liegt in der Mitte der Kennlinie. Das wird durch die Aufteilung der Betriebsspannung bestimmt ($U_B = U_C + U_{CE}$). Dabei wird die Betriebsspannung zwischen Kollektorwiderstand und Transistor aufgeteilt. Auf diese Weise fällt die Hälfte der Leistung, die vom Verstärker abgegeben wird im Verstärker selber an und wird in Wärme umgesetzt. Aus diesem Grund eignet sich ein Verstärker im A-Betrieb nur als Kleinsignal- oder Vorverstärker

B-Betrieb

Im B-Betrieb liegt der Arbeitspunkt am unteren Ende der Kennlinie. Damit ist es dem Verstärker möglich die Signalamplitude zu verdoppeln (im

Vergleich zum A-Betrieb). Allerdings kann der Transistor dann nur eine Halbwelle verarbeiten. Die andere Halbwelle muss durch einen zweiten Transistor im Gegentakt-Betrieb verstärkt werden. Bei dieser Schaltung handelt es sich dann um eine Gegentakt-Endstufe.
Der B-Betrieb wird bei Gegentakt-Endstufen durch den AB-Betrieb ersetzt, da sonst durch die fehlende Basisvorspannung am Transistor Übernahmeverzerrungen entstehen.
Die Transistoren im B-Betrieb werden voll sperrend und voll leitend betrieben.

AB-Betrieb

Der AB-Betrieb wird bei Gegentakt-Endstufen verwendet, bei denen mit vorgeschalteten Dioden eine Basisvorspannung erzeugt wird, die die auch bei Spannung unter 0,7 V die Transistoren leitend macht.
Im AB-Betrieb werden kleine Signale wie im A-Betrieb und große Signale wie im B-Betrieb verstärkt. Der Gegentaktverstärker arbeitet im AB-Betrieb besonders verzerrungsarm. Aber mit einem schlechteren Wirkungsgrad als im B-Betrieb.

C-Betrieb

Der C-Betrieb wird im Impulsbetrieb bei Radar und Sende-Endstufen in Funkgeräten bei FM-Modulation verwendet.

Darlington-Schaltung / Darlington-Transistor

Der Darlington-Transistor ist eine Schaltung aus zwei Transistoren, die hintereinander geschaltet sind. Die Schaltung wird Darlington-Schaltung genannt. Die Transistoren können getrennt, als Schaltung, oder in einem Gehäuse zusammengeschaltet sein. Den Darlington-Transistor gibt es als fertiges Bauelement in NPN-NPN- und PNP-PNP-Form.

Darlington-Schaltung (Prinzip-Schaltung)

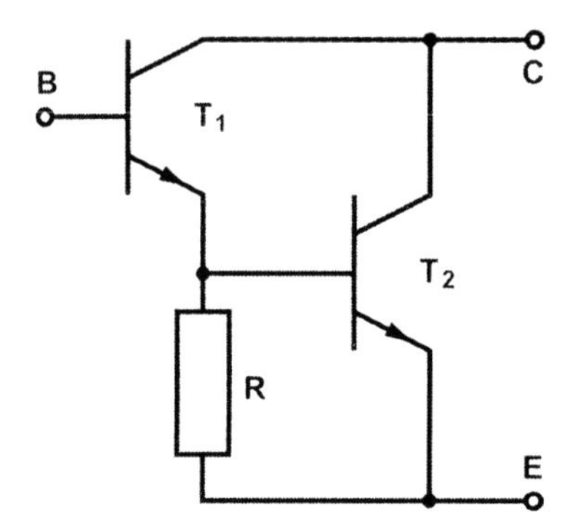

Darlington-Transistor (Schaltzeichen)

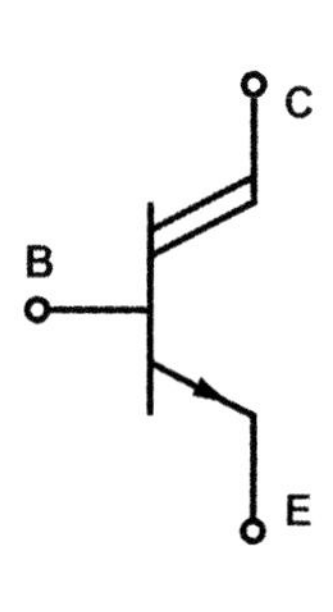

Die Darlington-Schaltung ist eine Schaltung aus zwei einzelnen Transistoren. Im Laststromkreis des ersten Transistors T_1 und im Arbeitsstromkreis des zweiten Transistors T_2 ist ein Widerstand R, der Einfluss auf die Stromverstärkung und das Schaltverhalten hat.

Der Darlington-Transistor ist eine Darlington-Schaltung, die aus zwei Transistoren zusammengesetzt ist. Ein Darlington-Transistor ist im Prinzip ein Einzel-Transistor mit einer sehr hohen Stromverstärkung, die aus dem Produkt der einzelnen Stromverstärkungen berechnet wird. Der Darlington-Transistor wird dort eingesetzt, wo eine Spannung, die nicht belastet werden darf, eine große Last steuern/schalten soll.

Formel zur Berechnung der Stromverstärkung

$B = B_{T1} \cdot B_{T2}$ Durch die Darlington-Schaltung kann eine wesentlich höhere Stromverstärkung erreicht werden, als bei einem einzelnen Transistor. Die gesamte Verstärkung ist das Produkt der einzelnen Verstärkungen der Transistoren.

Schaltverhalten

Der Darlington-Transistor kann auch als Schalter eingesetzt werden. Durch die große Stromverstärkung lassen sich große Lastströme mit kleinen

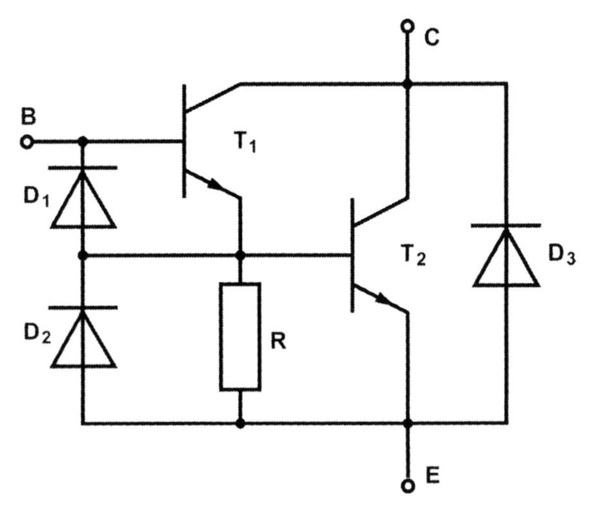

Strömen schalten. Beim Abschalten der Last muss man gewisse Eigenheiten berücksichtigen. Der Transistor T_1 schaltet sehr schnell ab. Der Transistor T_2 schaltet jedoch erst dann ab, wenn die Ladung der Basis über den Widerstand abgeflossen ist. Eine kurze Abschaltdauer wird nur durch einen kleinen Widerstand erreicht. Doch dadurch verringert sich auch die Stromverstärkung.

Bei Schaltanwendungen werden in der Regel Darlingtons mit kleinen Widerständen verwendet.

Um die Abschaltdauer zu verkürzen begrenzen die Dioden D_1 und D_2 die Sperrspannungen an den Basis-Emitter-Übergängen. Die Diode D_3 dient als Freilaufdiode für induktive Lasten.

Differenzverstärker (Transistor)

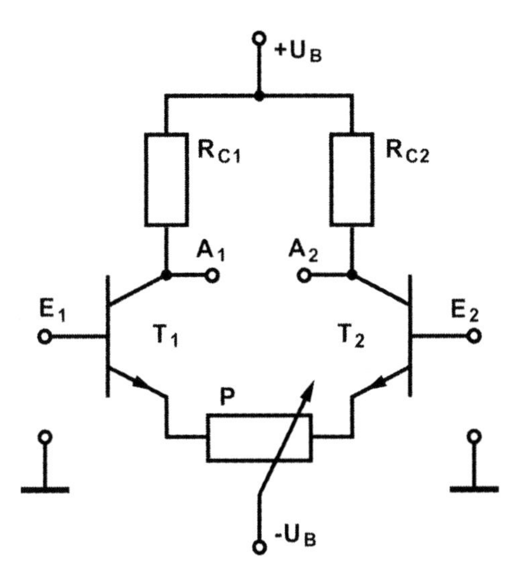

Der Differenzverstärker ist ein Gleichspannungsverstärker und ist die Grundschaltung des Operationsverstärkers. Die grundlegende Idee dieser Schaltung ist, dass bei zwei identischen Emitterschaltungen identische Arbeitspunktänderungen auftreten. Zwischen den Kollektoren käme es zu keiner Spannungsdifferenz. Somit wäre der Einfluss der Arbeitspunktänderung auf das Ausgangssignal unterdrückt.

Zum Funktionieren der Schaltung ist eine absolute Gleichheit der Transistoren vorauszusetzen. Da es zwei identische Transistoren wegen Exemplarstreuung nicht gibt, kann über ein Poti im Emitter-Dreieck der Schaltung die Verteilung des Konstantstromes eingestellt werden. In der Praxis spricht man von Gleichtaktunterdrückung (common mode rejection). Sie ist das Maß für die Güte des Verstärkers.
Die Gleichtaktunterdrückung ist umso besser, je größer der Emitterwiderstand R_E ist. Der kann aber nicht beliebig groß gewählt werden. Er bestimmt den Emitterstrom I_E in Abhängigkeit der Betriebsspannung. Daher wird statt dem Emitterwiderstand eine Transistorschaltung verwendet die einen Konstantgleichstrom steuert.

Differenzverstärker im Differenzbetrieb

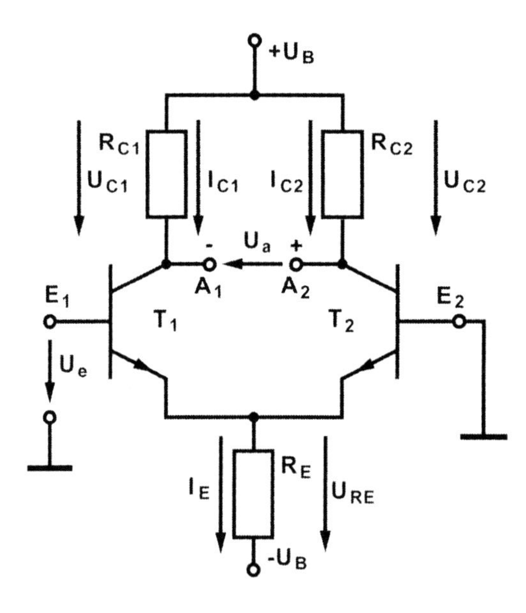

Wird an einem der Eingänge eine Spannung angelegt und der andere Eingang auf 0V gelegt, dann entsteht eine Differenzspannung U_a. Die Ströme I_{C1} und I_{C2} ändern sich gegensinnig. Dadurch ändern sich die Spannungen U_{C1} und U_{C2}. Es entsteht eine Differenzspannung U_a. Vergleicht man die Spannung an A_1 und A_2 gegen 0V, dann stellt man eine Invertierung/Inversion der Spannung an A_1 geben über U_e fest. Die Spannung an A_2 ist zur Eingangsspannung U_e nicht invertiert.

Differenzverstärker im Gleichtaktbetrieb

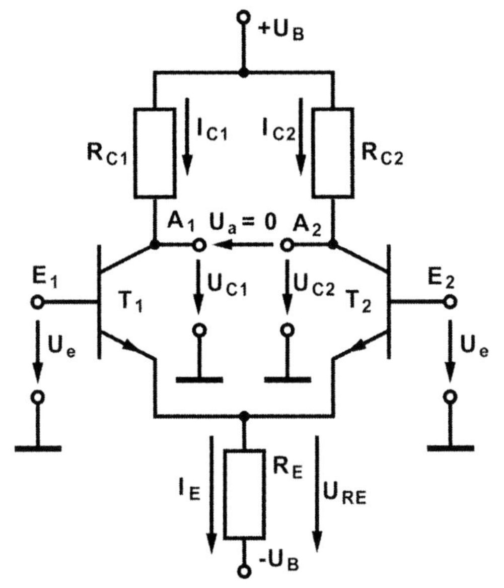

Legt man an beiden Eingängen die gleiche Spannung U_e, dann erhöht sich bei beiden Transistoren der Emitter- und Kollektorstrom gleichmäßig. Es tritt keine Differenzspannung U_a auf. Die beiden Spannungen an R_{C1} und R_{C2} ändern sich gleichsinnig.
Man nennt das den Gleichtaktbetrieb. Die Verstärkung ist Null. Der Differenzverstärker verstärkt nur Signalunterschiede zwischen E_1 und E_2.

Transistor als Schalter

Transistoren eignen sich zum kontaktlosen Schalten kleiner und mittlerer Leistungen.
Der eigentliche Schalter ist dabei die Kollektor-Emitter-Strecke des Transistors. Der Basisanschluss ist die Steuerelektrode.

Prinzip

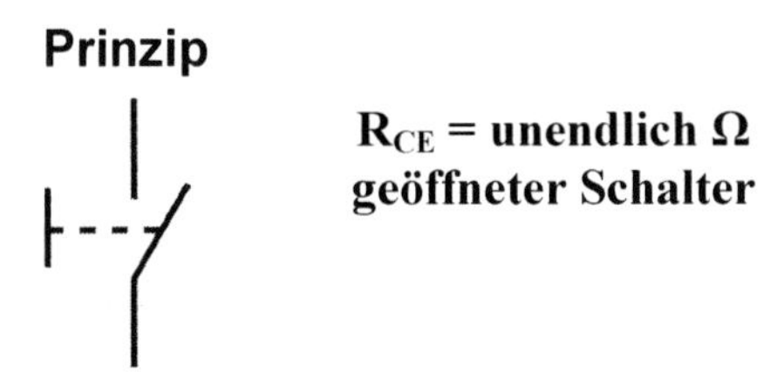

R_{CE} = unendlich Ω
geöffneter Schalter

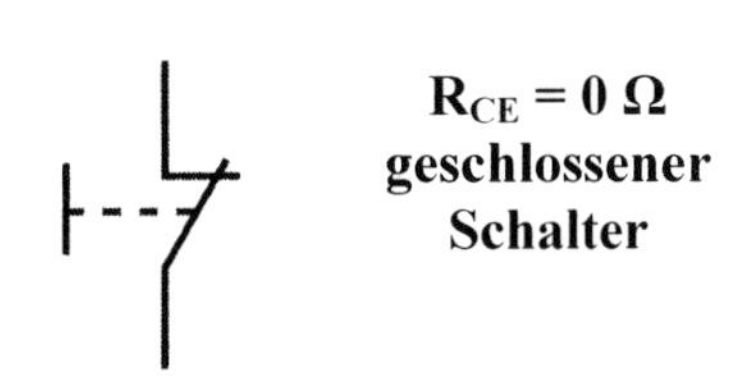

R_{CE} = 0 Ω
geschlossener Schalter

Bei geöffnetem Schalter soll die CE-Strecke möglichst hochohmig sein.

Bei geschlossenem Schalter soll die CE-Strecke möglichst niederohmig sein.

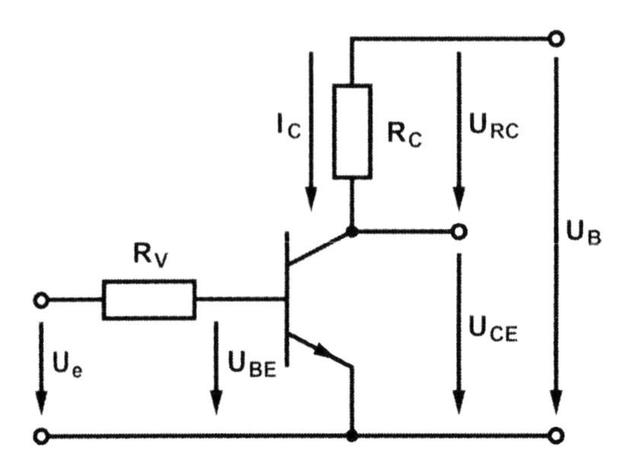

U_{BE}	0 V	0,8 V
I_C	0 mA	50 mA
R_{CE}	100 MΩ	4 Ω
U_{CE}	12 V	0,2 V
U_{RC}	0 V	11.8 V

Erhält der Transistor keine Basisspannung U_{BE}, kann kein Basisstrom fließen. Das bedeutet, das kein Kollektor-Strom fließt. Die R_{CE}-Strecke ist hochohmig und die ganze Betriebsspannung U_B fällt am Transistor ab.
Das bedeutet, der Schalter ist geöffnet.

Erhält der Transistor eine positive Basisspannung U_{BE}, so fließt ein Basisstrom und ein Kollektorstrom. Die CE-Strecke wird niederohmig. Es fällt eine geringe Spannung am Transistor ab.
Das bedeutet, der Schalter ist geschlossen.

Arbeitspunktverschiebung

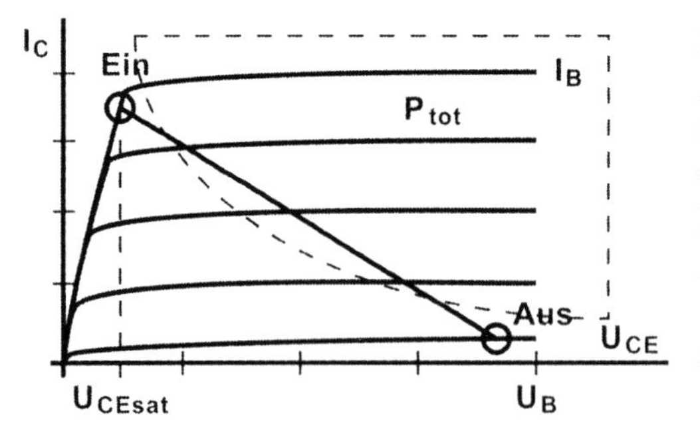

Beim Schalten wechselt der Arbeitspunkt im Kennlinienfeld seinen Standort. Dabei durchquert er den verbotenen Bereich P_{tot}. Braucht der Arbeitspunkt für diesen Weg zu lange, wird der Transistor zerstört.

Schalten ohmscher Last

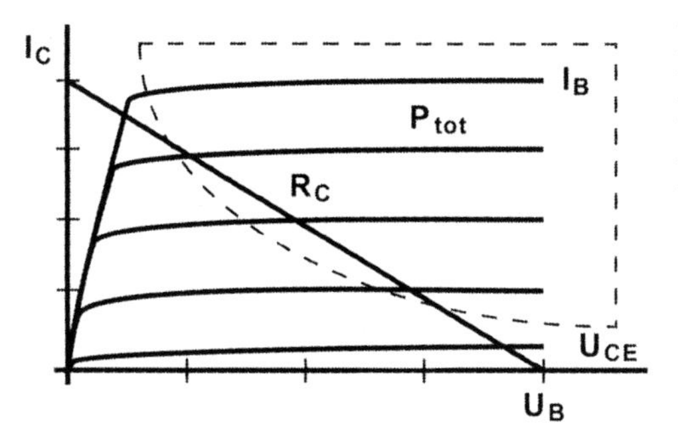

Das Schalten unter ohmscher Last ist kein Problem, wenn der Weg des Arbeitspunktes den Bereich P_{tot} nur kurz durchstreift.

Schalten kapazitiver Last

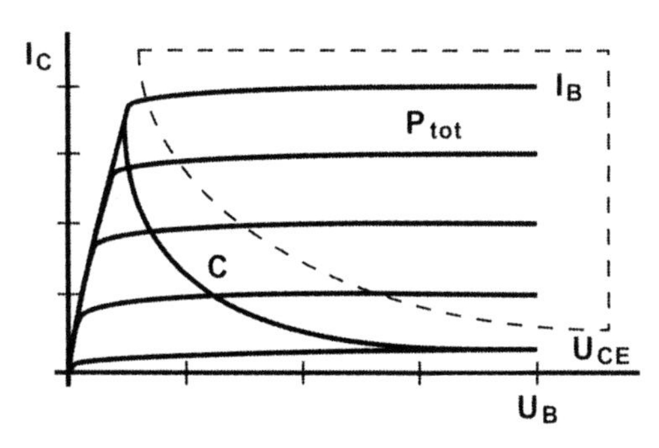

Befindet sich im Kollektor-Stromkreis ein Kondensator C, dann wird unter kapazitiver Belastung geschaltet. So ergibt sich ein hoher Strom beim Einschalten. Wird dieser Strom nicht begrenzt, so wird er Transistor zerstört.
Der Arbeitspunkt bewegt sich nicht durch den Bereich P_{tot}.

Schalten induktiver Last

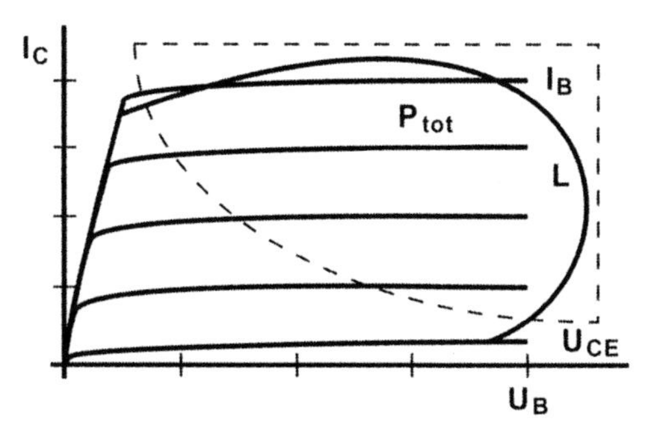

Beim Abschalten von Induktivitäten entstehen hohe Abschaltspannungen. Deshalb muss eine Diode als Spannungsbegrenzung parallel geschaltet werden. Diese Diode wird als Freilaufdiode bezeichnet. Es handelt sich dabei um eine ganz normale Silizium-Diode.

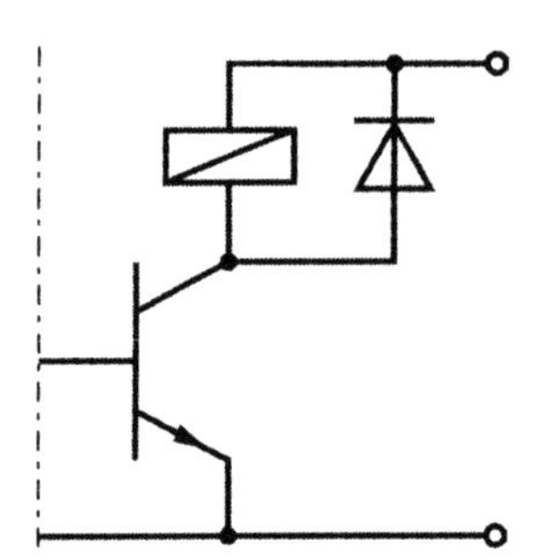

Im leitenden Zustand baut sich durch den Stromfluss in der Spule ein Magnetfeld auf, das beim Ausschalten schlagartig zusammenbricht. Die Spule versucht nun die abgeschaltete Spannung zu erhalten und erzeugt eine Induktionsspannung. Verwendung findet diese Diode parallel zu einem Relais, das bei sperrendem Transistor eine hohe Induktionsspannung erzeugt. Die Diode fungiert hier als Schutzdiode. Die Diode schließt die Induktionsspannung kurz und begrenzt sie auf den Wert der Diodendurchflussspannung. Nachteil dieser Methode ist allerdings eine erhöhte Abfallverzögerung des Relais.

Gegentaktverstärker / Gegentakt-Endstufe

Eintaktverstärker sind Transistorverstärker-Schaltungen mit nur einem Transistor. Der Eintaktverstärker arbeitet im A-Betrieb. Bei der Verstärkung einer Wechselspannung muss der Transistor beide Halbwellen verstärken. Das schränkt die Verstärkung und die maximale Ausgangsspannung ein.

Komplementäre Serien-Gegentakt-Endstufe

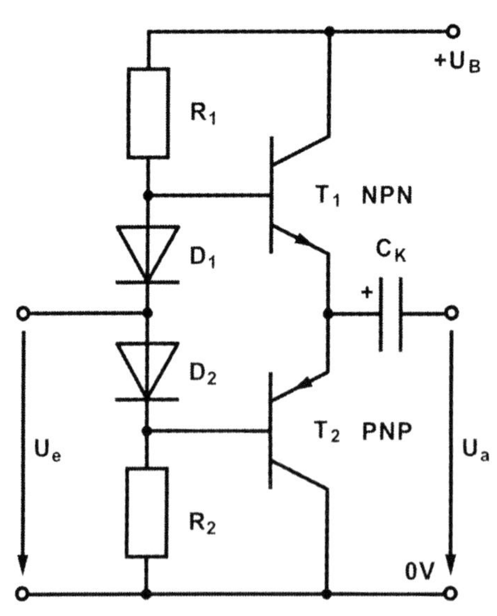

Ein Gegentaktverstärker hat zwei Verstärkungselemente. In diesem Fall zwei Transistoren, die sich die Verstärkung der positiven und negativen Halbwelle teilen. Der Gegentaktverstärker arbeitet dann im B-Betrieb. Leider werden dann kleine Signale unterhalb der U_{BE}-Spannung (ca. 0,7 V) nicht verstärkt. Deshalb arbeitet ein Gegentaktverstärker im Regelfall im AB-Betrieb. Das ermöglicht die Verstärkung von großen und kleinen Signalen.
Der Gegentaktverstärker hier besteht aus einem NPN- und einem PNP-Transistor. Das Wechselspannungseingangssignal wird abwechselnd

von beiden Transistoren T_1 und T_2 verstärkt. Der NPN-Transistor T_1 verstärkt die positive Halbwelle, der PNP-Transistor T_2 verstärkt die negative Halbwelle der Wechselspannung.
Voraussetzung für einen einwandfreien Betrieb der Gegentaktverstärker sind die identischen Gleichstrom-Eigenschaften der Transistoren T_1 und T_2. Üblicherweise benötigt man zwei Betriebsspannung für den Gegentaktverstärker. Eine positive und eine negative Betriebsspannung, jeweils für die Verstärkerteile der positiven und negativen Halbwellen. Wenn keine negative Spannung zu Verfügung steht, dann muss die Last über den Koppelkondensator C_K angekoppelt werden. Die untere Grenzfrequenz kann dann nur durch eine große Kapazität niedrig gehalten werden.

$$f_{gu} \approx \frac{1}{2\pi \bullet R_L \bullet C_K}$$

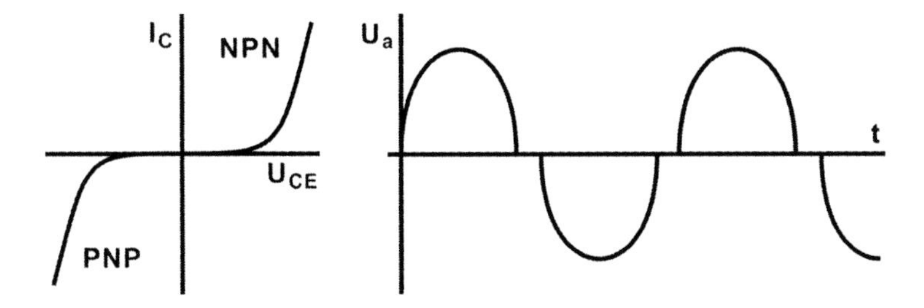

Beim B-Betrieb ohne U_{BE}-Vorspannung entstehen Übernahmeverzerrungen in der Ausgangsspannung U_a. Die Übernahmeverzerrungen machen sich vor allem bei kleinen Eingangsspannungen bemerkbar. Ohne U_{BE}-Vorspannung werden Eingangssignale kleiner 0,7 V erst gar nicht verstärkt. Durch Übernahmeverzerrungen entstehen andere Frequenzen, sogenannte Oberwellen. Um das Ausgangssignal verzerrungsfrei zu bekommen, muss die U_{BE}-Vorspannung mittels Dioden D_1 und D_2 erzeugt werden.

Eigenschaften des Gegentaktverstärkers

- Ein Gegentaktverstärker ist sehr niederohmig, weil er kaum Widerstände enthält.
- Durch die beiden Dioden D_1 und D_2 befindet sich der Gegentaktverstärker im AB-Betrieb.
- Grundschaltung ist die Kollektorschaltung.

Gleichrichterschaltungen

Zum Erzeugen von Gleichspannungen gibt es zum Beispiel Primärelemente (Batterien) und Sekundärelemente (Akkus). Sie erzeugen eine Gleichspannung durch Umwandlung von chemischer in elektrische Energie. Eine Alternative ist das Erzeugen einer Gleichspannung aus einer Wechselspannung. Dazu macht man sich die Ventilwirkung des pn-Übergangs von Halbleiterdioden zu nutze.

Einweg-Gleichrichterschaltung

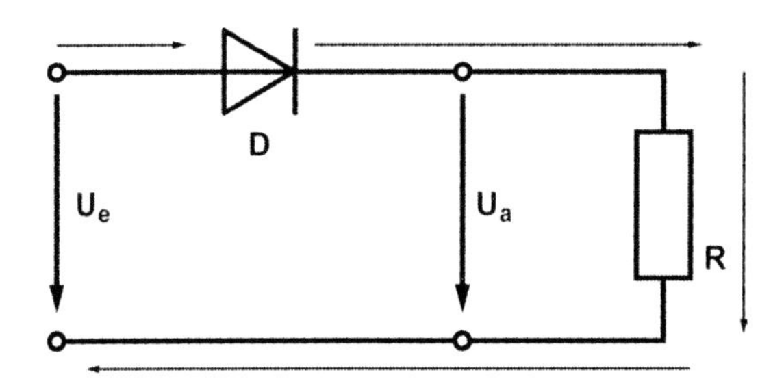

Die Einweg-Gleichrichterschaltung wird auch als Einpuls-Mittelpunktschaltung M1 bezeichnet. Sie besteht aus eine einfachen Diode. Die Polung der Diode bestimmt ob ein positiver oder ein negativer Spannungswert am Ausgang der Schaltung anliegt.
Dadurch, dass die Halbleiterdiode den Strom nur in eine Richtung durchlässt, sperrt sie die vom Wechselstrom kommende zweite Halbwelle.

Oszilloskop-Bild der Eingangsspannung U_e **Oszilloskop-Bild der Ausgangspannung U_a**

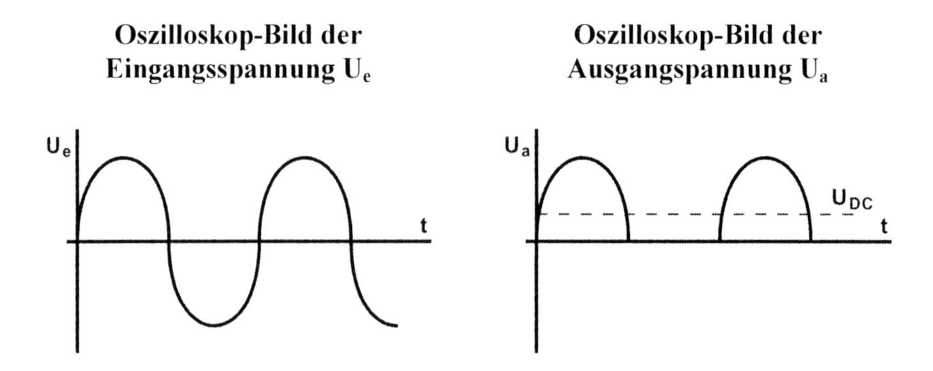

Am Eingang der Einweg-Gleichrichterschaltung wird eine ganz gewöhnliche sinusförmige Wechselspannung angelegt.

Am Ausgang der Einweg-Gleichrichterschaltung entsteht eine pulsierende Gleichspannung. Da der Strom nur in eine Richtung durch die Diode fließt, fehlt die jeweils zweite Halbwelle der Wechselspannung in der Ausgangsspannung U_a.
Unter ohmscher Belastung (Widerstand R) bricht die pulsierende Gleichspannung auf U_{DC} mit einer Restwelligkeit zusammen.

Mittelpunkt-Zweiweg-Gleichrichterschaltung

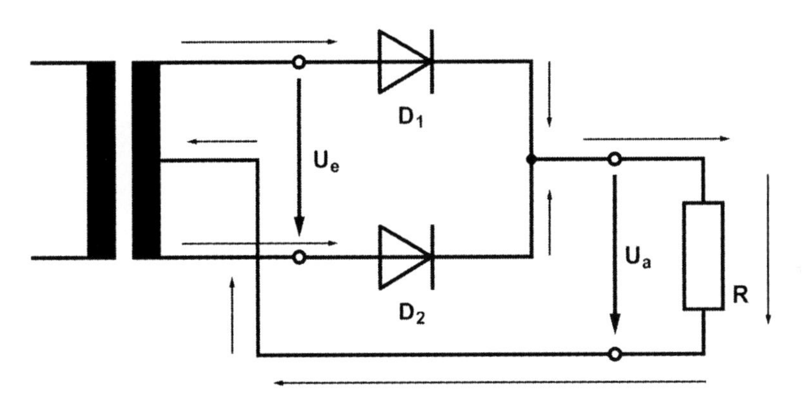

Die Mittelpunkt-Zweiweg-Gleichrichterschaltung wird als Zweipuls-Mittelpunktschaltung M2 bezeichnet. Sie setzt einen Trafo mit einer Mittelanzapfung voraus, in den der Strom zurückfließen kann.
Durch die beiden Dioden wird der Strom der beiden Halbwellen der Eingangsspannung U_e über einen Punkt der Schaltung geführt. Auf einer gemeinsamen Leitung werden die Ströme zum Trafo zurückgeführt.

Oszilloskop-Bild der Eingangsspannung U_e

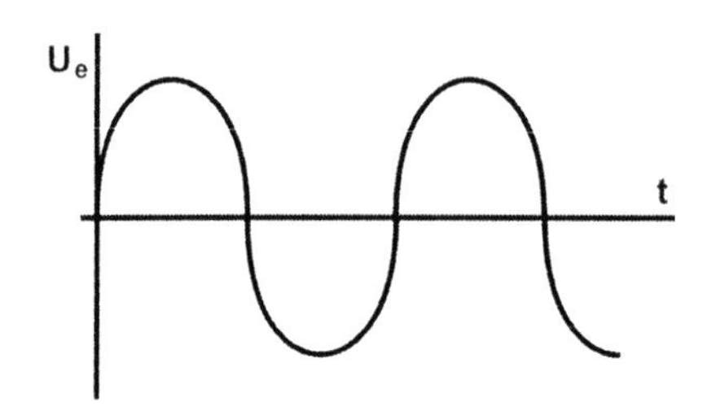

Oszilloskop-Bild der Ausgangsspannung U_a

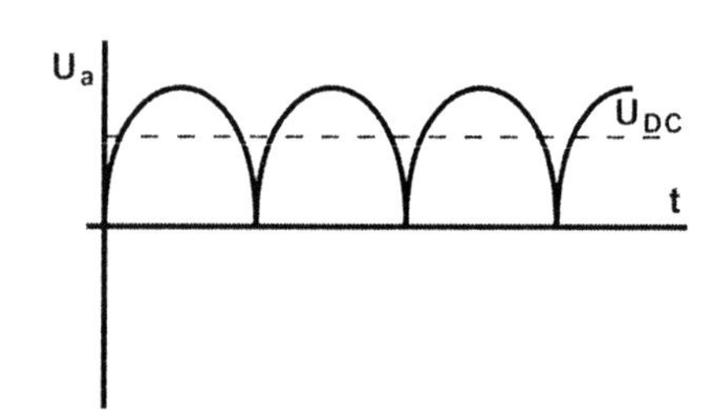

Am Eingang der Mittelpunkt-Zweiweg-Gleichrichterschaltung wird eine ganz gewöhnliche sinusförmige Wechselspannung angelegt.

Der Stromfluss durch die Diode D_1 wird unverändert über den Widerstand geführt. Wegen der Diode D_2 kann er nicht in den Trafo abfließen.
Der Stromfluss der zweiten Halbwelle wird durch die Diode D_2 geführt. Über die Diode D_1 kann er nicht zum Trafo abfließen. Der Strom der zweiten Halbwelle wird über den Widerstand zur Mittelanzapfung geführt.

Brücken-Gleichrichterschaltung

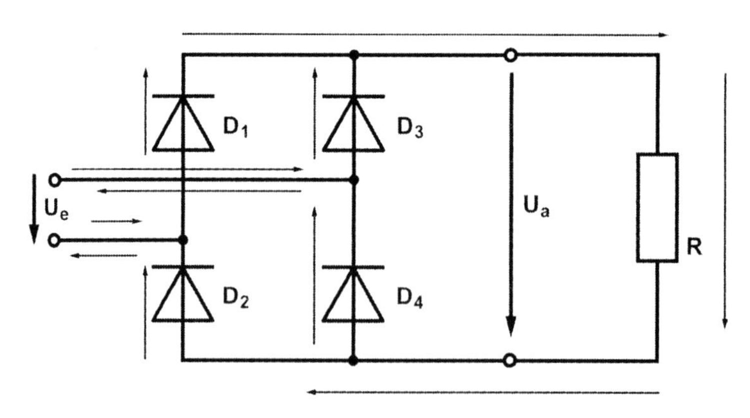

Die Brücken-Gleichrichterschaltung wird auch als Zweipuls-Brücken-Gleichrichterschaltung B2 bezeichnet. Sie besteht aus jeweils zwei

parallelgeschalteten Diodenpaaren. Der Wechselspannungseingang befindet sich zwischen den Diodenpaaren.
Durch die Anordnung der Halbleiterdioden in der Schaltung fließt der Wechselstrom in zwei verschiedenen Wegen durch die Schaltung.
Der Verbraucher wird immer in einer Richtung vom Strom durchflossen.

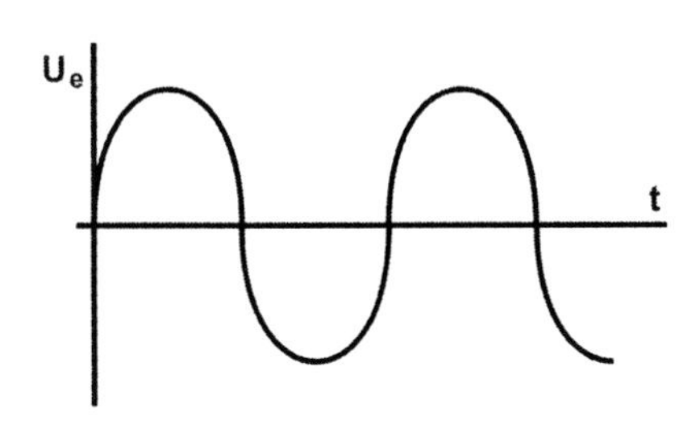

Am Eingang der Einweg-Gleichrichterschaltung wird eine ganz gewöhnliche sinusförmige Wechselspannung angelegt.

Oszilloskop-Bild der Ausgangsspannung U_a

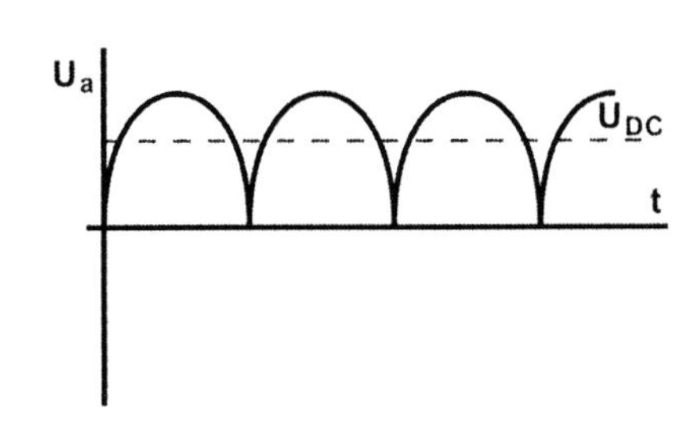

Durch die Diodenschaltung wird der Stromfluss der zweiten Halbwelle so verändert, dass die Ausgangsspannung U_a pulsiert. Sie wird auch als pulsierende Gleichspannung bezeichnet, bei der die zweite Halbwelle der Eingangsspannung U_e hochgeklappt ist.
Unter ohmscher Belastung bricht die pulsierende Gleichspannung auf U_{DC} mit einer Restwelligkeit zusammen.

Brückengleichrichter

Zur Gleichrichtung von Wechselspannungen sind Brücken-Gleichrichter unbedingt den Gleichrichterdioden vorzuziehen. Die Brücken-Gleichrichterschaltung gibt es fertig als Bauelement.
Praxis-Tipp: Im Bereich des Spannungsverlaufes einer einfachen Brücken-Gleichrichterschaltung kann es zu steilflankigen Spannungsspitzen kommen. Diese Spannungsspitzen sind besonders bei langsamen Dioden zu beobachten (Messung mit Oszilloskop).

Nachteilig macht sich dies bemerkbar, wenn Geräte im Umkreis (Empfänger) gestört werden. Abhilfe schaffen 4 Keramik-Kondensatoren mit ca. 100 nF parallel zu den Gleichrichterdioden. Die Spannungsspitzen werden dadurch kurzgeschlossen.

Alternative Brücken-Gleichrichterschaltung

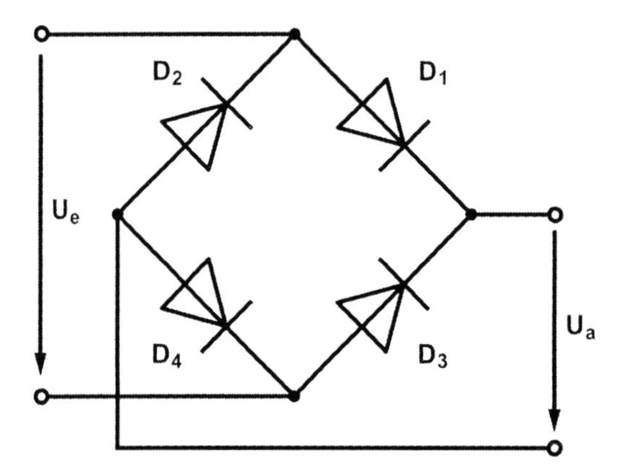

Glättung und Siebung

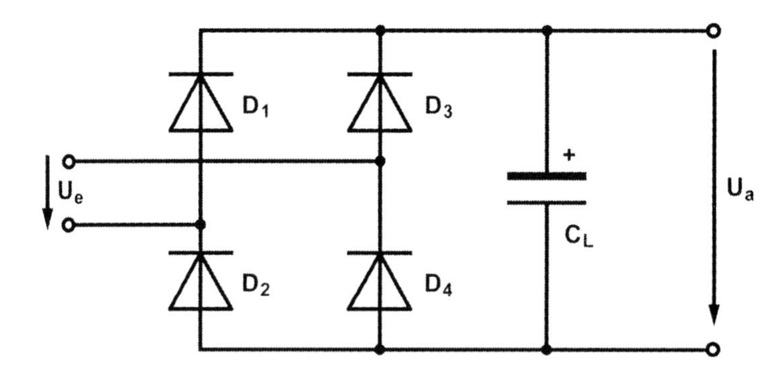

Durch die Gleichrichterschaltung entsteht eine stark pulsierende Gleichspannung. Zum Glätten dieser Spannung wird ein Kondensator verwendet. Meistens ein Elektrolytkondensator mit einer hohen Kapazität. Das Pulsieren der Spannung wird durch diesen Kondensator weitgehendst verhindert. Der Kondensator wird als Ladekondensator C_L bezeichnet. Man spricht auch von kapazitiver Belastung.

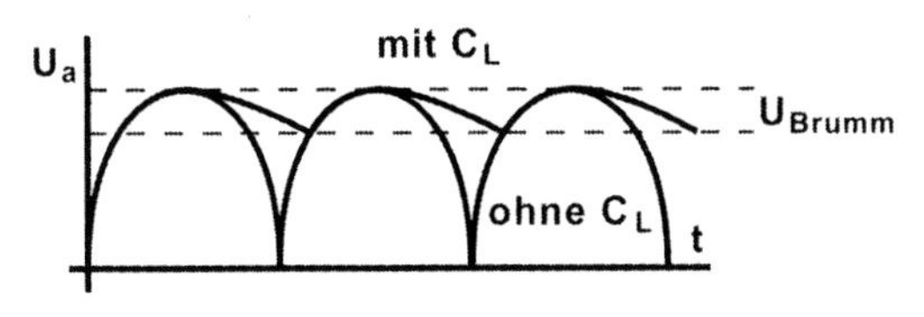

Während der Zeit des Anstiegs der Spannung lädt der Kondensator sich auf. Zwischen den Halbwellen überbrückt der Kondensator die Spannungslücke. Je größer die Kapazität des Kondensators ist, um so besser ist die Glättung. Die Kapazität kann aber nicht beliebig hoch gewählt werden, da sonst der hohe Ladestrom des Kondensators die Gleichrichterdioden zerstören würde. Die Restwelligkeit der geglätteten Wechselspannung wird Brummspannung genannt. Die Brummspannung U_{Brumm} ist der Wechselspannungsanteil der geglätteten Wechselspannung. Die Brummspannung ist eine messbare Größe, die mit einem Oszilloskop dargestellt werden kann.

Die Brummspannung ist abhängig von

- der Kapazität des Ladekondensators C_L.
- der Zeit (Frequenz) mit der der Ladekondensator aufgeladen wird.
- der Größe der Belastung/Stromentnahme.

Die Brummspannung ist um so kleiner, je

- größer die Kapazität vom Ladekondensator C_L ist.
- größer der Lastwiderstand R_L / kleiner der Laststrom I_L ist.
- größer die Frequenz der Brummspannung ist.

Siebschaltungen / Siebglieder

Die Brummspannung kann mit zusätzlichen Siebgliedern verringert werden. Sieb- und Filterschaltungen sollen die Brummspannung (Wechselspannungsanteil einer geglätteten Wechselspannung) möglichst stark verringern, ohne den Innenwiderstand der gesamten Schaltung deutlich zu erhöhen.

RC-Siebglied

Durch den Widerstand R_S und den zweiten Kondensator C_S werden die Spannungsschwankungen hinter dem Ladekondensator C_L noch mehr ausgeglichen.

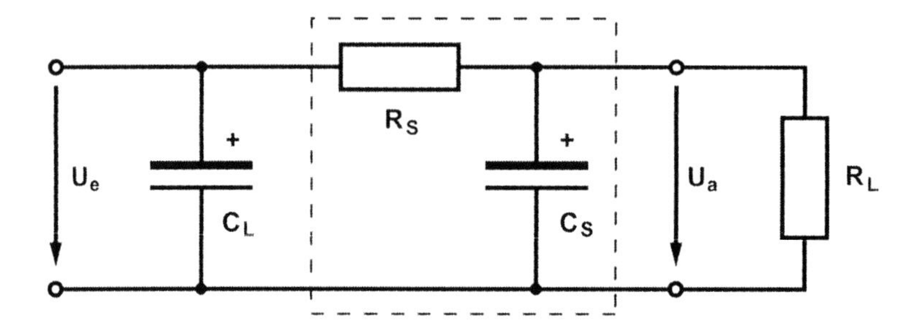

Bei größeren Stromstärken entsteht am Widerstand R_s ein zu großer Spannungsabfall. Bei großen Stromstärken verwendet man besser ein LC-Siebglied.

LC-Siebglied

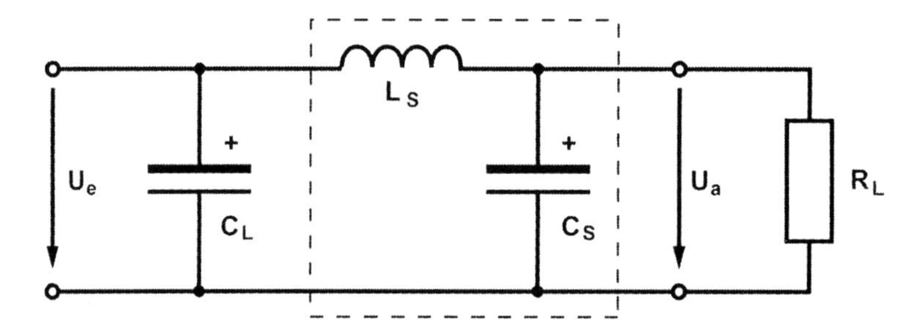

Die LC-Siebung ist wegen des geringen Spulenwiderstandes R_{Spule} sehr vorteilhaft, wird aber wegen der Spulengröße und des Gewichtes seltener eingesetzt.

Spannungsstabilisierung mit Z-Diode

Eine stabilisierte Spannung mit einer Z-Diode ist eine Konstantspannungsquelle. Die Z-Diode ist die einfachste Art der Spannungsstabilisierung. Aber sie eignet sich nur für Schaltungen oder Schaltungsteile mit geringer und weitgehendst konstanter Stromaufnahme. Bei großen Strömen oder Schwankungen kommt man um einen Spannungsregler mit geringerer Verlustleistung nicht herum.
Die Stabilisierungsschaltung ist eine Reihenschaltung aus einem Widerstand und einer Z-Diode. Die Darstellung der Schaltung ist eher untypisch. Meist wird der Widerstand R_V waagerecht gezeichnet. In dieser Darstellung

erkennt man die Verteilung der Spannungen leichter. Zusätzlich ist ein Lastwiderstand R_L eingezeichnet.

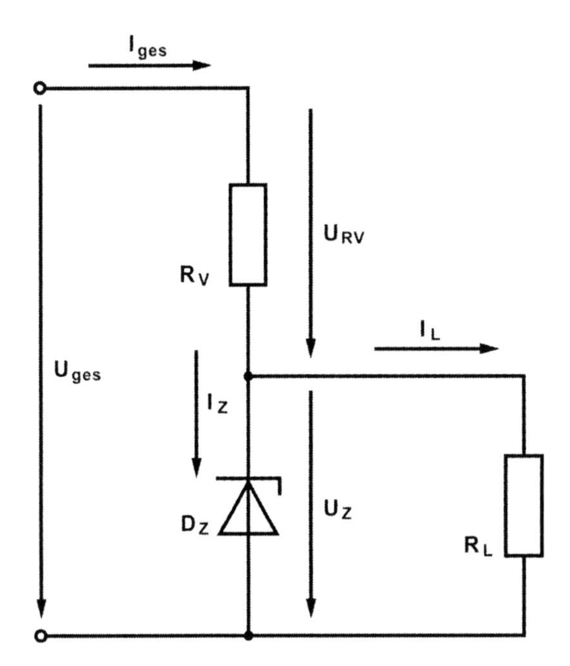

Berechnung des Stroms I_Z, der durch die Z-Diode fließt

$$I_{Z\max} = \frac{P_{tot}}{U_Z}$$

Der maximale Z-Dioden-Strom ist ein Grenzwert, der nicht überschritten werden darf und von der maximalen Verlustleistung P_{tot} und der Z-Dioden-Spannung abhängig ist. Die maximale Verlustleistung P_{tot} entnimmt man dem Datenblatt der Z-Diode. Manchmal kann man auch an der Bauform erkennen, welche maximale Verlustleistung die Z-Diode hat. Es gibt Standard-Typen für 500 mW und 1 W. Natürlich gibt es auch Z-Dioden mit geringerer und größerer Verlustleistung.

Der maximale Z-Dioden-Strom I_{Zmax} darf nicht überschritten werden. Dadurch wird die maximale Verlustleistung überschritten und hat die Zerstörung der Z-Diode zur Folge.

$$I_{Z\min} = 0{,}1 \bullet I_{Z\max}$$

Der minimale Z-Dioden-Strom I_{Zmin} kann man aus dem Datenblatt herauslesen. Wenn das Datenblatt nicht vorhanden ist, dann kann man davon ausgehen, dass der Strom etwa 10% vom maximalen Z-Dioden-Strom I_{Zmax} beträgt. Der minimale Z-

Dioden-Strom ist der Strom, der durch die Z-Diode fließen muss, damit ihr Rauschen nicht stört und die Stabilisierung auch wirklich funktioniert.

Berechnung des Gesamtstroms I_{ges} der Schaltung

$$I_{ges} = I_{Z\,min} + I_L$$

Beim Gesamtstrom I_{ges} muss man sich zwingend Gedanken machen, wie hoch der Stromverbrauch der nachfolgenden Schaltung oder Bauteile ist. Entweder muss man den Stromfluss der nachfolgenden Schaltung messen oder berechnen. Dieser Strom wird im folgenden Laststrom I_L genannt.
Der Gesamtstrom I_{ges} berechnet sich aus dem minimalen Z-Dioden-Strom I_{Zmin} und dem Laststrom I_L. Der Laststrom ist der Strom, der durch die nachgeschaltete Schaltung oder Bauteile verbraucht wird. Thermische Veränderungen haben häufig Einfluss auf das Strom- und Spannungsverhalten von elektronischen Bauelemente. Deshalb nimmt man in der Praxis einen etwas höheren Strom an.

Berechnung des Vorwiderstands R_V

$$R_V = \frac{U_{ges} - U_Z}{I_{ges}}$$

Die sehr große Leitfähigkeit der Z-Diode ab dem Zenereffekt macht eine Strombegrenzung durch den Vorwiderstand notwendig. Ohne Vorwiderstand zerstört der Strom die Z-Diode.
Zur Berechnung des Vorwiderstands muss die Eingangsspannung bzw. Quellenspannung der Schaltung, hier U_{ges}, bekannt sein. Sie sollte schon weitgehendst konstant sein und nicht großartig schwanken. Sonst würde es die folgende Berechnung aus den Angeln heben. Verändert sich die Eingangsspannung, dann verändert sich auch der Stromfluss. Unter Umständen muss man sich den minimalen und maximalen Vorwiderstand berechnen, wenn die Eingangsspannung zu sehr schwankt.
Von der Eingangsspannung wird die Z-Dioden-Spannung U_Z abgezogen. Sie darf natürlich nicht größer sein, als die Eingangsspannung. Heraus kommt die Spannung, die am Vorwiderstand abfällt ($U_{RV} = U_{ges} - U_Z$).

Dimensionierung

Gegeben ist folgende Ausgangssituation: Wir haben eine Schaltung mit einer Betriebsspannung von 12 V. Darin befindet sich Schaltungsteil, der aber nur mit ca. 5 V arbeitet. Wegen einem Stromverbrauch von nur 50 mA wäre eine eigenständige 5V-Stromversorgung zu aufwendig. In diesem Fall eignet sich die Spannungsstabilisierung mit einer Z-Diode hervorragend.

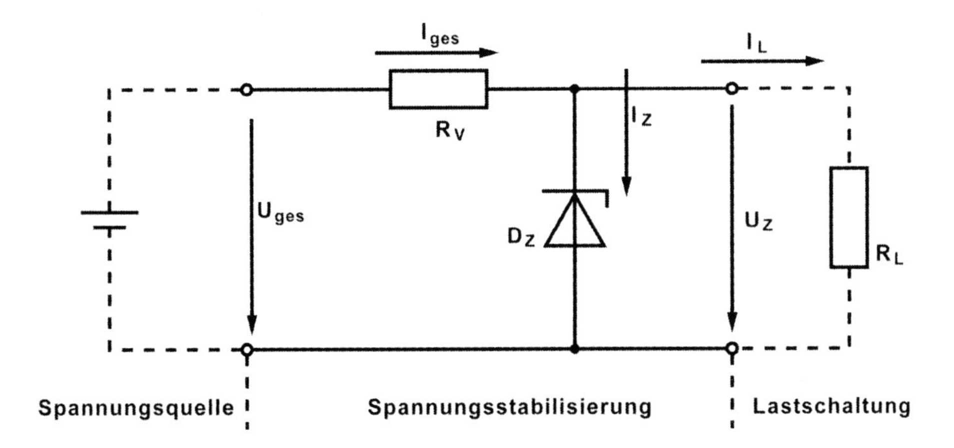

Für die Stabilisierungsschaltung wählen wir eine Z-Diode mit 5,1 V und 500 mW. Wir müssen allerdings noch herausfinden, ob die Verlustleistung mit 500 mW ausreichend ist. Und wir benötigen den Widerstandswert des Vorwiderstands R_V. Dazu benötigen wir den Strom I_{ges}, der durch die Stabilisierungsschaltung bereitgestellt werden muss.
Wir berechnen uns aus der Z-Dioden-Spannung U_Z und der Verlustleistung P_{tot} den maximalen Z-Dioden-Strom I_{Zmax}.

$$I_{Z\max} = \frac{P_{tot}}{U_Z}$$

$$I_{Z\max} = \frac{0{,}5W}{5{,}1V}$$

$$I_{Z\max} = \underline{98\,mA}$$

Der maximale Z-Dioden-Strom beträgt 98 mA. Es handelt sich um einen Grenzwert, der nicht überschritten werden darf. Für den Gesamtstrom benötigen wir aber den minimalen Z-Dioden-Strom I_{Zmin}. Ein Blick in das Datenblatt der Z-Diode wird uns die folgende Berechnung ersparen. Aber das Datenblatt haben wir leider nicht. Und suchen wollen wir auch nicht. Stattdessen wollen wir die Stabilisierungsschaltung so schnell wie möglich aufbauen. Man kann davon ausgehen, dass der minimale Strom durch die Z-

Diode ungefähr 10% vom maximalen Z-Dioden-Strom betragen muss.

$$I_{Z\min} = 0{,}1 \bullet I_{Z\max}$$
$$I_{Z\min} = 0{,}1 \bullet 98\,mA$$
$$I_{Z\min} = \underline{9{,}8\,mA}$$

Der minimale Z-Dioden-Strom I_{Zmin} beträgt 9,8 mA. Wir machen auch gleich weiter mit der Berechnung des Gesamtstroms I_{ges}.

$$I_{ges} = I_{Z\min} + I_L$$
$$I_{ges} = 9{,}8\,mA + 50\,mA$$
$$I_{ges} = \underline{59{,}8\,mA}$$

Der berechnete Gesamtstrom der Stabilisierungs- und Lastschaltung beträgt 59,8 mA. Da wir keine mathematische Aufgabe lösen, sondern eine reale Schaltung aufbauen wollen, lassen wir etwas mehr Strom fließen. Gehen wir von 65 mA Gesamtstrom aus. Was nicht über die Lastschaltung fließt, wird über die Z-Diode als Verlustleistung verbraten.
Jetzt fehlt nur noch der Vorwiderstand R_V. Er begrenzt den Strom auf den Gesamtstrom der Schaltung und soll in der Hauptsache die Z-Diode vor der Zerstörung schützen.

$$R_V = \frac{U_{ges} - U_Z}{I_{ges}}$$
$$R_V = \frac{12V - 5{,}1V}{65\,mA}$$
$$R_V = \underline{\underline{104{,}62\ \Omega}}$$

Der berechnete Vorwiderstand R_V beträgt 104,62 Ω. Da es einen Festwiderstand mit diesem Widerstandswert nicht gibt, nehme wir den sehr nahen 100 Ω Widerstand. Weil er etwas kleiner ist, fließt auch mehr Strom durch die Schaltung. Hier muss man eventuell noch mal nachrechnen, ob der Strom nicht zu groß wird. Man kann dann zum Beispiel von einem kleineren Gesamtstrom ausgehen und erst später den Vorwiderstand

verkleinern. Auf alle Fälle muss man aufpassen, dass der Vorwiderstand den Strom nicht unter den Gesamtstrom drückt.
An dieser Stelle könnte die Dimensionierung beendet sein. Aber, bei einem Vorwiderstand sollte man auch immer die Verlustleistung überprüfen. So liegt es nahe einen Widerstand mit 250 mW zu verwenden. Doch, verträgt er das auch mit den vorgegebenen Werten? Und Vorsicht, der berechnete bzw. angenommene Gesamtstrom hat sich durch den bestimmten Widerstand von 100 Ω verändert. In der nun folgenden Berechnung stellen wir erst mal fest, wie hoch der Gesamtstrom ist, der sich durch den bestimmten Vorwiederstand ergeben hat.

$$I_{ges} = \frac{U_{ges} - U_Z}{R_V}$$

$$I_{ges} = \frac{12V - 5{,}1V}{100\,\Omega}$$

$$I_{ges} = \underline{69\,mA}$$

Der Gesamtstrom beträgt 69 mA.
Wie hoch ist nun die Verlustleistung P_{tot}, des Vorwiderstands R_V?

$$P_{RV} = (U_{ges} - U_Z) \bullet I_{ges}$$

$$P_{RV} = (12V - 5{,}1V) \bullet 69\,mA$$

$$P_{RV} = 6{,}9V \bullet 69\,mA$$

$$P_{RV} = 0{,}476W = \underline{476\,mW}$$

Der Vorwiderstand R_V ist einer Verlustleistung P_{RV} von 476 mW ausgesetzt. Da reicht ein 250-mW-Widerstand nicht aus. 500 mW sollten es schon sein. Wer sicher gehen will, der nimmt gleich 1 W.
Was ist, wenn man nur 250-mW-Widerstände hat? In diesem Fall kann man sich mit einem Trick behelfen. Um 476 mW unter 250 mW drücken zu können, muss man entweder den Strom oder die Spannung halbieren (in diesem Fall). Da beides nicht möglich ist, muss man sich eine schaltungstechnische Maßnahme einfallen lassen. Es gibt zwei Möglichkeiten. Die eine wäre, statt dem Vorwiderstand von 100 Ω eine Reihenschaltung aus zwei Widerständen mit 56 Ω. Der Strom ändert sich

kaum. Aber an den beiden Widerständen fällt jetzt nur noch etwa die Hälfte der Spannung U_{RV} ab. Die Erhöhung des Widerstandswerts von 100 Ω auf 112 Ω dürfte der Schaltung kaum etwas ausmachen. Trotzdem sollte man überprüfen, ob der Gesamtstrom dadurch nicht zu niedrig wird. Und natürlich muss die Verlustleistung der beiden Widerstände noch mal überprüft werden.
Die andere Möglichkeit wäre eine Parallelschaltung aus zwei Widerständen mit 220 Ω. Der Gesamtwiderstand von zwei gleichwertig parallel geschalteten Widerständen halbiert sich. Also nur 110 Ω. Die abfallende Spannung U_{RV} ändert sich nicht. Nur der Gesamtstrom I_{ges} teilt sich an den beiden Widerständen auf. Die Erhöhung des Vorwiderstands von 100 Ω auf 110 Ω dürfte der Schaltung kaum etwas ausmachen. Trotzdem sollte man auch hier prüfen, ob der Gesamtstrom dadurch nicht zu niedrig wird. Und natürlich muss die Verlustleistung der beiden Widerstände noch mal überprüft werden.
Eines sollte man hier beachten. Man betreibt zwei Widerstände knapp unterhalb ihrer Grenzwerte. Das verkürzt die Lebensdauer. Schaltungen, die länger gebraucht werden, sollte man so nicht berechnen und aufbauen. Besonders die Reihenschaltung ist gefährlich. Brennt einer der beiden Widerstände durch (Kurzschlussfall), dann könnte sich der Stromfluss aufgrund des sich verkleinernden Widerstands so stark vergrößern, dass die Z-Diode zerstört wird. Eventuell sind dann auch andere Schaltungsteile in Gefahr.
Weil wir gerade so schön am rechnen sind, wollen wir natürlich auch wissen, wie es um die Verlustleistung P_Z der Z-Diode steht. Was passiert, wenn die Stabilisierungsschaltung durch die Lastschaltung nicht mehr belastet wird. Ihr also kein Strom mehr entnommen wird. Dann fließt der Gesamtstrom I_{ges} über die Z-Diode. Doch die Z-Diode hat den maximalen Z-Dioden-Strom I_{Zmax}, der nicht überschritten werden darf. Wir haben den maximalen Z-Dioden-Strom bereits berechnet. Er beträgt 98 mA. Der berechnete Gesamtstrom I_{ges} von 69 mA unterschreitet diesen Wert. Demnach ist die Z-Diode nicht in Gefahr.
Trotzdem wollen wir wissen wie hoch die Verlustleistung P_Z ist, wenn der Gesamtstrom I_{ges} über die Z-Diode fließt.

$$P_Z = U_Z \cdot I_{ges}$$
$$P_Z = 5{,}1V \cdot 69\,mA$$
$$P_Z = 0{,}352W = \underline{352\,mW}$$

Die gewählte Z-Diode mit 500 mW reicht aus, um im Zweifelsfall 352 mW verbraten zu können. Sie ist also nicht in Gefahr.

Spannungsstabilisierung mit Z-Diode und Transistor (Kollektorschaltung)

Man spricht auch von "Stabilisierung mit Z-Diode und Längstransistor" oder "Serienstabilisierung mit Längstransistor".

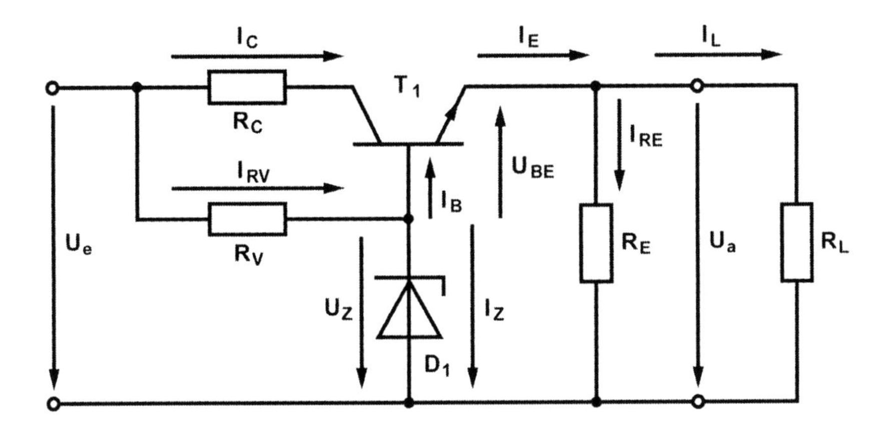

Zum Stabilisieren von Spannungen verwendet man im Allgemeinen eine Z-Diode. Da eine Z-Diode aber nur hochohmig beschaltet werden darf, ihr also kein großer Strom entnommen werden darf, kann hier die Kollektorschaltung als Impedanzwandler (Widerstandswandler) verwendet werden.
Durch den großen Eingangswiderstand r_e erfüllt die Kollektorschaltung die Anforderung der Z-Diode an eine möglichst hochohmige Belastung. Hinzu kommt die schwankende Zenerspannung U_Z bei Laststromschwankungen. Der Transistor stabilisiert die Zenerspannung U_Z. Für diese Stabilisierungsschaltung wird nur ein Transistor verwendet. Damit die Ausgangsspannung bei Belastung nicht zusammenbricht ist der Emitterwiderstand R_E notwendig.

$U_a = U_Z - U_{BE}$ Die Ausgangsspannung U_a wird durch die Zenerspannung U_Z abzüglich der Basis-Emitter-Spannung U_{BE} bestimmt. Mit dieser Schaltung sinkt die Belastung der Z-Diode um den Faktor der Stromverstärkung des Transistors.
Ein Kurzschluss am Ausgang führt zur Zerstörung des Transistors. Deshalb sollte ein Schutzwiderstand R_C von ca. 10 Ω in den Laststromkreis mit eingebaut werden. Die Stabilisierung lässt dann etwas nach, aber der Lastwiderstand darf dann kleiner sein.

Spannungsstabilisierung mit Strombegrenzung

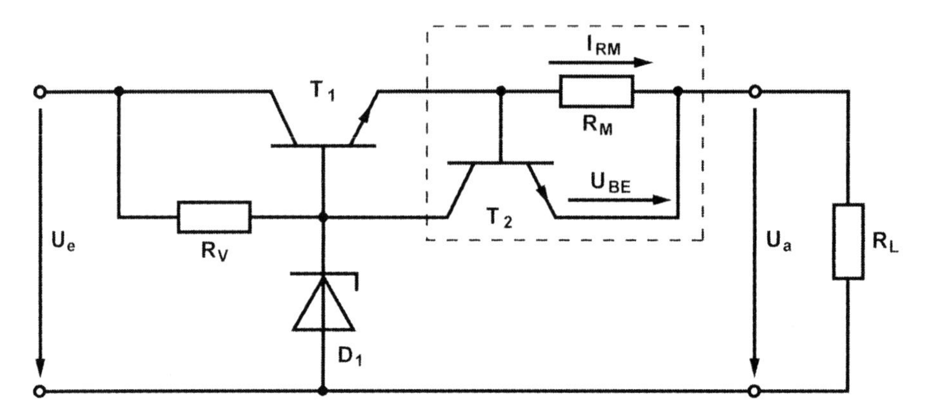

Nach Möglichkeit sollte der Strom am Lastwiderstand R_L begrenzt werden. Statt einem Widerstand am Kollektor des Transistor T_1 wird ein weiterer Transistor T_2 und ein Widerstand R_M eingebaut, die zwischen Transistor T_1 und Lastwiderstand R_L geschaltet werden.
Der Strom I_{RM} erzeugt am Widerstand R_M die Basis-Emitter-Spannung U_{BE} für den Transistor T_2. Erreicht die Spannung an R_M ca. 0,7 V wird der übrige Basisstrom am Transistor T_1 über die Kollektor-Emitter-Strecke von T_2 vorbei geleitet. Dadurch kann der Strom I_{RM} nicht mehr größer werden. Dem Transistor T_1 wird der Basisstrom entzogen. Er liefert somit einen maximalen Strom, der nicht überschritten wird.

Bestimmung der Strombegrenzung

$$R_M = \frac{U_{BE\,T1}}{I_{RM}}$$

Der Widerstand R_M bestimmt den maximalen Lastrom. Der Widerstand R_M wird aus Basis-Emitter-Spannung U_{BE} und dem maximal zulässigen Laststrom I_C berechnet.

Festspannungsnetzteil

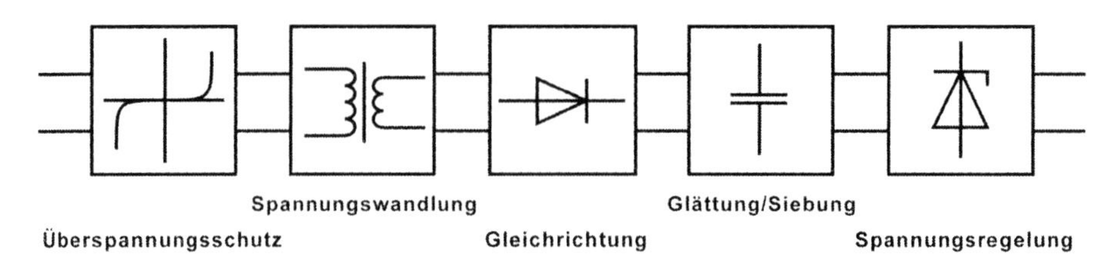

Überspannungsschutz

Der Überspannungsschutz soll die elektronischen Bauelemente vor dem aus dem Stromnetz kommenden Überspannungen schützen.
Überspannungen entstehen beispielsweise nach einem Stromausfall, wenn der Strom wieder eingeschaltet wird oder bei einem Blitzeinschlag.

Spannungswandlung/Transformator

Da die Spannung aus dem Stromnetz sehr groß ist, muss sie verringert werden. Der Widerstand sollte dabei möglichst klein bleiben. Die sicherste Methode ist ein Transformator.
Je nach nachfolgenden Bauteilen muss der Stromverbrauch und der Spannungsabfall beachtet werden.

Gleichrichtung

Mittels einer Gleichrichterschaltung wird aus der Wechselspannung eine pulsierende Gleichspannung. Diese Schaltung bringt den Wechselstrom in eine Richtung zum fließen.

Glättung

Für die Glättung wird ein Kondensator verwendet. Eine Gleichspannung mit leichtem Brummspannungsanteil erhält man am Ausgang der Schaltung.

Siebung

Für die Siebung werden RC- oder LC-Siebglieder verwendet. Der Brummspannungsanteil wird nahezu komplett reduziert.

Spannungsregelung

Statt eines Siebgliedes kann auch eine Stabilisierungsschaltung zur Entfernung der Brummanteile eingesetzt werden. Zudem wird die Ausgangsspannung noch stabilisiert. Das einfachste ist eine Stabilisierungsschaltung mit Z-Diode. Bei kommerziellen Produkten werden Festspannungsregler verwendet.

Schaltungsergänzung

Als Betriebsanzeige kann eine LED mit Vorwiderstand (4k7) mit angeschaltet werden.

Invertierender Verstärker

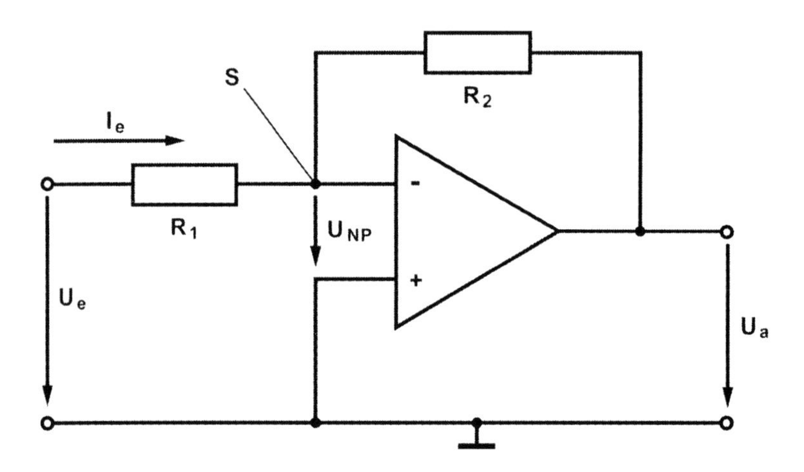

Der invertierende Verstärker wird mit Parallel-Spannungs-Gegenkopplung betrieben. Dazu wird ein Teil der Ausgangsspannung über den Widerstand R_2 auf den negativen Eingang (-) des OP zurückgeführt. Die Eingangsspannung U_e liegt über den Widerstand R_1 am negativen Eingang des OP an. Der nichtinvertierende Eingang (+) wird direkt oder über einen Widerstand an Masse gelegt.
Durch den invertierenden Betrieb geht die Ausgangsspannung bei positiver Eingangsspannung so weit ins Negative, so dass der Punkt S immer nahe dem Nullpotential (0 V) liegt.
Der Punkt S wird als virtueller Nullpunkt bezeichnet. Er liegt bezogen auf das Massepotential auf etwa Null.

Verstärkungsfaktor v_U

$$V_u = -\left(\frac{U_a}{U_e}\right) = -\left(\frac{R_2}{R_1}\right)$$

Die Spannungsverstärkung V_U ist nur von der äußeren Beschaltung des OP abhängig!
Die invertierende Verstärkerschaltung kehrt das Vorzeichen der Eingangsspannung um. Aus

$+U_e$ wird $-U_a$ bzw. aus $-U_e$ wird $+U_a$, multipliziert mit den beiden Gegenkopplungswiderständen.
Es gilt: $U_a = U_e \bullet - V_u$

Eingangswiderstand r_e

$$r_e = \frac{U_e}{I_e} = R_1$$

Der Eingangswiderstand r_e des invertierenden Verstärkers wird durch den Widerstand R_1 bestimmt. Er belastet die Signalquelle.

Ausgangswiderstand r_a

$$r_a \approx 0\,\Omega$$

Der Ausgangswiderstand r_a des invertierenden Verstärkers ist sehr klein. Die Schaltung wirkt wie eine Spannungsquelle.

Anwendungen

Ein Mangel dieses Verstärkers ist der relativ niedrige Eingangswiderstand. Er kann mit dem Widerstand R_1 bestimmt werden. Bei hoher Verstärkung muss der Widerstand R_2 einen übermäßig hohen Wert haben.
Da aber ein Verstärkungsfaktor V_U von 1 möglich ist, kann der invertierende Verstärker als Filterschaltung und Analogrechenverstärker verwendet werden.

Nichtinvertierender Verstärker

Diese Schaltung des nichtinvertierenden Verstärkers hat eine Reihen-Spannungs-Gegenkopplung.
Beim nichtinvertierenden Verstärker ist das Eingangssignal zum Ausgangssignal phasengleich.
Der nichtinvertierende Verstärker wird für Anwendungen genutzt, die einen sehr großen Eingangswiderstand und sehr kleinen Ausgangswiderstand brauchen.
Die Schaltung eignet sich als Impedanzwandler, Wechselspannungsverstärker und als hochohmiger Spannungsmesser für kleine Gleichspannungen. Wegen des geringen Ausgangswiderstands eignet sie sich auch als Gleichspannungsquelle.

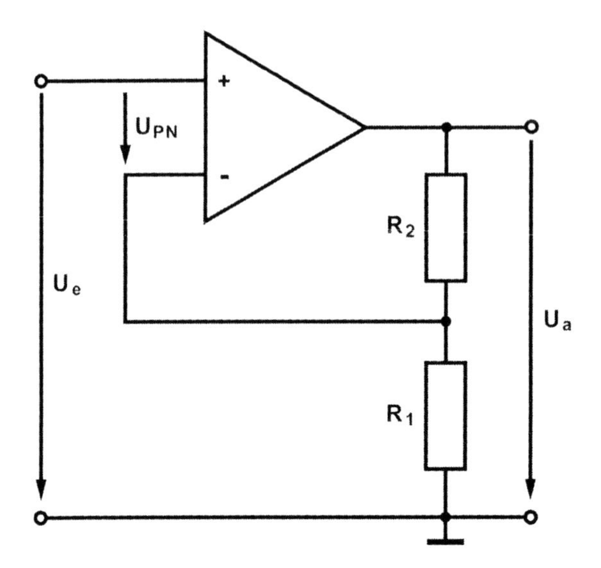

Beim nichtinvertierenden Verstärker wird der nichtinvertierende Eingang (+) mit dem Eingangssignal beschaltet und der Ausgang auf den invertierenden Eingang (-) rückgekoppelt (Gegenkopplung). Bei der Gegenkopplung wirkt die Ausgangsspannungsänderung der Eingangsspannungsänderung entgegen. Die Spannung U_{PN} ist deshalb sehr klein.

Verstärkungsfaktor v_u

$$V_u = \frac{R_1 + R_2}{R_1} = 1 + \frac{R_2}{R_1} \qquad V_u = \frac{U_a}{U_e} \geq 1$$

Ohne zusätzliche Maßnahmen ist die Spannungsverstärkung V_U größer oder gleich 1!

Eingangswiderstand r_e

$$r_e = \frac{U_e}{I_e} = \infty$$

Der Eingangswiderstand r_e des nichtinvertierenden Verstärkers ist sehr hochohmig (10 MΩ....). Nahezu unendlich.

Ausgangswiderstand r_a

$r_a \approx 0\,\Omega$ Der Ausgangswiderstand r_a des nichtinvertierenden Verstärkers ist sehr niederohmig. Die Schaltung wirkt wie eine Spannungsquelle.

Anwendung als Impedanzwandler

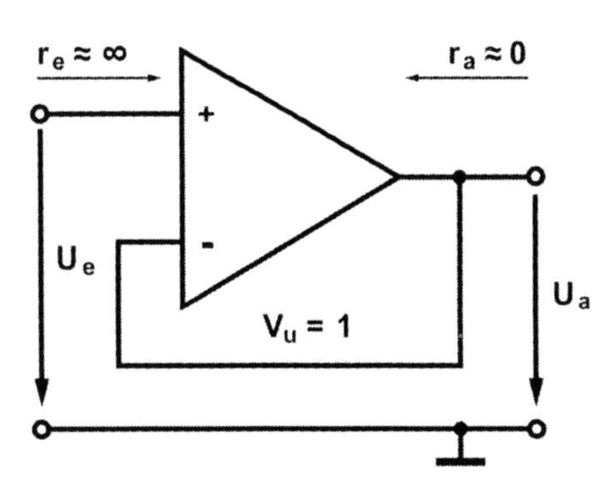

Koppelt man die ganze Ausgangsspannung auf den Eingang zurück ($R_2 = 0\ \Omega$, R_1 = unendlich), dann arbeitet die Schaltung mit V_U = 1 als Impedanzwandler (Widerstandswandler). Der Eingangswiderstand ist nahezu unendlich. Und der Ausgangswiderstand ist ungefähr 0.

Summierverstärker / Addierer

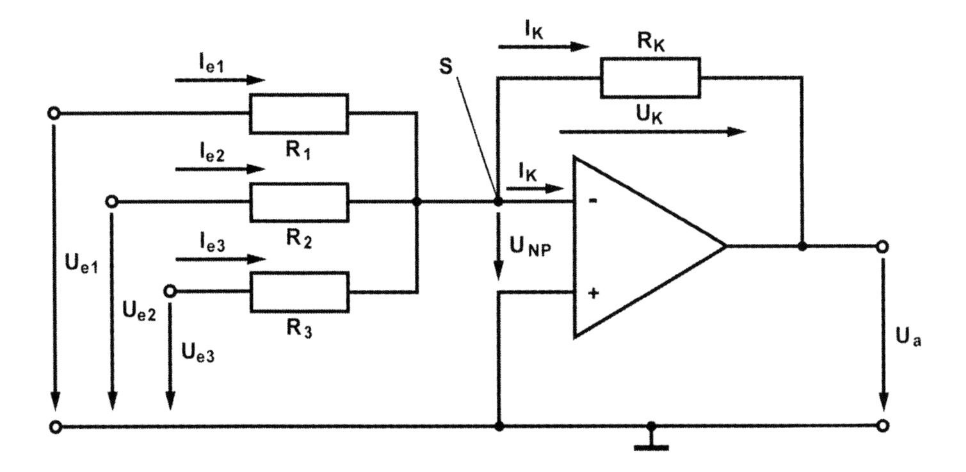

Der Summierverstärker ist eine spezielle Anwendung des invertierenden Verstärkers. Man spricht auch vom Addierer bzw. vom Umkehraddierer. Jede der Eingangsspannungen liefert einen Stromanteil, die im virtuellen

Nullpunkt S zusammenfließen und am Widerstand R_K einen Spannungsabfall erzeugen.

$$-U_a = U_{RK} \qquad U_{RK} = (I_1 + I_2 + I_3 + ...) \bullet R_K$$

Sonderfall

$-U_a = U_1 + U_2 + U_3 + ...$ Sind die Eingangswiderstände genauso groß wie der Widerstand R_K, so werden die Eingangsspannungen addiert. Der Summierverstärker bildet eine Ausgangsspannung U_a, die der Summer der Eingangsspannungen entspricht. Wegen der Grundschaltung des invertierenden Verstärkers hat die Ausgangsspannung ein negatives Vorzeichen.

Anwendungen

- Erzeugen von Mischspannungen
- Oberwellengenerator
- Digital-/Analogumsetzer

Differenzverstärker / Subtrahierer

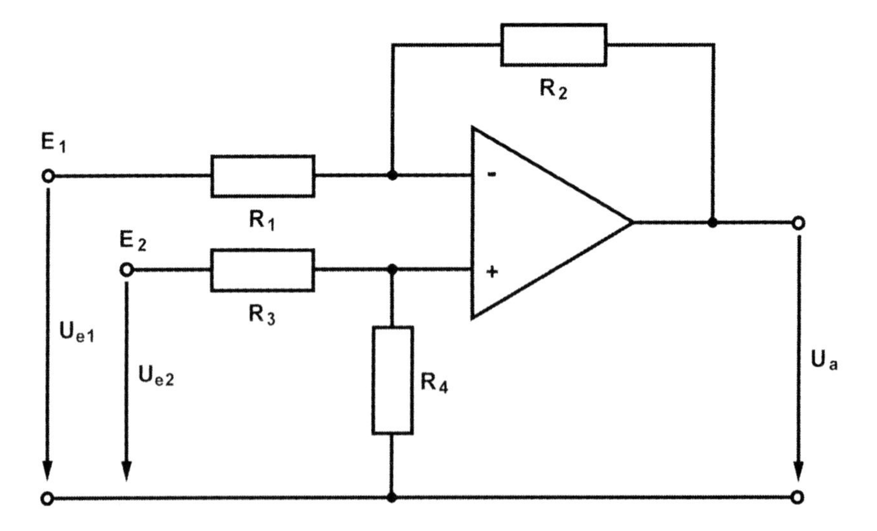

Beim Differenzverstärker bzw. Subtrahierer wird der Operationsverstärker

an beiden Eingängen mit Signalen beschaltet.
Wenn alle Widerstände gleich groß sind, dann bildet die Schaltung am Ausgang die Differenz zwischen den beiden Eingangssignalen. Das heißt, der Differenzverstärker subtrahiert die beiden Signale voneinander.
Die Eingänge der Rechenschaltung belasten die Signalquellen. Dadurch entstehen Rechenfehler. Um dem entgegenzuwirken müssen die Ausgangswiderstände der Signalquellen niederohmig sein. Sind die Signalquellen gegengekoppelte Operationsverstärkerschaltungen, dann dürfte diese Bedingung erfüllt sein. Handelt es sich um hochohmige Signalquellen sind Impedanzwandler vor die Eingänge zu schalten.

E_1 auf Masse: Nichtinvertierender Verstärker

$$U_a = \frac{R_1 + R_2}{R_1} \bullet \frac{R_4}{R_3 + R_4} \bullet U_{e2}$$

E_2 auf Masse: Invertierender Verstärker

$$U_a = -U_{e1} \frac{R_2}{R_1}$$

Beide Eingänge benutzt (siehe Schaltung)

$$U_a = U_{e2} \bullet \frac{R_1 + R_2}{R_1} \bullet \frac{R_4}{R_3 + R_4} - U_{e1} \frac{R_2}{R_1}$$

Schaltungsdimensionierung

Bei $R_1 = R_3$ und $R_2 = R_4$.

$$U_a = \frac{R_2}{R_1}\left(U_{e2} - U_{e1}\right)$$

und ohne Verstärkung bei $R_1 = R_2 = R_3 = R_4$.

$$U_a = U_{e2} - U_{e1}$$

Komparator

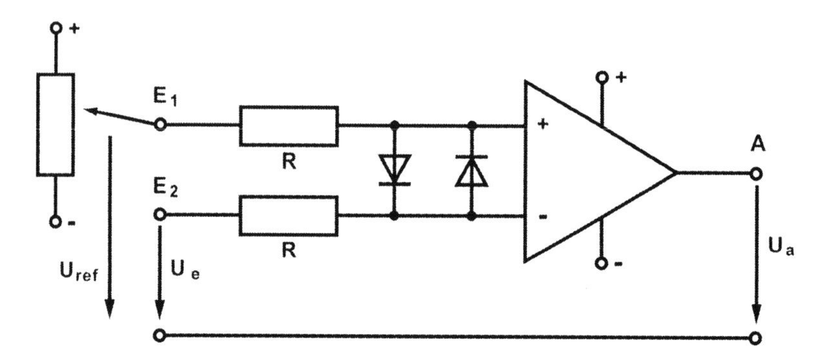

Eine Operationsverstärkerschaltung ist ein Komparator. Komparatoren sind Kippschaltungen, die beim Über- oder Unterschreiten der Referenzspannung U_{ref} definierte Spannungswerte am Ausgang annehmen. Wird die Referenzspannung U_{ref} an den positiven Eingang gelegt, so wird die Ausgangsspannung invertiert.

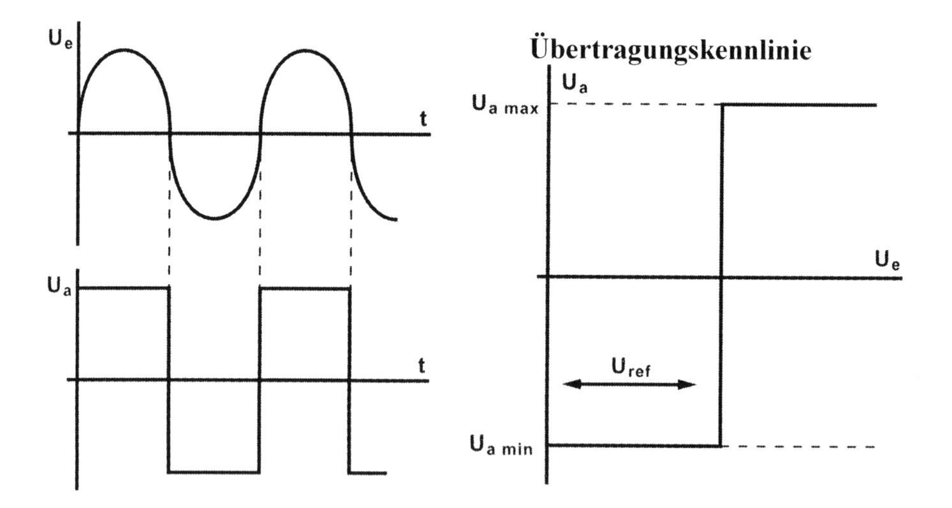

Wegen der hohen Verstärkung reagiert die Schaltung schon bei kleinen Spannungsunterschieden am invertierenden und nichtinvertierenden Eingang. Bei normalen Operationsverstärkern springt die Ausgangsspannung nicht sofort von U_{amax} zu U_{amin} bzw. umgekehrt. Es tritt eine Verzögerung durch die Slew Rate und Erholzeit des Operationsverstärkers auf. Für kürzere Verzögerungszeiten gibt es spezielle Komparatoren. Bei ihnen ist die Verstärkung und die Genauigkeit der Umschaltschwelle etwas geringer. Dafür eignen sie sich in der Regel zur Ansteuerung von Digitalschaltungen.

Komparator mit Hysterese

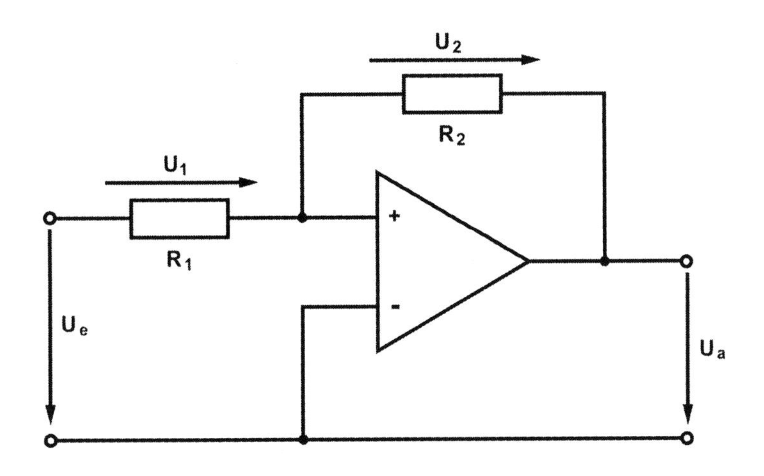

$$\frac{U_e}{U_a} = \frac{U_2}{U_1} = \frac{R_2}{R_1}$$

Durch Mitkopplung (R_2) kippt der Ausgang ab der Referenzspannung in die andere Schaltlage. Durch die Hysterese lässt sich die Schaltlage, ab der die Ausgangsspannung kippt, flexibel einstellen.
Der Komparator mit Hysterese ist ein Schmitt-Trigger.

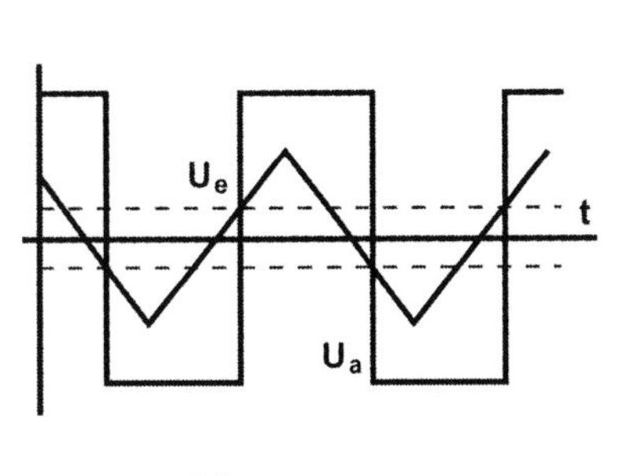

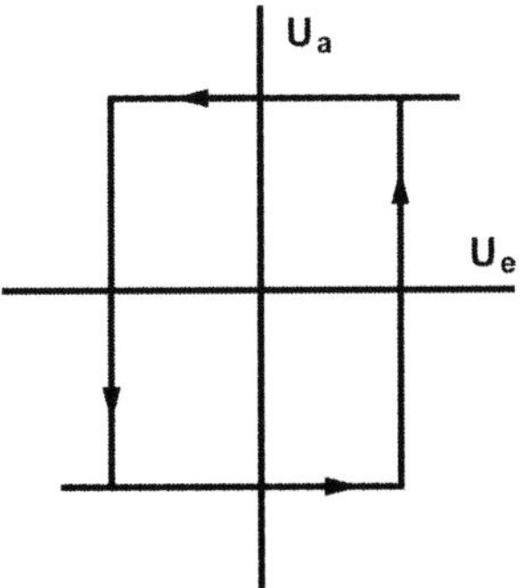

$$\frac{U_{e\,Kipp}}{U_{a\max}} = \frac{R_2}{R_1}$$

Bei Erhöhung der Eingangsspannung U_e wird die Linie auf der waagerechten Achse länger.

Integrator / Integrierverstärker

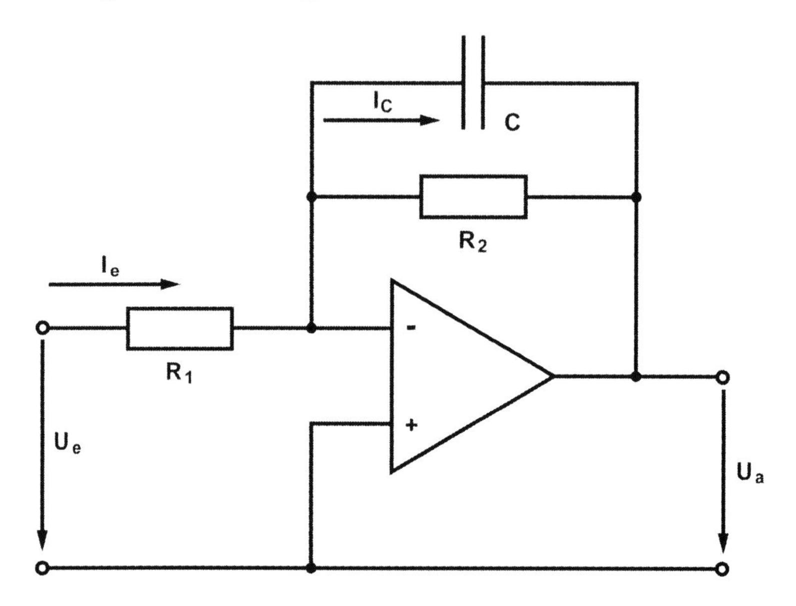

Der invertierende Verstärker eignet sich hervorragend als aktiver Filter. Der Grund ist der Verstärkungsfaktor V_u, der Null sein kann.
Die Grundschaltung des Integrators ist der invertierende Verstärker. Der Rückkopplungswiderstand ist durch einen Kondensator ersetzt. Mit dem Kondensator wird die Rückkopplung vom Ausgang auf den Eingang frequenzabhängig gemacht. Dadurch wird die ganze Schaltung frequenzabhängig. Mit steigender Frequenz nimmt die Ausgangsspannung ab. Der Integrator zeigt sein Tiefpassverhalten.
Bei bestimmten Anwendungen muss der Widerstand R_2 in der Schaltung sein. Er ist meistens sehr hochohmig (MΩ). Bei $R_1 = R_2$ eignet sich die Schaltung zur arithmetischen Mittelwertbildung.

$$I_e = I_C = \frac{U_e}{R_1} \qquad \frac{\Delta U_C}{\Delta t} = \frac{I_C}{C} \qquad \Delta U_C = \Delta U_a$$

Spannungsverlauf

Der Operationsverstärker versucht durch Erhöhen der Spannung U_a den Kondensator C mit Strom zu laden, bis die maximale Ausgangsspannung erreicht ist. Der Kondensator C lädt sich über den Widerstand R_1 mit dem Strom I_C auf. Dabei steigt die Ausgangsspannung U_a an.

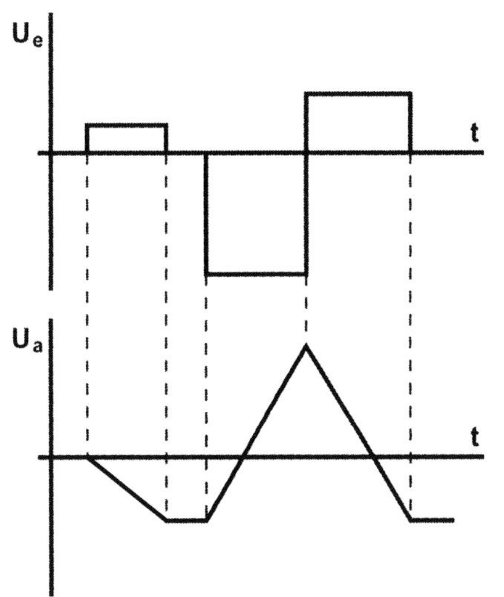

Wechselt die Eingangsspannung die Polarität, entlädt sich der Kondensator wieder.
Die Ausgangsspannung U_a sinkt.

$$U_a = -U_e$$

Die Eingangsspannung U_e fällt über den Eingangswiderstand R_1 ab (invertierender Eingang = virtueller Nullpunkt). Der Strom I_C ist in diesem Beispiel konstant, da die Eingangsspannung U_e konstant ist. Das muss aber nicht immer so sein. Bei konstanter Eingangsspannung steigt die Ausgangsspannung mit umgekehrtem Vorzeichen linear an. Die Integrationszeitkonstante τ_i gibt die Zeit an, bis wann die maximale Ausgangsspannung erreicht ist. Mit steigender Frequenz nimmt die Ausgangsspannung ab. Der Integrator zeigt sein Tiefpassverhalten.

$$\tau_i = R_1 \cdot C$$

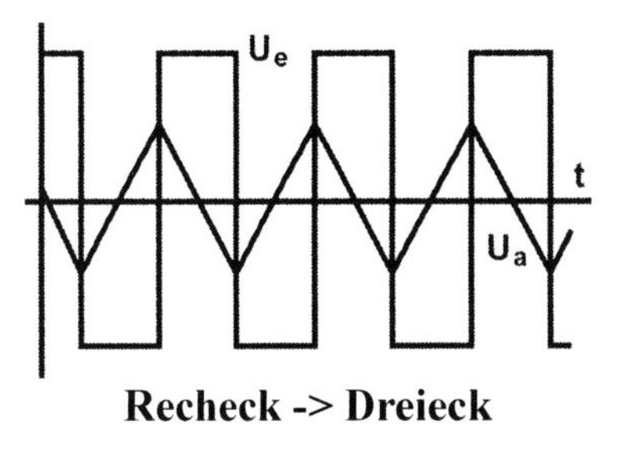

Recheck -> Dreieck

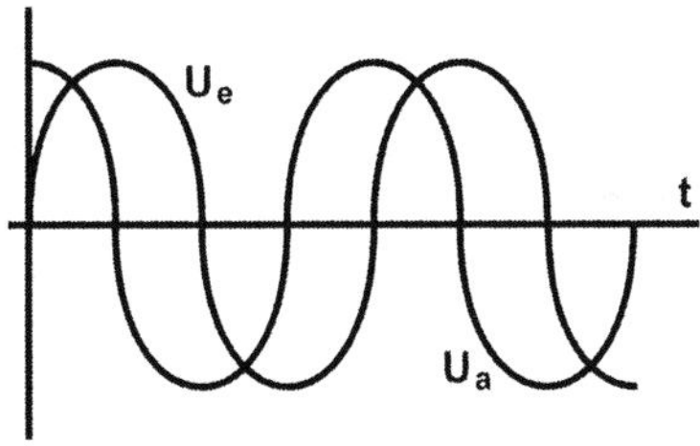

Sinus -> Cosinus (Phasenverschiebung von 90°)

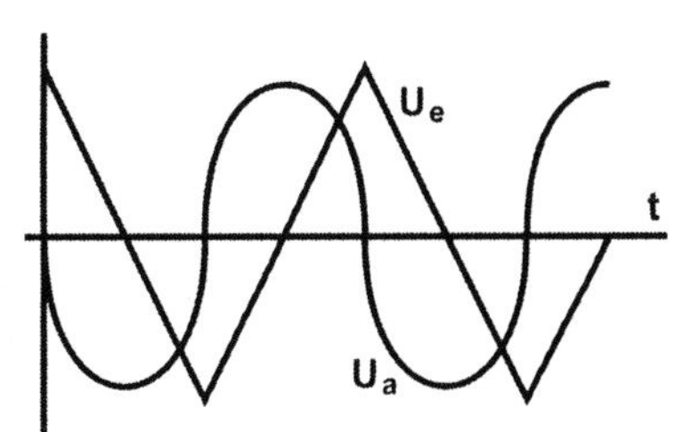

Dreieck -> sinusähnlich

Differentiator

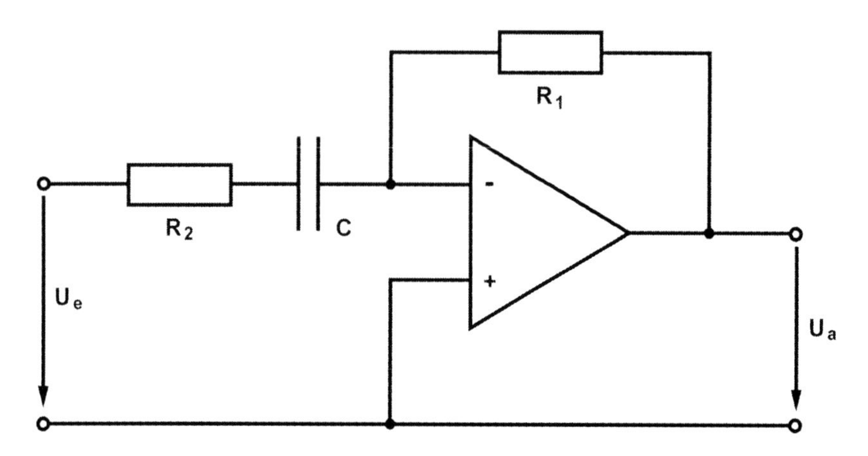

Die Grundschaltung des Differentiators ist der invertierende Verstärker. Der Eingangswiderstand ist durch einen Kondensator ersetzt. Dadurch bekommt die Schaltung einen zeitabhängigen Faktor. Mit zunehmender Frequenz nimmt die Ausgangsspannung ab. Der Differentiator zeigt sein Hochpassverhalten.
Die Eingangsspannung U_e fällt über den Kondensator ab. Die Ausgangsspannung U_a fällt über den Gegenkopplungswiderstand R_1 ab.
Je nach Polarität der Eingangsspannung U_e wird der Kondensator C ge- oder entladen. Der Strom durch R_1 verursacht den Spannungsabfall U_a.

$$U_a = -R_1 \bullet C \bullet \frac{\Delta U_e}{\Delta t}$$

Die Differentiatorschaltung neigt sehr stark zum Schwingen. Der Grund liegt in der Gegenkopplung, die bei höheren Frequenzen eine Phasennacheilung von 90° verursacht. Sie addiert sich zur Phasennacheilung des Operationsverstärkers. Die Schaltung ist dann instabil. Deshalb schaltet man einen Wiederstand R_2 in Reihe zum Kondensator.

Eigenschaften des Differentiators

- Verändert sich U_e schnell, dann ist U_a groß.
- Verändert sich U_e langsam, dann ist U_a klein.

- Ist U_e konstant, dann ist U_a null.
- Verändert sich U_e linear, dann ist U_a konstant.

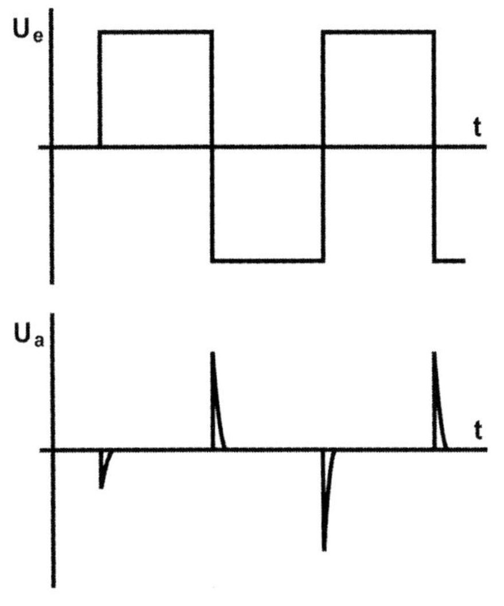

Bei sehr kleiner RC-Zeitkonstante erhält man bei großer dargestellten Zeit t den optischen Eindruck von Nadelimpulsen, obwohl die fallende Flanke eine exponentielle Form hat. Mit zunehmender Frequenz nimmt die Ausgangsspannung ab. Der Differentiator zeigt sein Hochpassverhalten.

Digitaltechnik

Grundlagen der Digitaltechnik

Logische Verknüpfungen

Schaltkreisfamilien

Speicher und Verarbeitungselemente

Logik-Pegel

Um Informationen verarbeiten oder anzeigen zu können, werden logische Pegel definiert.
In binären Schaltungen werden für digitale Größen Spannungen verwendet. Hierbei stellen nur zwei Spannungsbereiche die Information dar. Diese Bereiche werden mit H (high) und L (low) bezeichnet.

H kennzeichnet den Bereich, der näher an Plus (unendlich) liegt.

L kennzeichnet den Bereich, der näher an Minus (unendlich) liegt.

Unendlich bedeutet, dass der Spannungswert unendlich hoch bzw. niedrig sein kann. Üblicherweise werden die Spannungswerte durch die Logik-Familie vorgegeben.

Binäre und logische Zustände

Die Pegelangaben L und H dürfen niemals mit den logischen Zuständen 0 und 1 verwechselt werden. Die Angaben L und H geben den realen Spannungspegel an. Zum Beispiel 0 V (L) oder 5 V (H). Mit diesen Pegelangaben wird die **elektrische Arbeitsweise** einer Schaltung beschrieben. Will man die **logische Arbeitsweise** einer Schaltung beschreiben, so müssen die Pegelangaben den logischen Zuständen zugeordnet werden. Man unterscheidet die positive und negative Logik.

Positive Logik

Bei Verwendung der positiven Logik entspricht die logische 0 dem Pegel L und die logische 1 dem Pegel H.

0 = L = 0 V
1 = H = +5 V

Negative Logik

Bei der Verwendung der negativen Logik entspricht die logische 0 dem Pegel H und die logische 1 dem Pegel L.

0 = H = +5 V
1 = L = 0 V

Hinweis: Um unnötige Verwirrung zu vermeiden, wird in den folgenden Ausführungen nur die positiven Logik beschrieben.
Es gilt: 0 = L und 1 = H.

Wahrheitstabelle und Arbeitstabelle

E_2	E_1	A
0	0	0
0	1	1
1	0	1
1	1	1

E_2	E_1	A
L	L	L
L	H	H
H	L	H
H	H	H

Die Tabelle links ist die Wahrheitstabelle mit positiver Logik. Die Tabelle rechts ist eine Arbeitstabelle mit positiver Logik. Dieses Beispiel zeigt eine logische ODER-Verknüpfung der Eingänge E_1 und E_2.

Zahlensysteme

Jedes Zahlensystem besteht aus Nennwerten. Die Anzahl der Nennwerte ergibt sich aus der Basis. Der größte Nennwert entspricht der Basis minus (-) 1. Wird der größte Nennwert überschritten, entsteht aus dem Übertrag der nächst höhere Stellenwert.
Die Zahlen in der Digitaltechnik können nicht immer eindeutig einem Zahlensystem zugeordnet werden. So könnte die Zahl 100 dem hexadezimalen, dem dualen und dem dezimalen Zahlensystem angehörig sein. In allen Zahlensystemen hätte die Zahl 100 eine andere Wertigkeit. Deshalb werden Zahlen in der Digitaltechnik mit einem Index versehen. Dezimale Zahlen markiert man mit einem kleinen d (z. B. 100d). Hexadezimale Zahlen markiert man mit einem kleinen h (z. B. 100h). Und duale Zahlen markiert man mit einem kleinen b (z. B. 100b).

Duales Zahlensystem

Das Duale Zahlensystem ist entstanden, weil man in der elektronischen Datenverarbeitung nur 2 Zustände unterscheiden kann. Diese sogenannten binären Zustände werden üblicherweise mit H und L abgekürzt. Die logischen Zustände sind 1 und 0.

Binär

Der Begriff Binär bezeichnet nach DIN 44300 etwas, das zwei Zeichen annehmen kann. Unter Dual versteht man ein Zahlensystem, das nur aus zwei Zeichen besteht.

Elektronisches Bauteil	**Zustand 0**	**Zustand 1**
Relais oder Schalter	offen	geschlossen
Röhre oder Transistor	nicht leitend	leitend
Elektrischer Impuls	Impuls nicht vorhanden	Impuls vorhanden

Nennwerte: 0 und 1
Basis: 2
Größter Nennwert: 1
Stellenwerte: $2^0 = 1$, $2^1 = 2$, $2^2 = 4$, usw.

Zum besseren Verständnis der Zählweise im Dualen Zahlensystem dient diese Tabelle. In der ersten Stelle wird ständig zwischen 0 und 1 gewechselt. In der zweiten Stelle wird ständig zwischen 00 und 11 gewechselt. In der dritten Stelle wird ständig zwischen 0000 und 1111 gewechselt.

8 (2^3)	**4 (2^2)**	**2 (2^1)**	**1 (2^0)**	**Dezimalzahl**
0	0	0	0	**0**
0	0	0	1	**1**
0	0	1	0	**2**
0	0	1	1	**3**
0	1	0	0	**4**
0	1	0	1	**5**
0	1	1	0	**6**
0	1	1	1	**7**

1	0	0	0	**8**
1	0	0	1	**9**
1	0	1	0	**10**
1	0	1	1	**11**
1	1	0	0	**12**
1	1	0	1	**13**
1	1	1	0	**14**
1	1	1	1	**15**

Hexadezimales Zahlensystem (Hex-Code)

Große Binärzahlen haben den Nachteil, dass sie sehr unübersichtlich sind. Um dem Abhilfe zu schaffen hat man das Hexadezimalsystem eingeführt. Dabei werden 4 Bit einer Dualzahl durch ein hexadezimales Zeichen ersetzt. Da eine 4-Bit Dualzahl 16 Zustände annehmen kann, wir aber nur 10 dezimale Zahlen kennen, hat man dem hexadezimalen Zahlensystem 6 Buchstaben hinzugefügt.

Nennwerte: 0, 1, 2, 3, 4, 5, 6, 7, 8, 9, A, B, C, D, E, F
Basis: 16
Größter Nennwert: F
Stellenwerte: $16^0 = 1$, $16^1 = 16$, $16^2 = 256$, usw.

Zum besseren Verständnis der Zählweise im hexadezimalen Zahlensystem dient diese Tabelle. Jeweils 4 Dualstellen bilden eine Hexadezimalstelle.

Dezimal	**Binär/Dual**				**Hexadezimal**
0	0	0	0	0	**0**
1	0	0	0	1	**1**
2	0	0	1	0	**2**
3	0	0	1	1	**3**

4	0	1	0	0	**4**
5	0	1	0	1	**5**
6	0	1	1	0	**6**
7	0	1	1	1	**7**
8	1	0	0	0	**8**
9	1	0	0	1	**9**
10	1	0	1	0	**A**
11	1	0	1	1	**B**
12	1	1	0	0	**C**
13	1	1	0	1	**D**
14	1	1	1	0	**E**
15	1	1	1	1	**F**

Schaltalgebra / Rechenregeln der Digitaltechnik

Logische Verknüpfungen lassen sich mit einer besonderen Art von Mathematik darstellen. Man spricht von der Schaltalgebra, die aus der Booleschen Algebra hervorgeht.
Aufgrund des binären Zahlensystems kennt die Schaltalgebra nur zwei Konstanten: die 0 und die 1. Wie in der Mathematik arbeitet man in der Schaltalgebra mit Formeln und Variablen, die meistens mit Großbuchstaben bezeichnet werden. Die Variablen können die Werte 0 und 1 annehmen.

1. Negation

$Q = A \wedge B \qquad \overline{Q} = \overline{A \wedge B}$

2. Doppelte Negation

$Q = A \wedge B \qquad \overline{\overline{Q}} = \overline{\overline{A \wedge B}}$

3. Vorrangigkeit und Bindungsstärke

- UND bindet stärker als ODER.
- Klammern binden stärker als UND.
- Negationszeichen binden stärker als Klammern.

4. Auflösen von Klammern

$$Q = (A \wedge B) \vee (C \wedge D) = A \wedge B \vee C \wedge D$$

$$Q = (A \vee B) \wedge (C \vee D) = A \wedge C \vee A \wedge D \vee B \wedge C \vee B \wedge D$$

5. Gesetze nach De Morgan (Mathematiker)

Negationszeichen, die mehrere Variablen einer Funktionsgleichung überspannen, kann man nur auftrennen, wenn man das Funktionszeichen nach De Morgan wechselt.

$$Q = \overline{A \wedge B} = \overline{A} \vee \overline{B}$$

$$Q = \overline{A \vee B} = \overline{A} \wedge \overline{B}$$

Die Schaltalgebra ist auf den drei Grundverknüpfungen UND, ODER und NICHT aufgebaut. Mit diesen drei Grundverknüpfungen kann man beliebige Verknüpfungsschaltungen aufbauen. Alle anderen logischen Verknüpfungen basieren auf einer Kombination dieser Grundverknüpfungen.
Wenn man auf UND-Verknüpfungen verzichten will, dann kann man aus ODER- und NICHT-Verknüpfungen beliebige Verknüpfungsschaltungen aufbauen.
Wenn man auf ODER-Verknüpfungen verzichten will, dann kann man aus UND- und NICHT-Verknüpfungen beliebige Verknüpfungsschaltungen aufbauen.
Da sich UND-, ODER- und NICHT-Verknüpfungen aus NAND-Glieder verschalten lassen, kann man aus NAND-Gliedern beliebige Verknüpfungsschaltungen aufbauen.

Kennzeichnung Digitaler Schaltkreise

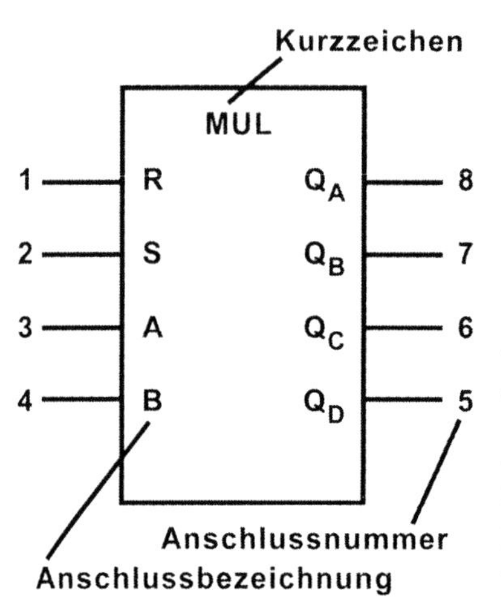

Schaltzeichen
Das Schaltzeichen kann senkrecht oder waagerecht gezeichnet sein. Die Größe richtet sich nach der Zahl der Anschlüsse. Bei Verknüpfungsgliedern werden die Kurzzeichen und die Anschluss-Bezeichnung nicht geschrieben, da sich die Funktion durch das Schaltzeichen erklärt.

Kurzzeichen
Bei der Zusammenstellung des Kurzzeichens steht zuerst der Schaltungstyp, dann die Angabe über Schaltungsbereich, Arbeitsbereich, usw. An letzter Stelle steht die Anzahl der Bits.

Das dargestellte Schaltzeichen ist ein Multiplexer mit zwei Eingängen, 4 Ausgängen, sowie einem Setz- und Rücksetzeingang.

Beispiele:

S-V/R 4	:	Schieberegister, vorwärts und rückwärtszählend, 4 Bit
Z-Bin 7	:	binärer Zähler, 7 Bit
Dec/TR-BCD/DEZ	:	Dekoder/Treiber, BCD/dezimal

Kurzzeichen

DSEL	Datenselektor
DEC	Decodierer
DEM	Demultiplexer
DEZ	Dezimal
FF	Flip-Flop
MUL	Multiplexer
PAR	Paritätsprüfer
PROM	Programmierbarer Festwertspeicher
R	Rückwärts
S	Schieberegister
RAM	Schreib-/Lesespeicher

TR	Treiber
V	Vorwärts
Z	Zähler
ROM	Festwertspeicher
AR	Auffangregister
VG	Vergleicher

Anschluss-Bezeichungen

Verknüpfungsglieder

A, B, ..	Eingänge
ST	Strobe
S	Select
Q	Ausgang

Kippglieder

C/T	Clock/Takt
J, K, D	Dateneingänge
S	Setzeingang
R	Rücksetzeingang
Cx	Zeiteingang für Monoflop
Rc	Zeiteingang für Monoflop
Rj	Zeiteingang für Monoflop
Q	Ausgang

Zähler

A, B, ..	Eingänge
T/C	Takt/Clock
Tv	Takt vorwärts
Tr	Takt rückwärts
R	Reset
ST	Strobe
Qa, Qb, ..	Ausgänge

Schieberegister

A, B, ..	Eingänge
Tre	Takt rechts
Tli	Takt links
Qa, Qb, ..	Ausgänge

BCD-7 Segment-DEC

A, B, C, D	BCD-Eingänge (A = niederwertigstes Bit)
Qa, Qb, ..	Ausgänte

DEZ-Dekoder
A, B, C, D BCD-Eingänge (A = niederwertigstes Bit)
Q0, Q1, .. Ausgänge

Datenselektor/Multiplexer
A, B, .. Dateneingänge
ST Steuereingang
AD Adresseingang
Q Ausgang

Speicher
A, B, .. Adresseneingänge
D0, D1, .. Dateneingänge
ST Steuereingang
STm Steuereingang Memory
STw Steuereingang Write
R/W Lese/Schreib-Eingang
Q0, Q1, .. Ausgänge

BCD-Code

Neben den Zahlensystemen gibt es auch Codes. Der bekannteste Code in der Digitaltechnik ist der BCD-Code. BCD ist die Abkürzung für Binary Coded Decimals. In der deutschen Übersetzung bedeutet das binär codierte Dezimalziffer.
Im BCD-Code wird jede Dezimalziffer durch 4-Bit, also 4 binäre Stellen dargestellt. Man nennt die 4 Bit eine Tetrade (griechisch: Vierergruppe).

Dezimal	2^3	2^2	2^1	2^0	
0	0	0	0	0	Tetraden
1	0	0	0	1	
2	0	0	1	0	
3	0	0	1	1	
4	0	1	0	0	
5	0	1	0	1	

6	0	1	1	0	
7	0	1	1	1	
8	1	0	0	0	
9	1	0	0	1	
	1	0	1	0	
	1	0	1	1	
	1	1	0	0	**Pseudotetraden**
	1	1	0	1	
	1	1	1	0	
	1	1	1	1	

Jede Dezimalziffer wird durch eine eigene 4-Bit-Dualzahl ausgedrückt. Da für die Dezimalziffer nur 10 Tetraden benötigt werden, fallen die 6 übrigen Tetraden weg. Sie treten im BCD-Code nicht auf bzw. dürfen nicht auftreten.

7-Segment-Anzeige

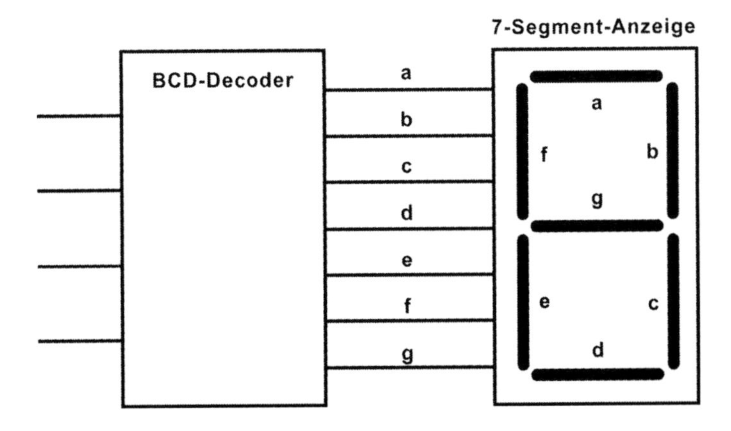

Um die 4-Bit-Dualzahl als Dezimalzahl anzeigen zu können verwendet man einen BCD-Decoder und eine 7-Segment-Anzeige. Die 7-Segment-Anzeige hat 7 Leuchtstreifen, die wie ein 8 angeordnet sind. Der BCD-Decoder decodiert den BCD-Code (4-Bit) auf die 7 Segmente um.

UND / AND / Konjunktion

Das UND ist eine Grundverknüpfung, die nach dem Prinzip arbeitet, wenn zwei Zustände oder Aussagen zutreffen, dann ist das Ergebnis wahr: Wenn A und B, dann... Der Ausgang Q ist immer dann 1, wenn die Eingänge A und B gleich 1 sind. Das UND wird als Konjunktion bezeichnet und im englischen als AND benannt.

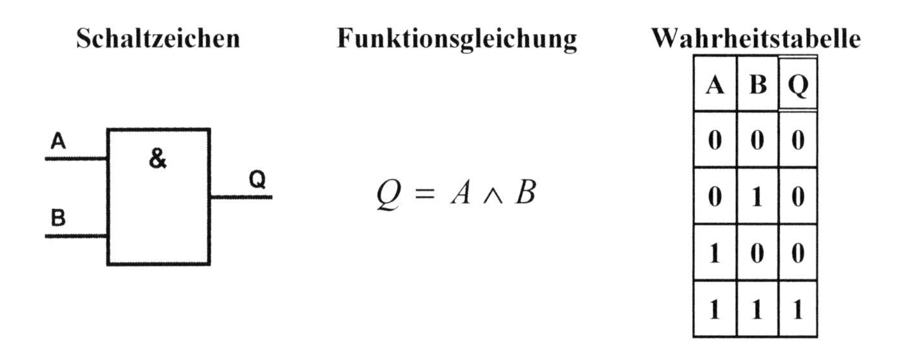

$$Q = A \wedge B$$

A	B	Q
0	0	0
0	1	0
1	0	0
1	1	1

ODER / OR / Disjunktion

Das ODER ist eine Grundverknüpfung, die nach dem Prinzip arbeitet, wenn der eine oder der andere Zustand oder die eine oder andere Aussage zutrifft, dann ist das Ergebnis wahr: Wenn A oder B, dann... Der Ausgang Q ist immer dann 1, wenn die Eingänge A oder B gleich 1 sind. Das ODER wird als Disjunktion bezeichnet und im englischen als OR benannt.

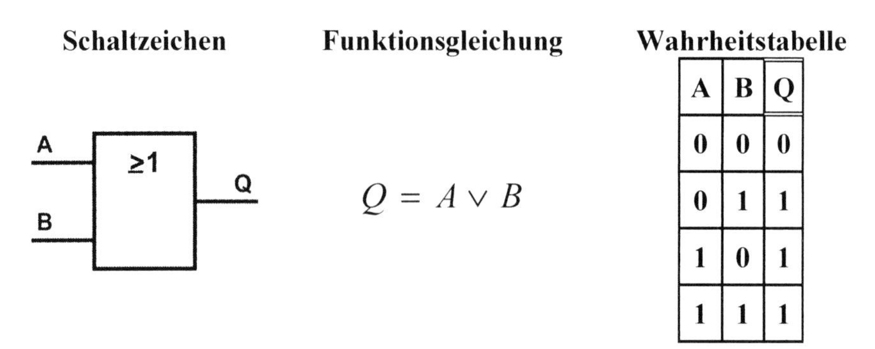

$$Q = A \vee B$$

A	B	Q
0	0	0
0	1	1
1	0	1
1	1	1

NICHT / NOT / Negation

Das NICHT ist eine Grundverknüpfung, die nach dem Prinzip arbeitet, wenn ein Zustand oder eine Aussage wahr ist, dann ist das Ergebnis unwahr. Oder umgekehrt, wenn ein Zustand oder eine Aussage unwahr ist, dann ist das Ergebnis wahr.
Das NICHT wird als Negation bezeichnet und im englischen als NOT benannt. Im allgemeinen Sprachgebrauch würde man es als Verneinung bezeichnen.

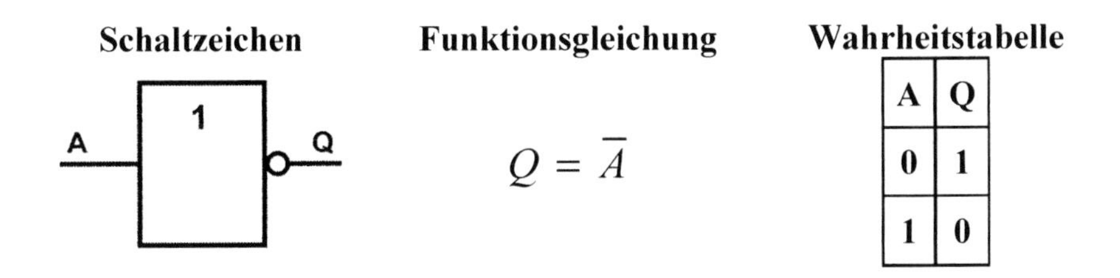

$$Q = \overline{A}$$

A	Q
0	1
1	0

NAND / NICHT-UND / NUND

Das NAND ist ein aus UND und NICHT zusammengeschaltetes Element.
Es arbeitet wie ein UND, dessen Ausgang negiert ist.
Der Ausgang Q ist gleich 1, wenn Ausgang A oder B gleich 0 sind.

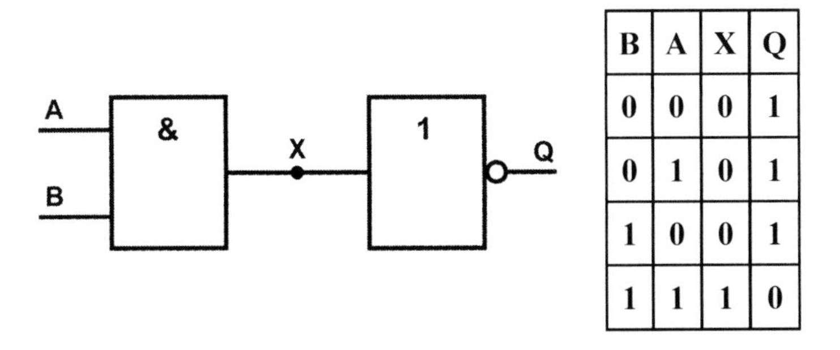

B	A	X	Q
0	0	0	1
0	1	0	1
1	0	0	1
1	1	1	0

Schaltzeichen	Funktionsgleichung	Wahrheitstabelle

$$Q = \overline{A \wedge B}$$

$$\overline{Q} = A \wedge B$$

A	B	Q
0	0	1
0	1	1
1	0	1
1	1	0

NOR / NICHT-ODER / NODER

Das NOR ist ein aus ODER und NICHT zusammengeschaltetes Element. Es arbeitet wie ein ODER, dessen Ausgang negiert ist.
Der Ausgang Q ist immer dann 1, wenn die Eingänge A oder B gleich 0 sind.

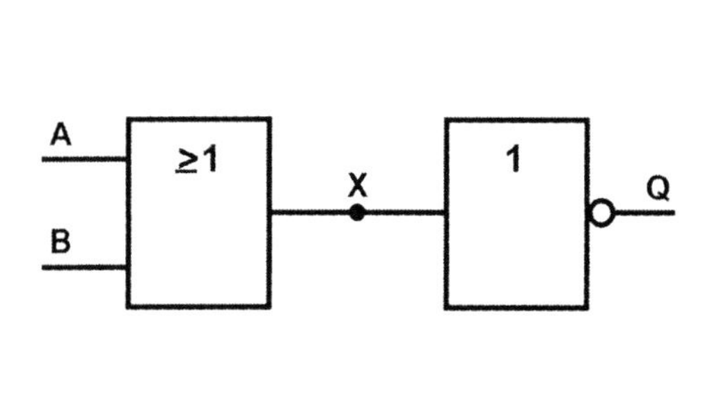

B	A	X	Q
0	0	0	1
0	1	1	0
1	0	1	0
1	1	1	0

Schaltzeichen	Funktionsgleichung	Wahrheitstabelle

$$Q = \overline{A \vee B}$$

$$\overline{Q} = A \vee B$$

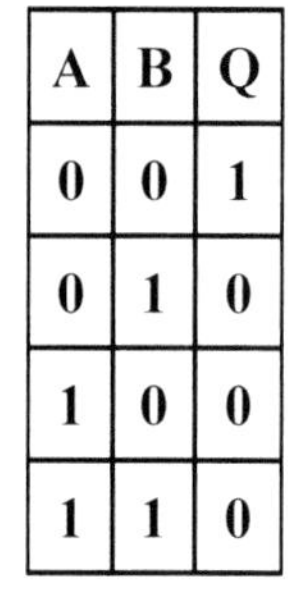

A	B	Q
0	0	1
0	1	0
1	0	0
1	1	0

XNOR / Exklusiv-NICHT-ODER / Äquivalenz

Das XNOR ist eine Verknüpfungsschaltung aus zwei UND, zwei NICHT und einem ODER. Die Schaltung besteht aus drei Teilen. Zum einen werden die Eingänge UND-verknüpft (Z). Dann werden sie zusätzlich noch negiert und anschließend UND-verknüpft (X). Beide Ergebnisse werden dann ODER-verknüpft. Das Endergebnis (Q) entspricht dem logischen XNOR. Die Ausgang Q ist immer dann 1, wenn die Eingänge A und B gleich sind. Also, wenn beide gleich 1 oder gleich 0 sind.

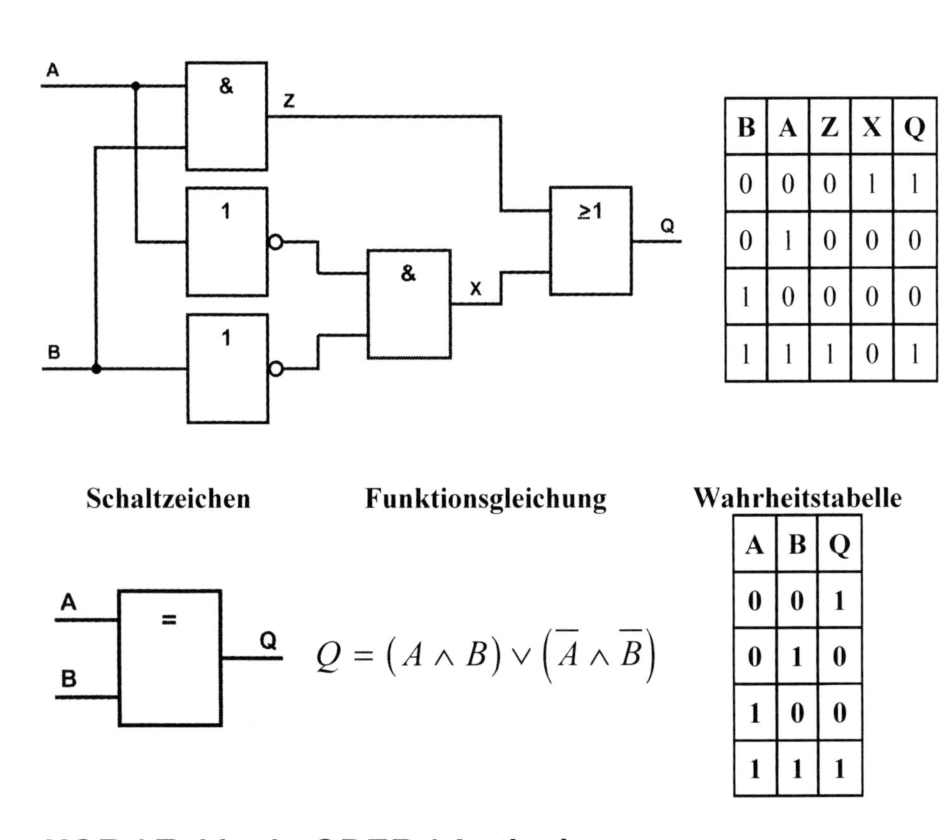

B	A	Z	X	Q
0	0	0	1	1
0	1	0	0	0
1	0	0	0	0
1	1	1	0	1

Schaltzeichen **Funktionsgleichung** **Wahrheitstabelle**

$$Q = (A \wedge B) \vee (\overline{A} \wedge \overline{B})$$

A	B	Q
0	**0**	**1**
0	**1**	**0**
1	**0**	**0**
1	**1**	**1**

XOR / Exklusiv-ODER / Antivalenz

Das XOR ist ein zusammengeschaltetes Element aus XNOR und NICHT. Es arbeitet wie ein XNOR dessen Ausgang negiert wird. Der Ausgang Q ist immer dann 1, wenn die Eingänge A und B ungleich sind.

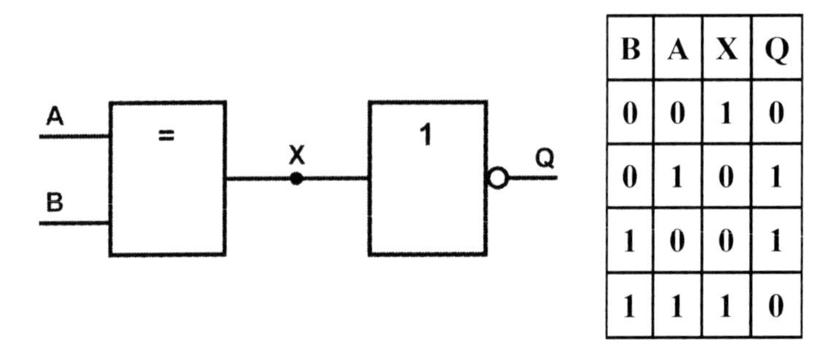

B	A	X	Q
0	0	1	0
0	1	0	1
1	0	0	1
1	1	1	0

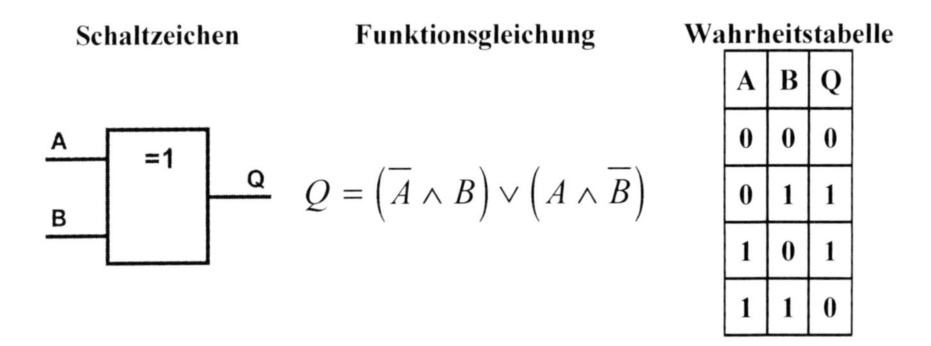

$$Q = \left(\overline{A} \wedge B\right) \vee \left(A \wedge \overline{B}\right)$$

A	B	Q
0	0	0
0	1	1
1	0	1
1	1	0

Schaltkreisfamilien

Verknüpfungsglieder lassen sich verschiedenartig aufbauen. Es gibt sie als Relaisschaltungen, Halbleiterschaltungen oder integrierte Schaltungen (IC). Meistens verwendet man Schaltkreisfamilien, deren Verknüpfungsglieder in integrierten Schaltungen eingebaut sind. Üblicherweise verwendet man innerhalb einer Schaltung immer die gleiche Schaltkreisfamilie. So vermeidet man Probleme, die sich durch unterschiedliche Speisespannungen, binäre Signalpegel und Schaltzeiten ergeben. Verknüpfungsglieder unterschiedlicher Schaltkreisfamilien lassen sich untereinander meistens nur mit Pegel- und Logikwandlern verwenden. Schaltkreisfamilien zeichnen sich durch eigene physikalische und elektrische Eigenschaften aus, die sie zu anderen Schaltkreisfamilien teilweise inkompatibel machen. Aufgrund der unterschiedlichen Anforderungen und dem technischen Fortschritt haben sich sehr viele Schaltkreisfamilien entwickelt. Sie unterscheiden sich in ihrem Aufbau und in ihren elektrischen Eigenschaften.

- **RTL - Resistor-Transistor-Logic**
  Die Glieder dieses Systems sind mit Widerständen und bipolaren Transistoren aufgebaut.

- **DCTL - Direct Coupled Transistor Logic**
  Die Glieder dieses Systems sind mit direkt miteinander gekoppelten bipolaren Transistoren aufgebaut.

- **DRL - Dioden-Resistor-Logic**
  Die Glieder dieses Systems sind mit Dioden und Widerständen aufgebaut.

- **DTL - Dioden-Transistor-Logic**
  Die Glieder dieses Systems sind hauptsächlich mit Dioden und Transistoren aufgebaut.

- **TTL - Transistor-Transistor-Logic**
  Die Glieder dieses Systems sind aus Bipolaren Transistoren aufgebaut.

- **MOS - Metal Oxide Semiconductor**
  Die Glieder dieses Systems sind mit N-Kanal-MOS-FET oder P-Kanal-MOS-FET aufgebaut.

- **CMOS - Complementary Symmetry-Metal Oxide Semiconductor**
  Schaltungen, welche komplementär aufgebaut sind, nennt man CMOS, weil sie komplementäre MOS-FETs (NMOS- und PMOS-FETs) enthalten.

- **ECL - Emitter-Coupled Logic**
  Die Glieder dieser Logik sind mit Bipolaren Transistoren und Widerständen aufgebaut. Diese Schaltkreisfamilie hat eine sehr kurze Schaltzeit.

TTL-Schaltkreisfamilie

Die Bezeichnung TTL bedeutet Transistor-Transistor-Logic. Bei dieser Schaltkreisfamilie werden die Verknüpfungen ausschließlich durch bipolare Transistorstufen erzeugt. Nur zur Verschiebung von Pegel und zur Spannungsableitung werden Dioden verwendet. Widerstände dienen als Spannungsteiler und Strombegrenzer.
Die TTL-Schaltkreisfamilie gibt es nur als monolithisch integrierte Schaltkreise. Diskret können sie nicht aufgebaut werden.
Die TTL-Schaltkreisfamilie gibt es in verschiedenen Unterfamilien, die für verschiedene Anwendungen mit besonderen Eigenschaften entwickelt wurden. Sie unterscheiden sich hinsichtlich ihrer Schaltzeit (möglichst kurz), Leistungsaufnahme (möglichst gering) und ihrer Störsicherheit (möglichst groß).
Die Standard-TTL-Glieder und die LS-TTL-Glieder sind die am häufigsten verwendeten TTL-Unterfamilien.

TTL-Unterfamilien

- **Standard-TTL (7400)**
  Will man die Vor- und Nachteile einer TTL-Unterfamilie darstellen, so vergleicht man sie mit dem Standard-TTL.

- **Low-Power-TTL (74L00)**
  Low-Power-TTL-Glieder nehmen nur etwa 10% der Leistung der Standard-TTL-Glieder auf. Die Schaltzeit ist jedoch 3 mal so groß.

- **High-Speed-TTL (74H00)**
  High-Speed-TTL-Glieder schalten doppelt so schnell wie Standard-TTL-Glieder. Die Leistung ist aber doppelt so groß.

- **Schottky-TTL (74S00)**
  Schottky-TTL-Glieder haben eine sehr geringe Schaltzeit. Ihre Leistungsaufnahme ist jedoch besonders groß.

- **Low-Power-Schottky-TTL (74LS00)**
  Die Low-Power-Schottky-TTL-Glieder haben nahezu die gleiche Schaltzeit wie Standard-TTL-Glieder. Die Leistungsaufnahme entspricht aber nur 1/5 des Standard-TTL-Glieds.

MOS-Schaltkreisfamilie

Verknüpfungsglieder der MOS-Unterfamilien sind mit MOS-Feldeffekt-Transistoren aufgebaut. Diese Art von Transistor benötigt fast keine Steuerleistung, haben eine sehr kleine Bauform und sind einfach herzustellen. Die Kapazitäten des MOS-FETs sind jedoch für lange Schaltzeiten verantwortlich. Und sie sind empfindlich gegen statische Aufladungen, die zur Zerstörung der Bauteile führen kann. Deshalb sind bei der Verarbeitung von MOS-Schaltungen besondere Sicherheitsmaßnahmen erforderlich.

PMOS

In den Verknüpfungsgliedern der PMOS-Unterfamilie werden selbstsperrende p-Kanal-MOS-Feldeffekt-Transistoren verwendet. Widerstände werden durch Feldeffekt-Transistoren mit besonderen Eigenschaften ersetzt. PMOS-Glieder arbeiten langsam aber Störsicher und benötigen eine große negative Betriebsspannung (-9..-20 V).

NMOS

In den Verknüpfungsgliedern der NMOS-Unterfamilie werden selbstsperrende n-Kanal-MOS-Feldeffekt-Transistoren verwendet. Eine andere Halbleitertechnologie ermöglicht eine Signallaufzeit wie bei Standard-TTL-Gliedern (10 ns). Durch eine Betriebsspannung von 5 V sind die NMOS-Glieder zu TTL-Gliedern kompatibel.

CMOS

Die übliche Bezeichnung CMOS ist die Abkürzung von Complementary Symmetry-Metal Oxide Semiconductor. Die deutsche Übersetzung dazu lautet Komplementär-symmetrischer Metall-Oxid-Halbleiter.
In den Schaltgliedern dieser MOS-Unterfamilie werden nur selbstsperrende MOS-FETs verwendet.
Der Leistungsbedarf der CMOS-Glieder ist extrem niedrig (bis 10 nW) und hängt hauptsächlich von der Umschalthäufigkeit (max. 50 MHz) ab.
Wegen der festlegbaren Betriebsspannung von +3 V bis +15 V und ihrer großen Integrationsdichte haben die CMOS-Glieder ein großes Anwendungsgebiet erobert.

Vergleich: MOS-Schaltkreisfamilie

Unterfamilie	PMOS	NMOS	CMOS
Betriebsspannung	-9 bis -12V	+5V	+3 bis +15V
Leistung je Glied bei L-Pegel	6 mW	2 mW	5 bis 10 mW
Leistung je Glied bei H-Pegel	0 mW	0 mW	
Signallaufzeit/Schaltzeit	40 ns	5 ns	8 ns
Größte Schaltfrequenz	10 MHz	80 MHz	50 MHz
Störspannungsabstand	5V	~2V	2V

Sicherheitsmaßnahmen im Umgang mit CMOS-ICs

- Verarbeitungsraum mit elektrisch leitfähigem Fußbodenbelag
- Arbeitstisch mit leitfähigem und geerdetem Belag
- Arbeitskleidung aus Kunststoff vermeiden
- Manschette am Handgelenk, die über eine flexible Leitung geerdet ist
- MOS-Bausteine nicht verlöten, sondern über Sockel in die Schaltung einbauen

CMOS in der Praxis

Die Spannungsbereiche für die Ein- und Ausgangspegel bei CMOS-ICs sind von der Höhe der Betriebsspannung abhängig. Die ICs werden meist mit 5 V oder mit 10 V bzw. 12 V betrieben.
Werden in einer Schaltung gleichzeitig CMOS- und TTL-ICs eingesetzt, wird eine Betriebsspannung von 5 V benötigt. Sind in einer Schaltung aber nur CMOS-ICs, wird meist eine Betriebsspannung von 10 V gewählt. CMOS-ICs weisen vor allem wegen des hohen Störabstandes eine größere Betriebssicherheit auf.

Wichtige schaltungstechnische Maßnahmen:

- Bei CMOS-ICs müssen alle Eingänge, auch die von nicht benutzten Gattern, beschaltet werden.

- Die Eingänge müssen eindeutig mit H- oder L-Pegel beschaltet werden.

ECL-Schaltkreisfamilie

Aufgrund des Schaltungsprinzips eines Differenzverstärkers wurde der Name abgeleitet (Emitter-gekoppelte-Logik).
Bei der Entwicklung der ECL-Glieder verfolgte man das Ziel besonders schnelle Glieder zu entwickeln. Deshalb sind die Glieder der ECL-Schaltkreisfamilie die am schnellsten arbeitenden zur Zeit überhaupt. Die Leistungsaufnahme liegt jedoch bei 60 mW je Glied und ist somit extrem hoch.
Die ECL-Schaltungen müssen wie Hochfrequenzschaltungen aufgebaut werden (Anpassung, Reflexion, Wellenwiderstand, etc.). Die Leitungswege zwischen den Gliedern müssen entsprechend kurz sein.
Anwendung findet diese Schaltkreisfamilie vor allem im militärischen Bereich und in der industriellen Steuerungstechnik.

Eigenschaften

Betriebsspannung	-5 V
Leistung je Glied	60 mW
Signallaufzeit	0,5 ns
Größte Schaltfrequenz	1 GHz
Typischer Störabstand	0,3 V

Rechenschaltungen

Aus logischen Verknüpfungen lassen sich digitale Schaltungen zusammenbauen, mit denen man Rechenvorgänge durchführen kann. Das heißt, diese Schaltungen haben zwischen ihren Eingängen eine Kombination aus logischen Verknüpfungen, die einem Rechenvorgang entspricht.
In der Digitaltechnik kennt man Rechenschaltungen hauptsächlich für das duale Zahlensystem und den BDC-Code. Im Prinzip kann für jedes Zahlensystem eine Rechenschaltung aufgebaut werden.

Einige Rechenschaltungen der Digitaltechnik:

- Addiererschaltungen
- Subtrahiererschaltungen
- Addier-Subtrahier-Werke
- Multiplikationsschaltungen
- Arithmetisch-logische Einheit (ALU)

Stellvertretend für alle Rechenschaltungen dienen die folgenden Ausführungen zum Halbaddierer und dem Volladdierer.

Halbaddierer

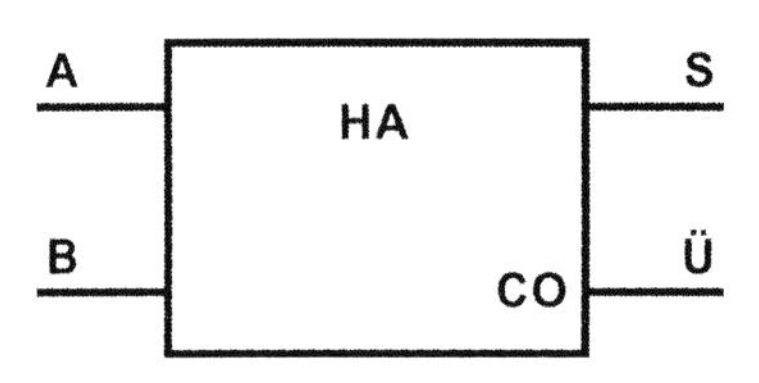

Ein Halbaddierer ist die einfachste Rechenschaltung und kann zwei einstellige Dualziffern addieren. Der Eingang A des Halbaddierers ist der Summand A, der Eingang B ist der Summand B. Die Schaltung hat zwei Ausgänge. Der Ausgang S als Summenausgang (2^0) und der Ausgang Ü als Übertrag (2^1) für die nächsthöhere Stelle im dualen Zahlensystem.

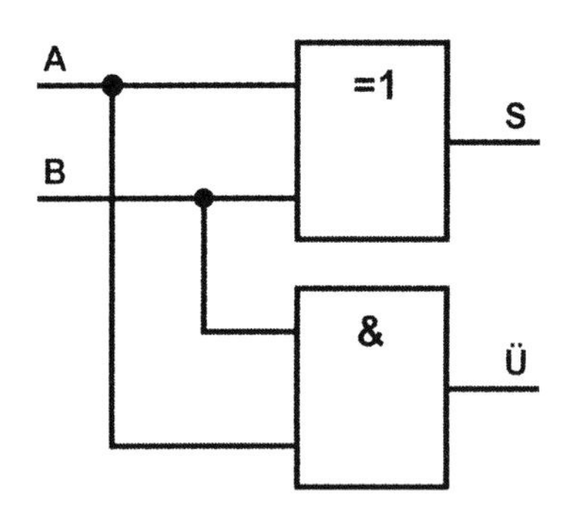

B	A	Ü (2^1)	S (2^0)
0	0	0	0
0	1	0	1
1	0	0	1
1	1	1	0

Der Halbaddierer ist eine Schaltung aus den Verknüpfungsgliedern XOR und UND. Das XOR ist die Addier-Verknüpfung. Das UND stellt fest, ob ein Übertrag für die nächsthöhere Stelle vorgenommen werden muss.
Aus der Tabelle ist ersichtlich, dass das Ergebnis aus der Spalte Summe einer Exklusiv-ODER-Verknüpfung (Antivalenz, XOR) entspricht. Das

Ergebnis der Spalte Übertrag entspricht einer UND-Verknüpfung. Die so entstandene Schaltung wird als Halbaddierer bezeichnet. Sie ist in der Lage zwei 1-Bit (einstellig) Summanden zu addieren.

Volladdierer

Um mehrstellige Dualzahlen addieren zu können benötigt man Schaltungen die auch einen Übertrag einer niederwertigen Stelle berücksichtigt. Man spricht vom Übertragseingang $Ü_E$. Die Schaltung bezeichnet man als Volladdierer (VA). Ein Volladdierer kann drei Dualzahlen addieren. Bzw. zwei Dualzahlen addieren und den Übertrag aus einer niederwertigen Stelle berücksichtigen.

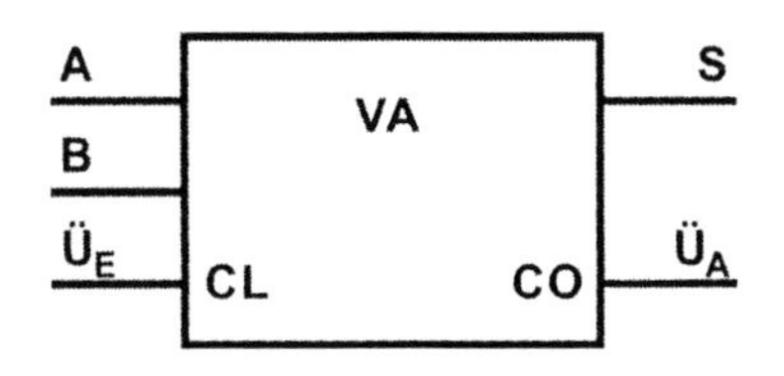

$Ü_E$	B	A	$Ü_A$	S
0	0	0	0	0
0	0	1	0	1
0	1	0	0	1
0	1	1	1	0
1	0	0	0	1
1	0	1	1	0
1	1	0	1	0
1	1	1	1	1

3-Bit-Volladdierer

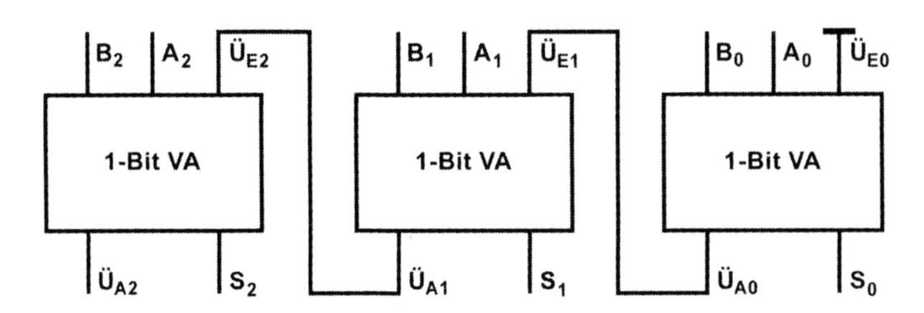

Folgende Schaltung zeigt einen 3-Bit-VA, der aus drei 1-Bit-VA realisiert wurde. Damit lassen sich zwei dreistellige Dualzahlen addieren.
Der Eingang $Ü_{E0}$ liegt an 0 V (Masse), weil in der niederwertigsten Stelle kein Übertrag berücksichtigt werden muss.

Flip-Flop / Digitale Signalspeicher

Jede elektronische Schaltung, die zwei stabile elektrische Zustände hat und durch entsprechende Eingangssignale von einem Zustand in einen anderen geschaltet werden kann, nennt man Flip-Flop oder auch bistabile Kippstufe. Das Flip-Flop hier, darf nicht mit den modischen Badeschlappen verwechselt werden.
Die verschiedenen Flip-Flop-Arten werden unterschiedlich angesteuert, sie haben unterschiedlich wirkende Eingänge und ändern ihren Zustand nur bei bestimmten festgelegten Bedingungen.
Ein einfaches Flip-Flop hat zwei Eingänge und zwei Ausgänge.
Taktabhängige Flip-Flops haben noch einen entsprechenden Takteingang C. Flip-Flops ohne Takteingang sind vollständig taktunabhängig. Ihre Setz- und Rücksetzeingänge lassen sich jederzeit ansprechen.

Taktsteuerung von Flip-Flops

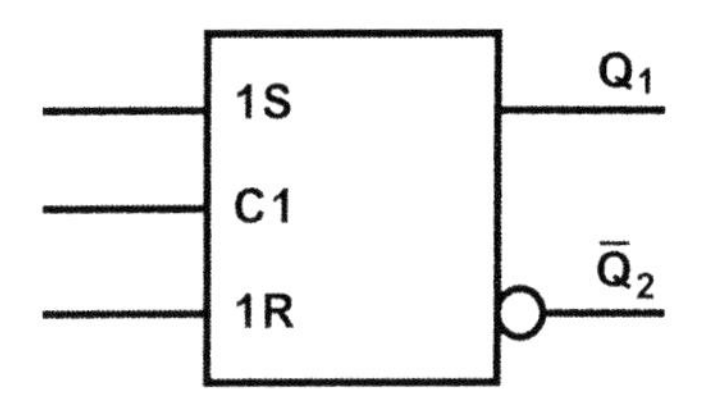

Einzustandsgesteuertes Flip-Flop:
Ein Flip-Flop, dessen Setz- und Rücksetzeingang nur wirksam werden, wenn am Takteingang ein Signal anliegt.

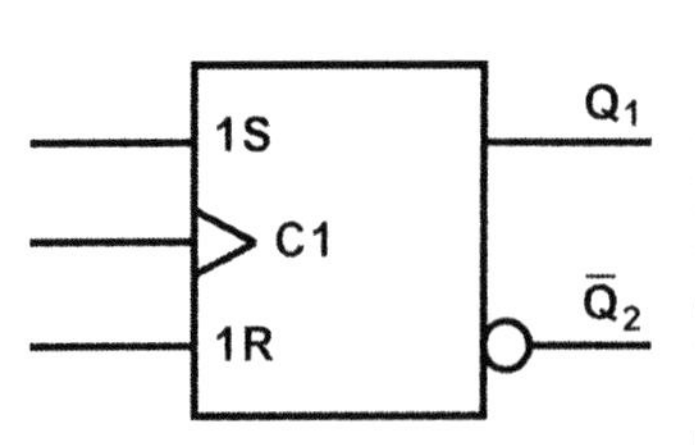

Einflankengesteuertes Flip-Flop:
Ein Flip-Flop, dessen Setz- und Rücksetzeingang nur während der Änderung des Taktzustandes wirksam werden.
Die Störanfälligkeit durch Störsignale wird durch die kurze Zeit der Taktflanke reduziert.
Die Taktflankensteuerung wird im Schaltzeichen durch das Dreieck gekennzeichnet.

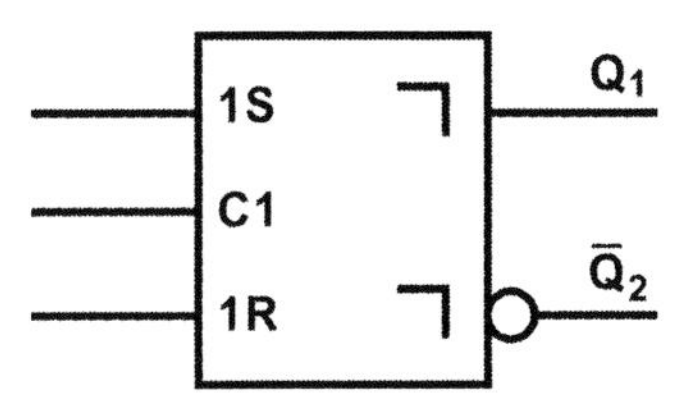

Zweizustandsgesteuertes Flip-Flop:
Ein Flip-Flop, das die Eingangszustände während des einen Taktzustandes aufnimmt und erst beim nachfolgenden Taktzustand ausgibt. Flip-Flop-Ausgänge, an denen die Eingangszustände verzögert erscheinen, werden retardierte Ausgänge genannt. Solche Flip-Flops arbeiten nach dem Master-Slave-Prinzip. Erkennbar am rechten Winkel am Ausgang.

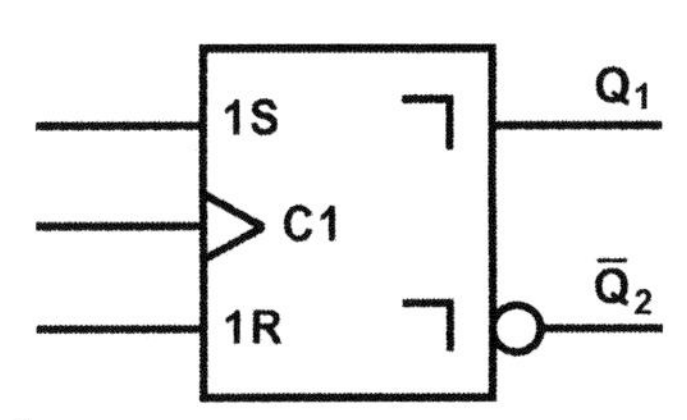

Zweiflankengesteuertes Flip-Flop:
Ein Flip-Flop, das die Eingangszustände während einer Taktflanke aufnimmt und erst bei der folgenden Flanke ausgibt. Beim Taktflankengesteuerten Flip-Flop wird wiederum die Störanfälligkeit heruntergesetzt.
Die Taktflankensteuerung wird im Schaltzeichen durch das Dreieck gekennzeichnet. Flip-Flop-Ausgänge, an denen die Eingangszustände verzögert erscheinen, werden retardierte Ausgänge genannt. Solche Flip-Flops arbeiten nach dem Master-Slave-Prinzip. Erkennbar am rechten Winkel am Ausgang.

Kennzeichnung der Eingänge

Die Eingänge von Flip-Flops werden in irgendeiner Weise beeinflusst. Besser gesagt sie werden gesteuert. Diese Steuerung ist abhängig von der Verknüpfungsschaltung, die dem Eingang folgt. Die Abhängigkeit wird durch die Kennzeichnung des Eingangs ausgedrückt. Dem Buchstaben folgt eine 1, wenn der Eingang dominierend ist.

G UND-Abhängigkeit

V ODER-Abhängigkeit

C Steuer-Abhängigkeit (Takt)

S Setz-Abhängigkeit

R Rücksetz-Abhängigkeit

Die Zahl der möglichen Flip-Flop-Schaltungen ist sehr groß. Alle diese Schaltungen aufzuführen würde eine Unmenge an Seiten füllen. Daher dienen die folgenden Ausführungen zu den einzelnen Flip-Flops nur als Kurzvorstellung. Es werden nur die wichtigsten Flip-Flops berücksichtigt.

RS-Flip-Flop / SR-Flip-Flop

Das RS-Flip-Flop ist ein bistabiles Element und ist der Grundbaustein für alle Flip-Flops in der Digitaltechnik. Man kann dieses Flip-Flop aus zwei NOR oder zwei NAND aufbauen. Beim RS-Flip-Flop mit NOR-Gliedern spricht man von einem 1-aktiven Flip-Flop. Beim RS-Flip-Flop mit NAND-Gliedern spricht man vom 0-aktiven Flip-Flop.
Diese Art von Flip-Flop wird in der Digitaltechnik häufig hinter Schaltern oder Tastern geschaltet um den mechanischen Schaltvorgang prellfrei auswerten zu können.

RS-Flip-Flop aus NOR-Verknüpfungen

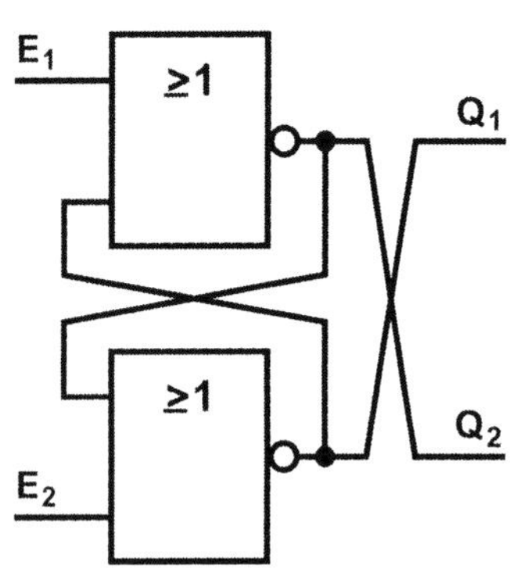

Ein Flip-Flop wird aus zwei NOR-Vernüpfungen zusammengeschaltet. Bei diesem Flip-Flop dürfen die Ausgangspegel A_1 und A_2 keine gleichen Pegel führen, auch wenn es technisch möglich wäre.

Schaltzeichen

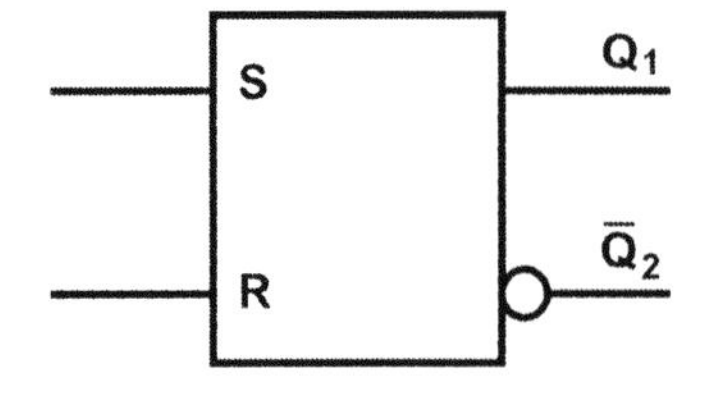

Im Schaltzeichen werden die Eingänge mit S (setzen) und R (rücksetzen) bezeichnet. Q_2 ist zu Q_1 negiert.

Wahrheitstabelle

S	R	Q_1	Q_2	Zustand
1	0	1	0	Setzen
0	0	x	x	Speichern
0	1	0	1	Rücksetzen
1	1	x	x	Unbestimmt/Verboten

Setzen: Bei H-Pegel am S-Eingang wird der Ausgang Q_1 auf H-Pegel gesetzt.
Speichern: Führt der S-Eingang L-Pegel, so bleibt der Ausgang Q_1 unverändert.
Rücksetzen: Wird der R-Eingang mit H-Pegel beschaltet, wird der Ausgang Q_1 auf L-Pegel gesetzt.
Unbestimmt: Werden beide Eingänge auf H-Pegel gesetzt, führen die Ausgänge zufällige Pegel. Dieser Zustand ist verboten.

RS-Flip-Flop aus NAND-Verknüpfungen

Werden die NOR-Verknüpfungen durch NAND-Verknüpfungen ersetzt, so erhält man ein RS-Flip-Flop mit negierten Eingängen. Dieses wird durch L-Pegel am S-Eingang gesetzt und am R-Eingang rückgesetzt. Der Speicherzustand wird durch H-Pegel an beiden Eingängen hergestellt.
Der unbestimmte Zustand wird durch L-Pegel an beiden Eingängen bewirkt.

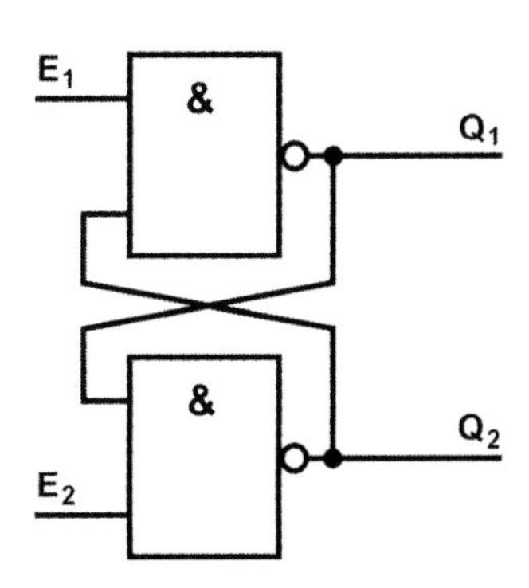

Schaltzeichen

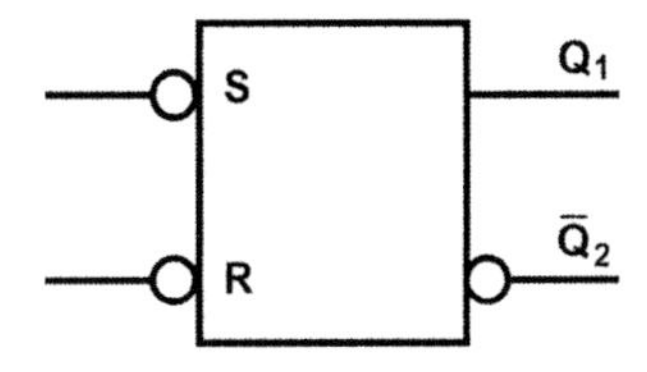

Ein RS-Flip-Flop mit NAND-Verknüpfungen erkennt man an den negierten Eingängen. Im Schaltzeichen werden die Eingänge mit S (setzen) und R (rücksetzen) bezeichnet. Q_2 ist zu Q_1 negiert.

Wahrheitstabelle

S	R	Q_1	Q_2	Zustand
0	1	1	0	Setzen
1	1	x	x	Speichern
1	0	0	1	Rücksetzen
0	0	x	x	Unbestimmt/Verboten

D-Flip-Flop

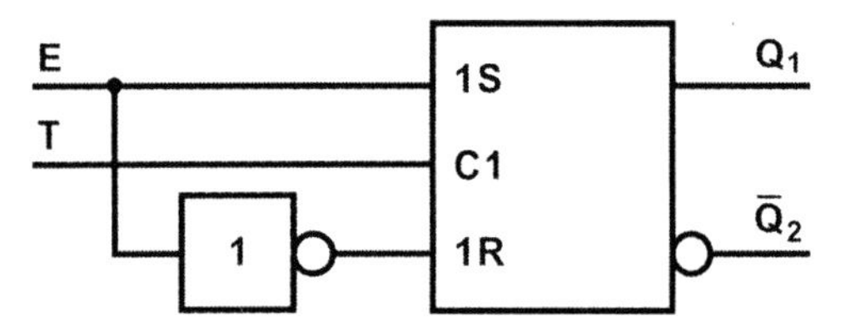

Das D-Flip-Flop besteht aus einem RS-Flip-Flop, bei dem der Rücksetzeingang zum Setzeingang negiert ist. Dadurch wird verhindert, dass der unbestimmte Zustand eintritt.

Wenn ein D-Flip-Flop RS-Eingänge hat, so lässt es sich über diese Eingänge taktunabhängig steuern.

Das D-Flip-Flop stellt das Grundelement für statische Schreib-Lese-Speicher dar. Der einzige Eingang wird als Daten-Eingang bezeichnet. Die Speicherung wird nur mit dem Takteingang gesteuert.

Das D-Flip-Flop gibt es als taktzustandsgesteuertes (siehe Schaltzeichen) und auch als taktflankengesteuertes Flip-Flop.

Schaltzeichen

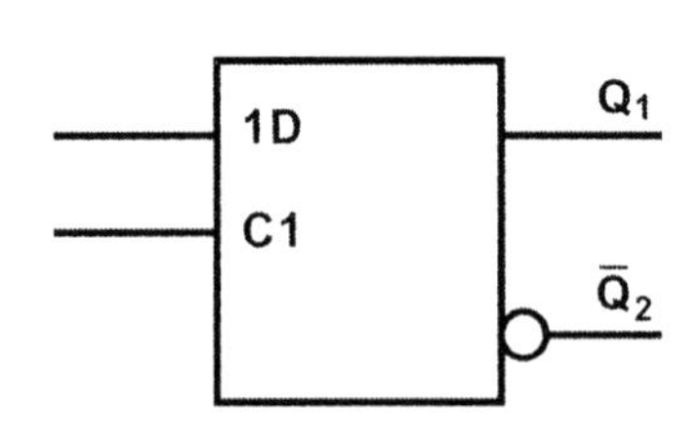

Wahrheitstabelle

E	T	Q_1	Funktion
0	0	n	Speichern
0	1	0	Rücksetzen
1	0	n	Speichern
1	1	1	Setzen

Immer, wenn am Takteingang eine Null anliegt, wird egal welchen Pegel der Dateneingang hat, der vorhergehende Pegel am Ausgang gespeichert.

Liegt am Takteingang ein High-Pegel und ein Low-Pegel am Dateneingang, so wird das Flip-Flop zurückgesetzt. Liegt am Takteingang ein High-Pegel und ein High-Pegel am Dateneingang, so wird das Flip-Flop gesetzt.

JK-Flip-Flop

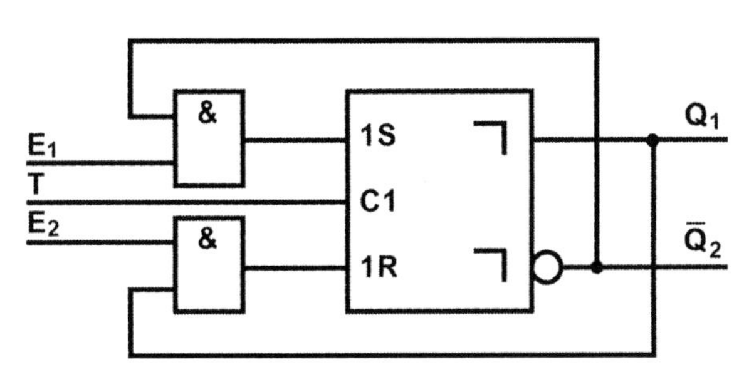

Ein JK-Flip-Flop wechselt beim Anlegen eines Taktimpulses seinen Ausgangszustand, wenn an beiden Eingängen H-Pegel anliegen. Dieses Verhalten wird als Toggeln (kippen) bezeichnet.

Wenn ein JK-Flip-Flop RS-Eingänge hat, so lässt es sich taktunabhängig steuern. Bei diesem Flip-Flop ist der unbestimmte Zustand ausgeschlossen. Das JK-Flip-Flop gibt es als taktflankengesteuertes und taktzustandsgesteuertes Flip-Flop.

Schaltzeichen

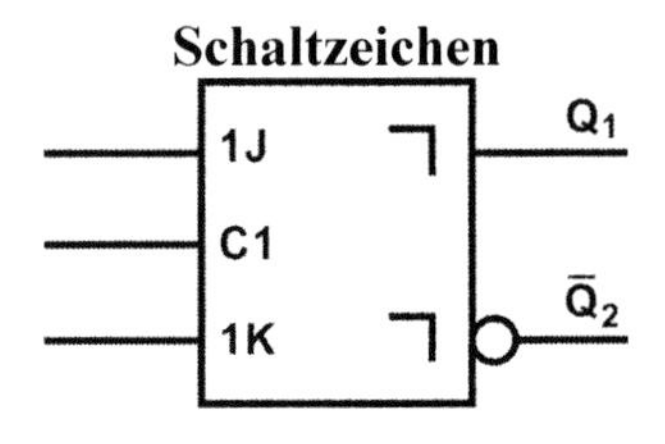

Wahrheitstabelle

E_2	E_1	T	Q_1	Q_2	Funktion
0	1	0	n	n	Speichern
0	0	0	n	n	Speichern
1	0	0	n	n	Speichern
1	1	0	n	n	Speichern
0	1	1	1	0	Setzen
0	0	1	n	n	Speichern
1	0	1	0	1	Rücksetzen
1	1	1	X	X	Wechseln (Toggeln)

Liegt kein High-Pegel am Takteingang, so wird der an den Ausgängen anstehende Pegel gespeichert. Liegt am Setzeingang (J) und am Takteingang (C) ein High-Pegel, so wird das Flip-Flop gesetzt. Liegt am Rücksetzeingang (K) und am Takteingang ein High-Pegel, so wird das Flip-Flop zurückgesetzt. Liegt an beiden Steuereingängen ein High-Pegel, so wird der gespeicherte Wert gewechselt, d. h. aus High wird Low, aus Low wird High.

T-Flip-Flop / Toggle-Flip-Flop

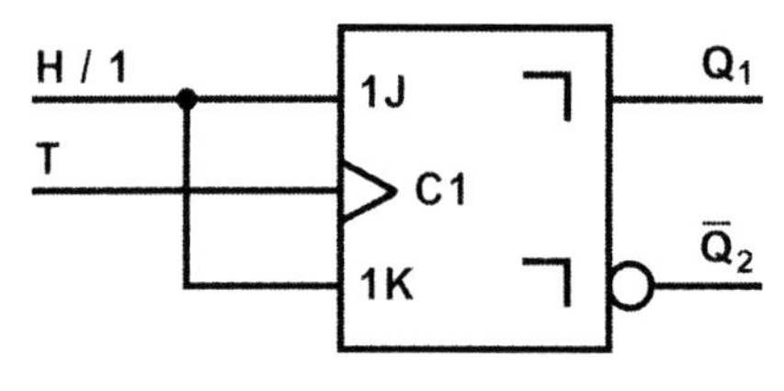

Ein T-Flip-Flop wechselt mit jedem Taktimpuls seinen Ausgangszustand. Wobei das T nicht für Takt, sonder für Toggeln oder Toggle steht. Verbindet man die Eingänge eines JK-Flip-Flop mit H-Pegel, so erhält man ein T-Flip-Flop. Es hat nur den Takteingang. Eine andere Variante ist das D-Flip-Flop bei dem man den negierten Ausgang Q mit dem Eingang D verbindet. Vergleicht man die Frequenzen von Eingangs- und Ausgangsignal, so ergibt sich eine Halbierung der Frequenz des Ausgangssignals. Damit eignet sich das T-Flip-Flop als Frequenzteiler.

Schaltzeichen

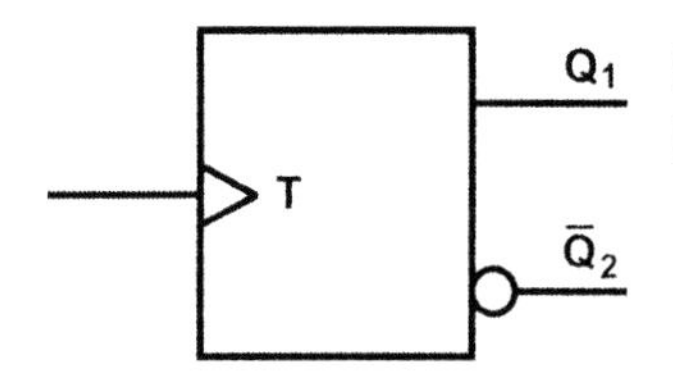

Schaltzeichen eines einflankengesteuerten T-Flip-Flop, das bei ansteigender Flanke schaltet.

Master-Slave-Flip-Flop

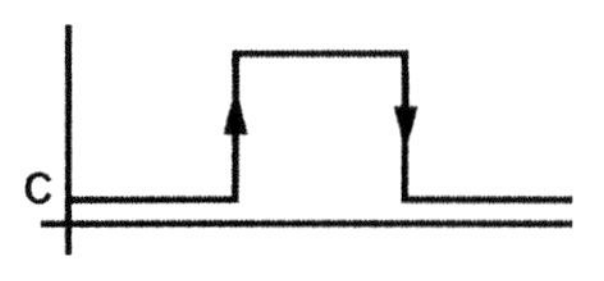

Alle zweiflankengesteuerten Flip-Flops sind Master-Slave-Flip-Flops. Sie reagieren auf die positive, wie auch auf die negative Taktflanke. Bei der positiven Taktflanke werden die am Eingang anstehenden Daten eingelesen. Bei der negativen Taktflanke werden die Daten verzögert ausgegeben.

Schaltungsprinzip am Beispiel eines JK-MS-FF

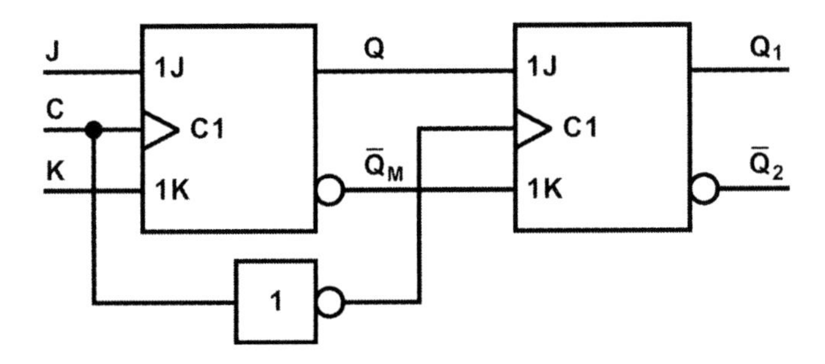

Das JK-MS-Flip-Flop besteht aus zwei einzelnen JK-Flip-Flops, die direkt miteinander verbunden sind. Die Ausgänge des ersten, dem Master-Flip-Flop sind auf die Eingänge des zweiten, dem Slave-Flip-Flop geschaltet. Damit das Slave-Flip-Flop auf die fallende Flanke reagiert wird der Takteingang mit einer NICHT-Verknüpfung negiert.

Schaltzeichen

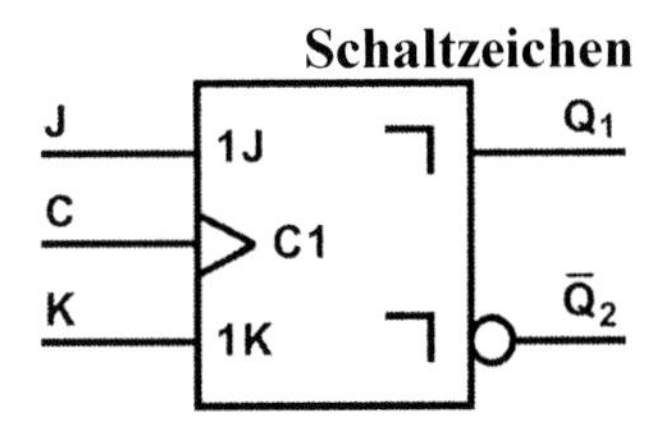

Mit der positiven Taktflanke wird der Flip-Flop-Zustand eingelesen. Mit der negativen Taktflanke wird der Zustand an den Ausgang weitergegeben.

Impulsdiagramm

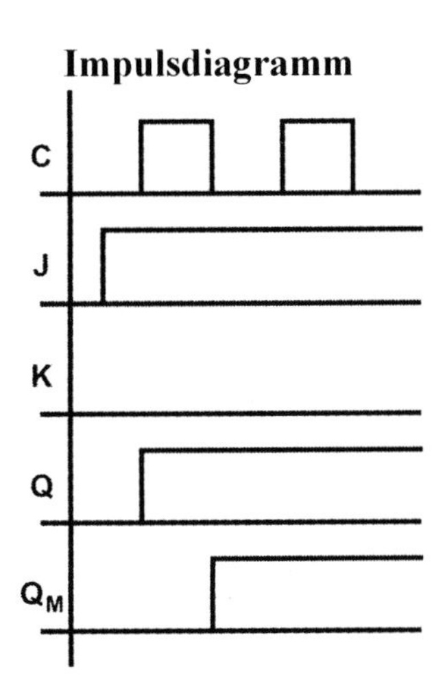

Schieberegister

Schieberegister sind Schaltungen, die mehrstellige binäre Signale taktgesteuert aufnehmen, speichern und wieder abgeben können. Schieberegister arbeiten entweder mit einer seriellen oder einer parallelen Ein- und Ausgabe. Der Unterschied liegt in der Anzahl der Ein- und Ausgänge.

Für den Aufbau eines Schieberegisters eignen sich taktflankengesteuerte D-Flip-Flops, SR-Flip-Flops und JK-Flip-Flops. Häufig verwendete Schieberegister stehen schon fertig als integrierte Schaltungen zur Verfügung. Da ein Flip-Flop nur ein Bit speichern kann, werden mehrere Flip-Flops zu einem Schieberegister zusammengeschaltet. Das hier dargestellte Schieberegister besteht aus 4 taktzustandsgesteuerten Flip-Flops.

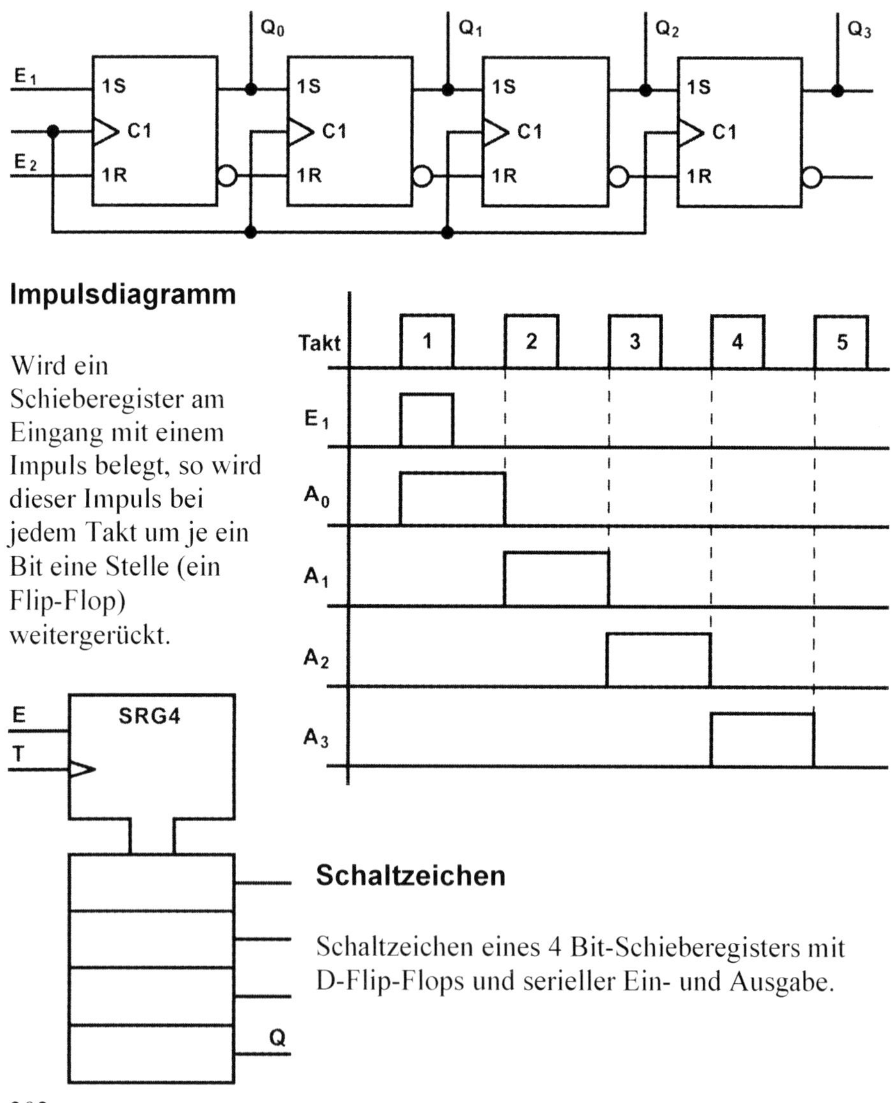

Impulsdiagramm

Wird ein Schieberegister am Eingang mit einem Impuls belegt, so wird dieser Impuls bei jedem Takt um je ein Bit eine Stelle (ein Flip-Flop) weitergerückt.

Schaltzeichen

Schaltzeichen eines 4 Bit-Schieberegisters mit D-Flip-Flops und serieller Ein- und Ausgabe.

Zähler

Zählen ist im allgemeinen Sinn das Addieren (Vorwärtszählen) oder Subtrahieren (Rückwärtszählen) einer fortlaufenden 1 bis der Zählvorgang beendet ist. Zähler unterscheidet man nach dem zu verwendeten Code und nach der Zählrichtung. In der Digitaltechnik werden hauptsächlich Dual-Zähler und BCD-Zähler verwendet. Sie unterscheiden sich nach Vor- und Rückwärtszähler, sowie zwischen synchronen und asynchronen Zählbetrieb. Zähler werden mit Flip-Flops aufgebaut. Zähleingänge müssen grundsätzlich prellfrei beschaltet werden, um Zählfehler zu vermeiden. Jedes Flip-Flop hat eine Speicherkapazität von einem Bit und steht für eine binäre Stelle. Die binäre Zahl des Zählergebnisses hat so viele Stellen, wie der Zähler Flip-Flops bzw. Ausgänge hat.
Üblicherweise arbeitet man mit 4-Bit- oder 8-Bit-Zählerbausteinen. Braucht man mehr Stellen, dann schaltet man mehrere Zählerbausteine hintereinander.

Asynchrone Zähler

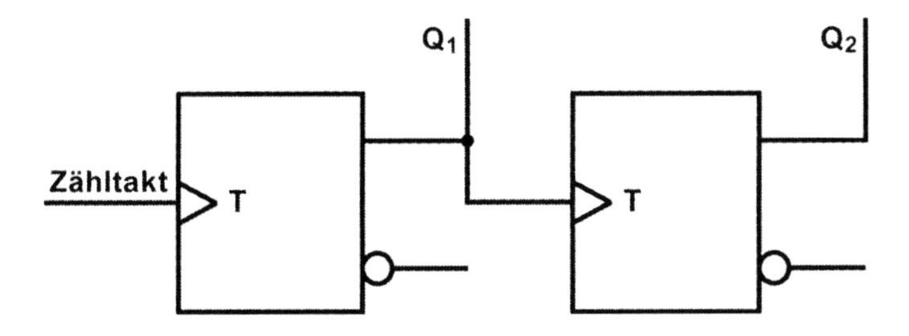

Asynchron arbeitende Zähler haben keinen gemeinsamen Takt. Die Flip-Flops in einen asynchronen Zähler werden zu unterschiedlichen Zeiten geschaltet. Die Steuerung sieht im Prinzip so aus, dass das erste Flip-Flop das zweite steuert, das zweite Flip-Flop das dritte, usw.. D. h., die Flip-Flops schalten nicht gleichzeitig, sondern in Abhängigkeit der Signallaufzeit bzw. Schaltzeit des vorherigen Flip-Flops, zu einem späteren Zeitpunkt. Bei Flip-Flops aus der Standard-Flip-Flop-Schaltkreisfamilie dauert die Signallaufzeit wenige Nanosekunden. Je höher die zählbare binäre Zahl ist (z. B. 12 Bit), desto länger dauert es, bis der Impuls vom ersten Flip-Flop sich am letzten Flip-Flop auswirkt. Diese lange Laufzeit des Zählimpulses kann zu Störungen und so zu Fehlern beim Zählen führen. Je höher die Zählfrequenz, desto eher treten Probleme auf. Werden nur Sekunden gezählt, dann ist ein Asynchronzähler kein Problem. Asynchrone Zähler werden mit T-Flip-Flops, JK-Flip-Flops oder RS-Flip-Flops aufgebaut.

Synchrone Zähler

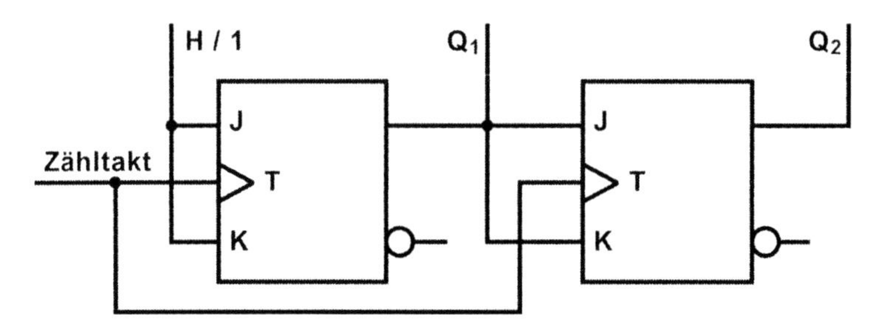

Ist die Zählfrequenz hoch, macht sich die Verschiebung des Zählimpulses von Flip-Flop zu Flip-Flop negativ bemerkbar. Damit die Flip-Flops zur gleichen Zeit kippen ist eine Steuerung mit einem gemeinsamen Takt notwendig. So arbeitende Zähler sind Synchronzähler.
Bevor das Taktsignal an den Flip-Flops anliegt, muss die Information zum Kippen an den Flip-Flops bereits anliegen. Dazu sind weitere Eingänge erforderlich. T-Flip-Flops sind dafür nicht geeignet. RS-Flip-Flops sind auch nur bedingt tauglich, weil der Schaltungsaufbau wegen der Zusatzbeschaltung zu umfangreich wäre. Am besten eignen sich JK-Master-Slave-Flip-Flops.

Zählhöhe

Die Anzahl der Flip-Flops bestimmt die Zählhöhe des Zählers. Die folgende Tabelle und Formel gilt für Dual-Vorwärtszähler.

$K = 2^n - 1$

Anzahl der Flip-Flops (n)	**Zählhöhe (K)**
2	3
3	7
...	...
9	511

Asynchroner 4 Bit-Dual-Vorwärtszähler

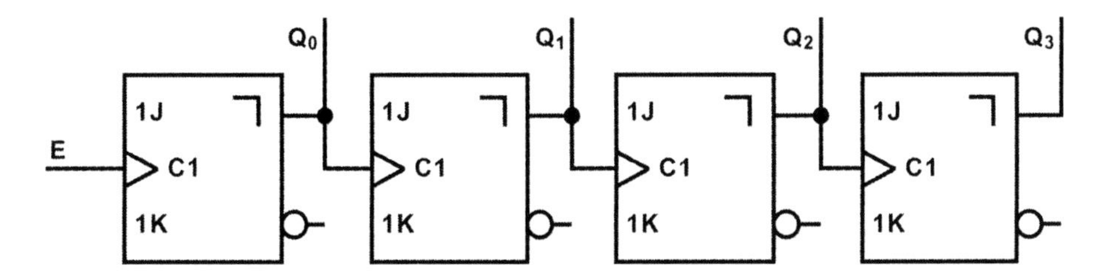

Der Dual-Vorwärtszähler zählt von 0 ab aufwärts. Er zählt bis zu seinem möglichen Höchstwert. Ab dort beginnt er wieder ab 0 zu zählen.
Dieser Asynchron 4 Bit-Dual-Vorwärtszähler ist mit 4 JK-Flip-Flops aufgebaut. Der Takteingang/Zähleingang muss prellfrei beschaltet werden, da sonst Zählfehler auftreten. Die Flip-Flop-Eingänge müssen mit High beschaltet werden (J = K = 1). Der Ausgang jedes Flip-Flops wird auf den Takteingang des nächsten Flip-Flop geschaltet.

Ein Zähler ist auch als Frequenzteiler verwendbar. Bei einem Takt von 1 kHz ergeben sich an den Ausgängen folgende Frequenzen:

- Q_0 = 500 Hz
- Q_1 = 250 Hz
- Q_2 = 125 Hz
- Q_3 = 62,5 Hz

Schaltzeichen

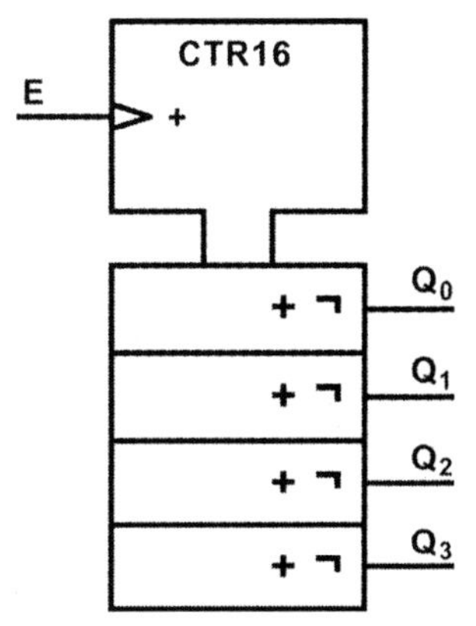

Ein 4-Bit-Dual-Zähler kann aus 4 Flip-Flops aufgebaut werden oder man kann ihn bereits als fertigen Baustein verwenden.
Innerhalb des Schaltzeichens werden die möglichen Zählschritte angegeben (CTR16) und in welche Richtung (+ = vorwärts) gezählt wird.

Asynchroner 4 Bit-Dual-Rückwärtszähler

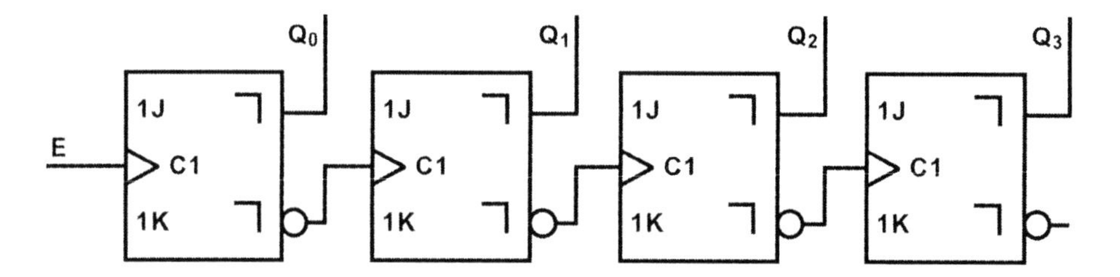

Der Dual-Rückwärtszähler zählt von seinem möglichen Höchstwert ab rückwärts. Er zählt bis 0. Ab dort beginnt er wieder von seinem Höchstpunkt an zu zählen.
Dieser Asynchron 4 Bit-Dual-Rückwärtszähler ist mit 4 JK-Flip-Flops aufgebaut. Der Takteingang/Zähleingang muss prellfrei beschaltet werden, da sonst Zählfehler auftreten. Die Flip-Flop-Eingänge müssen mit High beschalten werden (J = K = 1). Der negierte Ausgang jedes Flip-Flops wird auf den Takteingang des nächsten Flip-Flop geschaltet. Der normale Ausgang bleibt als Anzeige-Ausgang erhalten.

Schaltzeichen

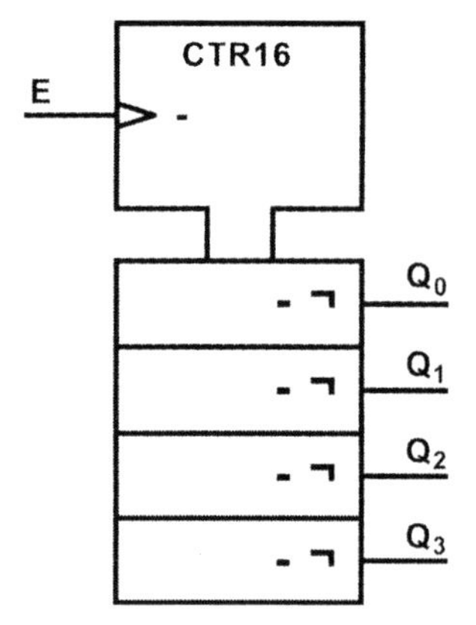

Ein 4-Bit-Dual-Zähler kann aus 4 Flip-Flops aufgebaut werden oder man kann ihn bereits als fertigen Baustein verwenden.
Innerhalb des Schaltzeichens werden die möglichen Zählschritte angegeben (CTR16) und in welche Richtung (- = rückwärts) gezählt wird.

Takt	Q_3	Q_2	Q_1	Q_0
15	1	1	1	1
14	1	1	1	0
13	1	1	0	1
12	1	1	0	0
11	1	0	1	1
10	1	0	1	0
9	1	0	0	1
8	1	0	0	0
7	0	1	1	1
6	0	1	1	0
5	0	1	0	1
4	0	1	0	0
3	0	0	1	1
2	0	0	1	0
1	0	0	0	1
0	0	0	0	0

Asynchroner umschaltbarer Dual-Zähler

Die Zählrichtung eines Zählers ist abhängig von der Nutzung der Ausgänge. Das Ausgangssignal Q wird für die Vorwärtsrichtung verwendet. Das Ausgangssignal Q (neg.) wird für die Rückwärtszählrichtung verwendet. Das bedeutet, je nachdem, welche Ausgänge verwendet werden, zählt ein Zähler vorwärts oder rückwärts. Um die Zählrichtung steuern bzw. umschalten zu können muss man zwischen die Flip-Flops eine Steuer-schaltung einsetzen, mit der die Zählrichtung umgeschaltet werden kann.

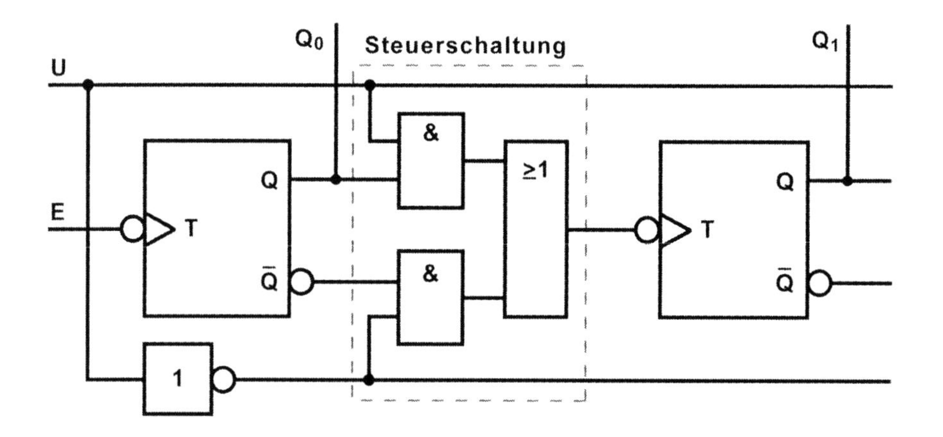

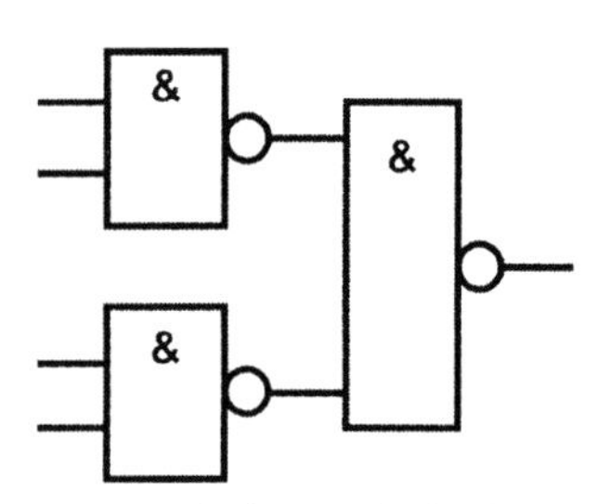

Für den asynchronen umschaltbaren Dual-Zähler werden T-Flip-Flops verwendet. Dazwischen kommt eine Schaltung aus zwei UND- oder einer ODER-Verknüpfung. Diese Schaltung wertet die Ausgänge des Flip-Flops und die Umschaltsteuerleitung aus. Ist die Steuerleitung (U) 1, dann zählt der Zähler vorwärts, ist sie 0, dann zählt er rückwärts. Da man beim praktischen Aufbau zu viele verschiedene Verknüpfungen verwendet, lässt sich die Auswerteschaltung auch mit 3 NAND-Verknüpfungen realisieren.

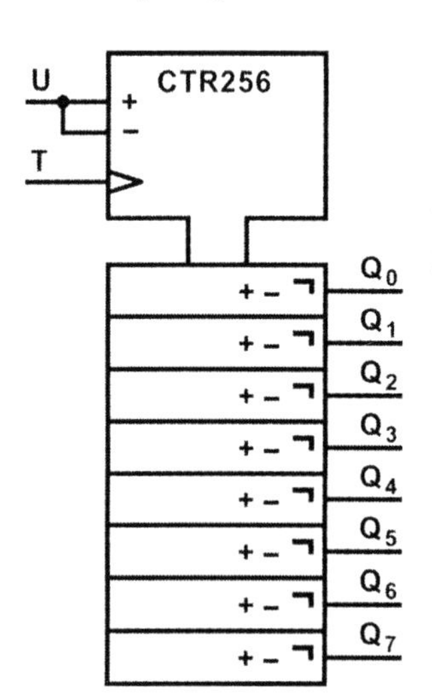

Schaltzeichen

Das Schaltzeichen ist ein 8-Bit-Dual-Zähler mit umschaltbarer Zählrichtung. Insgesamt kann er 256 Schritte zählen.

Asynchrone BCD-Zähler

BCD-Zähler sind grundsätzlich 4-Bit-Dual-Zähler. An den Ausgängen müssen die Signale des BCD-Codes abnehmbar sein. Obwohl BCD-Zähler als Dezimalzähler bezeichnet werden, zählt der Zähler im dualen Zahlensystem. BCD sind binär codierte Dezimalzahlen.
BCD-Zähler gibt es als Vorwärts-, Rückwärts- und umschaltbare Zähler. Grundsätzlich ist ein umschaltbarer asynchroner BCD-Zähler genauso aufgebaut wie ein umschaltbarer asynchroner Dual-Zähler. Nur das die Auswerteeinheit noch dazu kommt.

Asynchroner BCD-Vorwärtszähler (Beispiel: 2 bis 13 Zähler)

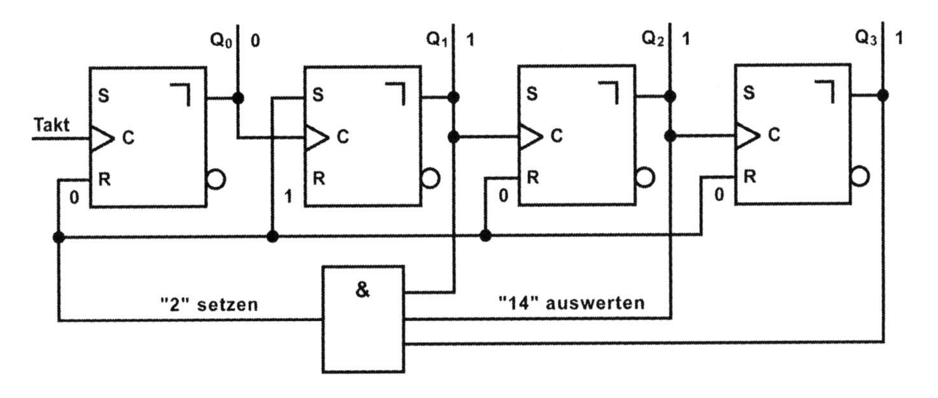

Q_3	Q_2	Q_1	Q_0	Wert
1	1	1	0	14 - 1
0	0	1	0	2

Ein asynchroner BCD-Vorwärtszähler besteht aus Flip-Flops und einem Auswerte-Baustein. In diesem Beispiel hat der Zähler 4 Flip-Flops als Zähler und eine UND-Verknüpfung für die Auswertung. Wenn am Takteingang ein Signal anliegt, wird es gezählt. Über die Ausgänge Q_0 - Q_3 kann der Zählvorgang abgefragt werden. Damit nun der 13. Zählvorgang angezeigt werden kann, muss die Zahl 14 ausgewertet werden, da die Auswerteeinheit (UND-Verknüpfung) bei dem Binärwert 1110 (14) sofort die Flip-Flops auf den Wert 2 setzt. Die Setz- und Rücksetzeingänge der

Flip-Flops sind so beschaltet, dass bei dem Wert 14 (1001) an den Ausgängen, der Wert 2 (0010) entsteht.

Asynchroner BCD-Rückwärtszähler (Beispiel: 9 bis 6 Zähler)

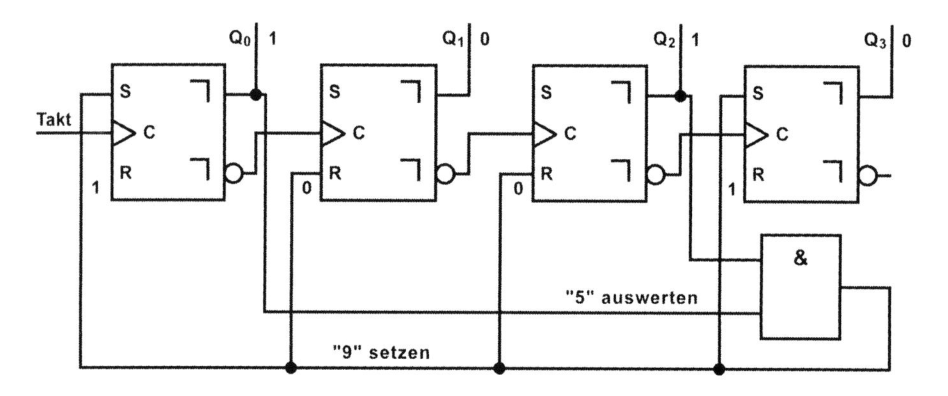

Q_3	Q_2	Q_1	Q_0	Wert
0	1	0	1	6 - 1
1	0	0	1	9

Ein asynchroner BCD-Rückwärtszähler besteht aus Flip-Flops und einem Auswerte-Baustein. In diesem Beispiel hat der Rückwärtszähler 4 Flip-Flops als Zähler und eine UND-Verknüpfung für die Auswertung. Wenn am Takteingang ein Signal anliegt, so wird es gezählt. Über die Ausgänge Q_0 - Q_3 kann der Zählerstand abgefragt werden. Damit auch der Wert 6 angezeigt wird, muss der Wert 5 ausgewertet werden, da die Auswerteeinheit (UND-Verknüpfung) bei dem Binärwert 0101 (5) sofort die Flip-Flops auf den Wert 9 (1001) setzt.

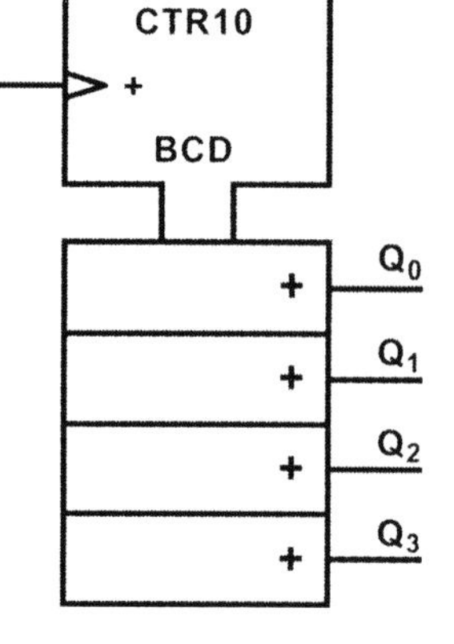

Schaltzeichen

Das Schaltzeichen eines BCD-Zählers sieht genauso aus, wie bei einem Dual-Zähler. Die Zählschritte gehen aber nur bis 10 (CTR10). Das Schaltzeichen wird zusätzlich mit BCD beschriftet. Ein solcher Zähler steht für eine

Dezimalstelle. Schaltet man mehrere hintereinander, so kann man beliebig viele Dezimalstellen zählen.

Modulo-n-Zähler

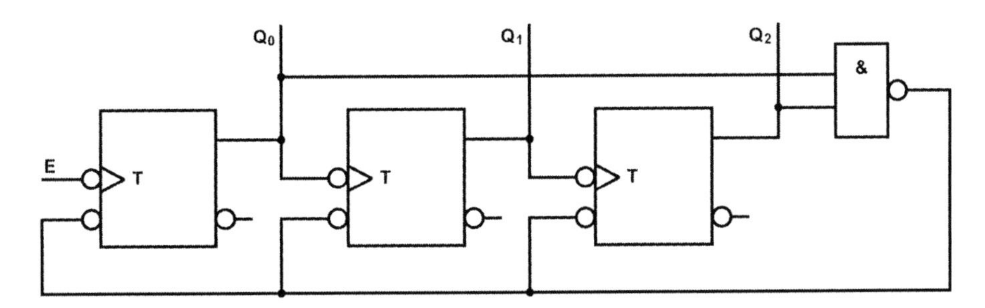

Ein Modulo-n-Zähler beginnt bei 0 zu zählen. Er zählt bis zum Wert n. Bei diesem Zählschritt wird dann auf 0 zurückgesetzt. Das n steht also für die Anzahl der Zählschritte des Zählers. Ein BCD-Zähler wäre ein Modulo-10-Zähler. Er zählt bis 9 und schaltet dann auf 0 zurück.
Ein Modulo-60-Zähler wird z. B. benötigt um 60 Sekunden zählen zu können.

Schaltzeichen Modulo-5

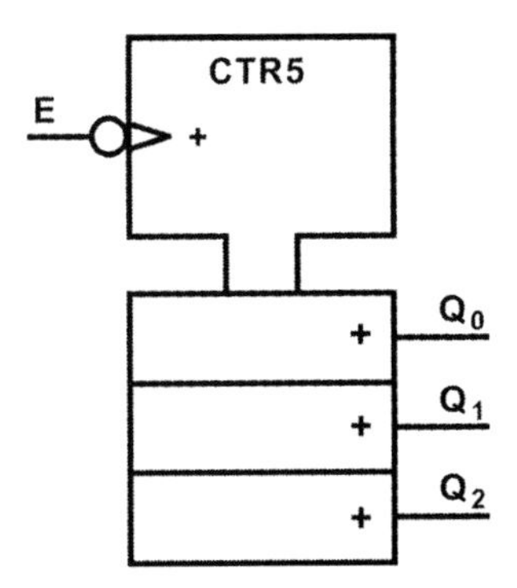

Das Schaltzeichen ist ein Modulo-5-Zähler mit 5 Zählschritten (CTR5).

Frequenzteiler

Frequenzteiler sind Schaltungen, die eine Frequenz eines rechteckförmigen Signals in einem bestimmten Verhältnis herunterteilt. Ein einfacher Dualzähler ist bereits ein einfacher Frequenzteiler. Man kann Frequenzteiler

auch aus einzelnen T-Flip-Flops zusammenschalten.
Ein einzelnes Flip-Flop erzeugt eine Frequenzteilung im Verhältnis 2 : 1. Mit zwei Flip-Flops kann ein Frequenzteiler für ein Verhältnis von 4 : 1 aufgebaut werden. Die meisten Frequenzteiler haben ein festes Teilerverhältnis.
Es gibt asynchrone und synchrone Frequenzteiler. Sie unterscheiden sich, wie die Dual-Zähler in ihrer zustandsgesteuerten und taktgesteuerten Verarbeitung. Grundsätzlich eignet sich jeder asynchrone Dual-Zähler und jeder synchrone Dual-Zähler als asynchroner bzw. synchroner Frequenzteiler.
Dann gibt es noch einstellbare Frequenzteiler, die über zusätzliche Eingänge verfügen. Über die Eingänge wird das Teilverhältnis bestimmt. Man nennt sie programmierbare Frequenzteiler.

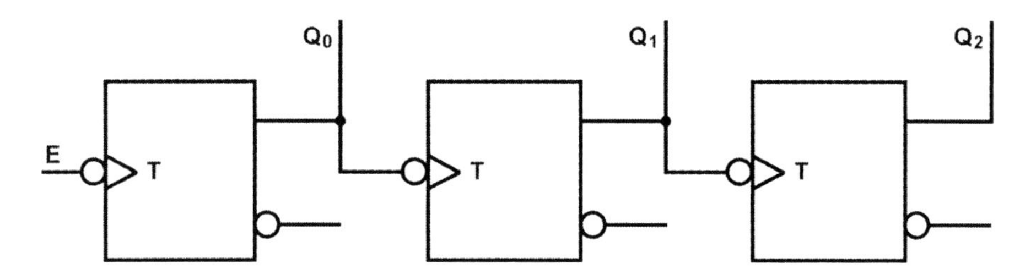

Die Schaltung mit dazugehörigem Zeitablaufdiagramm zeigt einen asynchronen 3-Bit-Dual-Vorwärtszähler mit einem Teilerverhältnis von 8 : 1. Das Eingangssignal (E) wird durch das erste Flip-Flop durch zwei geteilt (Q_0). Das zweite Flip-Flop teilt das Signal wiederum durch zwei (Q_1), wodurch ein Teilerverhältnis von 4 : 1 entsteht. Das dritte Flip-Flop teilt das Signal noch mal durch zwei (Q_2). Es entsteht ein Teilerverhältnis von 8 : 1. Die Periode des Eingangssignal passt 8 mal in das Ausgangssignal Q_2.

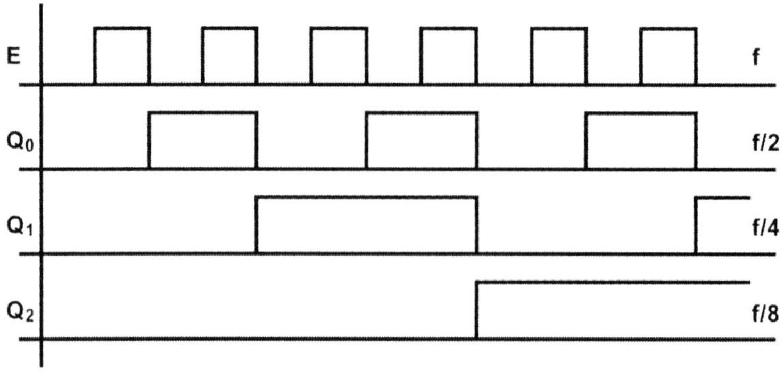

Berechnung des Teilerverhältnisses

Mit dieser Formel werden Teilerverhältnisse nach der Zweipotenzreihe berechnet (2, 4, 8, 16, ...). Will man ein ungerades Teilerverhältnis, dann müssen die Rücksetzeingänge der Flip-Flops beschaltet werden.

$$f_T = \frac{f_E}{2^n}$$

f_E = Eingangsfrequenz
f_T = geteilte Frequenz
n = Anzahl der Flip-Flops

Stichwortverzeichnis

A

B

C

D

E

F

G

H

I

J

K

L

M

N

O

P

Q

R

S

T

U

V

W

X

Z